钢结构智慧建造

主　编　赵培兰　梁　波
副主编　王士坤　李　婕
　　　　袁　慧　邢　鹏
参　编　梁文旭　陈德强
　　　　崔路苗　张　鹏

北京理工大学出版社
BEIJING INSTITUTE OF TECHNOLOGY PRESS

内 容 提 要

本书以满足学生的认知能力和企业的职业岗位能力需求为目标，按照钢结构工程的工作过程组织编写，重在培养学生的综合职业能力。全书分为上下两篇。上篇为基础篇，主要包括：认识钢结构、钢结构的常用材料、钢结构连接、钢结构构件；下篇为施工篇，主要包括：基于BIM的钢结构识图、钢结构数字化加工、钢结构智慧安装、钢结构工程施工阶段质量验收。为方便教学，本书还配套有电子课件、习题库、视频等教学资源。

本书可作为高等院校土木工程检测技术、工程监理、建设工程管理等专业的教学用书，也可作为应用型本科院校土建类专业及成人教育、岗位培训的教材，还可作为企业工程技术人员和施工管理人员的参考书。

图书在版编目（CIP）数据

钢结构智慧建造 / 赵培兰，梁波主编. -- 北京：
北京理工大学出版社，2024.1
ISBN 978-7-5763-3606-1

Ⅰ.①钢… Ⅱ.①赵… ②梁… Ⅲ.①钢结构—高等
学校—教材 Ⅳ.①TU391

中国国家版本馆CIP数据核字（2024）第047629号

责任编辑：钟 博		文案编辑：钟 博	
责任校对：周瑞红		责任印制：王美丽	

出版发行 / 北京理工大学出版社有限责任公司

社 址 / 北京市丰台区四合庄路6号

邮 编 / 100070

电 话 / (010) 68914026（教材售后服务热线）

　　　　　(010) 63726648（课件资源服务热线）

网 址 / http://www.bitpress.com.cn

版 印 次 / 2024年1月第1版第1次印刷

印 刷 / 河北鑫彩博图印刷有限公司

开 本 / 787 mm×1092 mm 1/16

印 张 / 17.5

字 数 / 469千字

定 价 / 89.00元

本书按照国家高等职业教育新形态教材建设的要求进行编写。全书贯彻落实党中央、国务院《关于加强和改进新形势下大中小学教材建设的意见》《关于推动现代职业教育高质量发展的意见》《国家职业教育改革实施方案》，推动和发展职业教育，落实"三教"改革（教师、教材、教法），推动优质教材建设，发挥教材在人才培养中的统领作用，培养满足社会主义建设需求的高质量技术技能型人才。

随着钢结构智能制造技术的发展，在"机器换人"的大背景下，钢结构智能化生产必定能促进建筑钢结构的发展，同时响应国家"碳达峰、碳中和"目标，推动智能建造与新型建筑工业化协同发展，依靠数字化技术探索钢结构行业绿色发展新格局，为钢结构行业智能化赋能。

本书在编写过程中依据国家新颁布的规范标准《钢结构通用规范》（GB 55006—2021）、《钢结构设计标准》（GB 50017—2017）、《钢结构工程施工质量验收标准》（GB 50205—2020）等，并融入建筑行业的职业标准、手册，将新材料、新技术、新工艺写入教材，以综合培养学生的职业素质。

本书的特色和创新如下：

（1）以党的二十大精神为指引，落实立德树人根本任务。将"科技兴国""绿色发展""大国工匠""新型工业化"等植入"工作任务、技能提升、素质拓展、拓展资源"，以爱国主义为核心，融入社会主义核心价值观，坚持为党育人、为国育才，落实立德树人根本任务，培养"守初心、有诚信、严标准、重质量、能吃苦"德智体美劳全面发展的社会主义建设者和接班人。

（2）基于岗位能力，企业专家全程参与、校企合作共同开发教材。依托钢结构施工企业，组建专兼结合的教材开发团队，基于企业实际项目设计工作手册式教材，选取企业"典型的钢结构工程项目"为载体，按照企业真实项目的工作过程，即"工作任务—工作准备—工作流程—工作步骤—工作结果检查"来编写教材，并开发出学生工作任务单，实现学习任务与工作任务、学习过程与工作过程、学习标准与工作标准的统一，真正实现了现代职业教育的"学中做、做中学"。

（3）以新时代钢结构智慧建造为背景，基于BIM的虚拟现实增强技术、现代机器人建造技术的全过程应用，深入融合"1+X"建筑工程施工工艺实施与管理职业技能等级证书考试制度，构建新时代工作手册式、融媒体教材。

本书可参照64~76学时安排授课，推荐学时分配见下表：

推荐学时分配表

序号	项目	建议学时
1	认识钢结构	4
2	钢结构的常用材料	6
3	钢结构连接	6~8
4	钢结构构件	6~8
5	基于BIM的钢结构识图	12~16
6	钢结构数字化加工	12~14
7	钢结构智慧安装	14~16
8	钢结构工程施工阶段质量验收	4
合计		64~76学时+机动

本书由太原城市职业技术学院赵培兰、山西省安装集团股份有限公司梁波担任主编，由太原城市职业技术学院王士坤、内蒙古建筑职业技术学院李婕、太原城市职业技术学院袁慧、山西省安装集团股份有限公司邢鹏担任副主编，太原城市职业技术学院梁文旭、内蒙古维都工程设计咨询有限公司陈德强、长治职业技术学院崔路苗、太原重型机械集团有限公司张鹏参与编写。具体编写分工：项目一、项目二由王士坤编写，项目三由袁慧编写，项目四由梁波、梁文旭、崔路苗共同编写，项目五由李婕、陈德强共同编写，项目六由邢鹏编写，项目七由赵培兰编写，项目八由赵培兰和张鹏共同编写。全书由赵培兰负责统稿。

本书在编写过程中，参考了现行规范、标准、手册及同类教材的相关资料和一些国内外相关文献，特别是一些工程案例；同时，梁波、邢鹏、张鹏及山西省地质矿产研究院有限公司郭占林为本书提供了大量的施工案例、工程图片、视频和技术指导，在此一并向相关作者、建筑企业表示感谢！

由于编者水平有限，书中难免会有失误和不妥之处，恳请广大读者批评指正！

编　者

CONTENTS 目录

CONTENTS

下篇 施工篇

上 篇

基 础 篇

项目一 认识钢结构

1. 能简要说出我国钢结构的发展历史。
2. 能归纳总结出钢结构的特点与应用。
3. 能概括出钢结构未来的发展趋势。
4. 能理清钢结构的设计方法。

具备收集、查找并整理资料的能力。

1. 培养学生的团结协作精神。
2. 树立严谨、细致的工作作风。
3. 培养正确的人生观、价值观。
4. 培养积极、乐观向上的精神面貌。
5. 学会有敬畏心，谦卑、礼貌的待人处事方式。

1. 钢结构的特点与应用。
2. 钢结构的发展趋势。
3. 钢结构的极限状态。

承载能力极限状态和正常使用极限状态。

任务一 认识钢结构的发展与应用

工作任务

从汉明帝为与西域通商、进行宗教和文化交流在我国西南地区交通要塞上建造铁链桥——

兰津桥(公元 60 年前后)至今,钢结构作为一种结构形式已经历了近 2 000 年的历史。在这段历程中随着建造技术的不断提升,不乏许多著名的钢结构建筑物(或桥梁、构筑物),请学生带着以下任务思考中的问题,通过收集、查找相关资料,经整理后完成一份汇报。

每个小组可从以下几个方面任选一个调查报告的选题完成(选题不可重复)。

(1)钢结构建筑发展史。

(2)世界著名的钢结构建筑及其特点。

(3)钢结构的主要结构类型。

(4)钢结构与混凝土结构及砌体结构的不同。

(5)钢结构的未来。

任务思考

(1)什么是钢结构?

_____

_____

(2)我国的钢结构发展经历了哪些重要时期?

_____

_____

(3)钢结构建筑与混凝土结构相比有哪些优点?

_____

_____

(4)钢结构的应用有哪些?

_____

_____

(5)钢结构未来的发展方向是什么?

_____

_____

工作准备

一、钢结构发展概述

钢结构是由钢板、热轧型钢或冷加工成型的薄壁型钢,以及钢索通过连接而形成的能够承受和传递荷载的结构体系。钢结构与钢筋混凝土结构、砌体结构等都属于按材料划分的工程结构,是土木工程的主要结构形式之一。

钢是铁碳合金,早期人类受生产技术的限制多采用铸铁形式,可以说钢结构发展历史与冶铁、炼钢技术的发展密不可分。

我国是较早发明炼铁技术的国家之一,在河南辉县等地出土的大批战国时代(公元前 475—前 221 年)的铁制生产工具说明,早在战国时期,我国的炼铁技术已很盛行。

在秦始皇时代已有铁桥墩,在西汉时期有在云南深山峡谷中建造的铁链悬桥。此后为便于交通,陆续建造了数十座铁链桥,其中跨度最大的为清代康熙年间(1705 年)建成的四川泸定大渡河桥。该桥宽为 2.8 m,跨长为 100 m,由 9 根桥面铁链和 4 根桥栏铁链构成,每根铁链由

862～977 节铁环相扣，每根铁链质量为 1 300～1 800 kg。铁链两端系于直径为 20 cm、长为 4 m 的生铁铸成的锚桩上，桥面可通行两辆马车。

我国古代金属结构建筑在世界上也处于领先地位，如建于唐宝历元年（825 年）的甘露寺八面九层的卫公铁塔；建于 967 年的广州光孝寺七层铁塔；建于公元 1061 年（宋代）的湖北当阳县玉泉寺铁塔（又称如来舍利宝塔、当阳铁塔），铁塔高为 17.9 m，八角十三级，质量为 53.3 t，塔上铸有 2 279 尊栩栩如生的佛像，为我国现存最高、最重的铁塔。这些都表明了我国古代建筑和冶金技术的卓越成就。

近代，清政府闭关锁国严重束缚了生产力的发展，而欧洲随着产业革命的兴起，钢结构在欧美各国的工业与民用建筑中得到了广泛的应用。1779 年在英格兰建造了第一座铸铁拱桥——Coalbrookdale 桥，1849 年建成的利物浦车站采用铁桁架，跨度达 46.3 m，超过罗马万神庙的跨度。1851 年英国伦敦第一届世博会的水晶宫是铸铁结构的典型建筑，建筑面积为 7.4 万 m²，用去 4 500 t 铸铁、30 万块玻璃，是一座完全采用钢铁和玻璃构造的"功能主义"建筑。其使用铸铁材料使梁柱的截面尺寸大为减小，整个结构柱子面积只占到建筑面积的千分之一，一改维多利亚时代石头建筑庞大、笨重的建筑风格，无论是从外面看还是从里面瞧，都非常透亮，它是英国工业革命时期最具有代表性的建筑。随着 19 世纪 50 年代冶金技术的发展，钢材实现量产及电焊技术的产生，第一座依照现代钢结构框架结构设计原理建造起来的高层建筑——芝加哥家庭保险公司大厦于 1885 年建成，共 10 层，高为 42 m，1890 年大厦又增加了 2 层，高度达到 55 m，是世界上建造的第一座钢结构大厦。1870 年型钢开始逐步使用，这标志着人类社会开始由铸铁结构转为钢结构。1889 年为纪念法国大革命 100 周年，在巴黎举办的大型国际博览会上埃菲尔铁塔成为最引人注目的展品。铁塔占地 12.5 公顷，高 320.7 m，重 10 000 t，为格构式建筑，由 18 038 个优质钢铁部件和 250 万个铆钉铆接而成。以埃菲尔铁塔为标志，钢结构应用有 130 多年的历史。1908 年美国伯力恒钢厂开始生产热轧型钢，钢结构构件开始标准化。1921 年，美国钢结构学会 AISC 成立。1931 年，纽约帝国大厦落成，大厦共计 102 层，高度为 443.2 m，基本代表了框架和框架支撑结构体系的极限高度，在 1931—1972 年一直保持世界最高摩天大楼纪录。

西方近代钢结构建筑如图 1-1 所示。

这一时期受西方建筑的影响，1927—1937 年可以说是我国土木工程及金属结构建设的黄金时代，代表作品主要有 1929 年动工建设的八角形建筑——广州中山纪念堂，钢

(a) (b)

(c) (d)

图 1-1 西方近代钢结构建筑
(a)英国水晶宫；(b)芝加哥家庭保险公司大厦；
(c)埃菲尔铁塔；(d)纽约帝国大厦

架和钢筋混凝土混合结构可使跨度达 71 m 的建筑空间内不设一柱；以及由桥梁专家茅以升主持设计，我国自主建造的第一座双层铁路、公路两用桥——钱塘江大桥(1937 年)。

我国近代钢结构建筑与桥梁如图 1-2 所示。

(a)   (b)

图 1-2　我国近代钢结构建筑与桥梁

(a)广州中山纪念堂；(b)钱塘江大桥

中华人民共和国成立以来，我国钢结构应用发展的四个时期如图 1-3 所示。

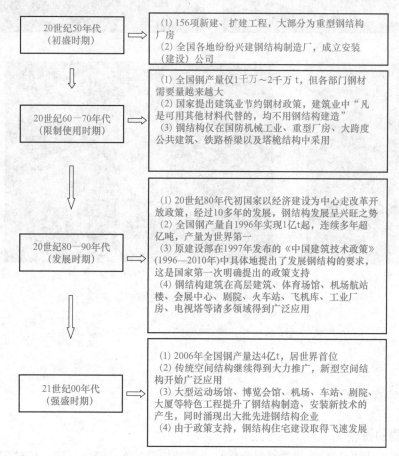

图 1-3　我国现代钢结构发展历程

21世纪我国代表性的钢结构建筑如图 1-4 所示。

图 1-4　21世纪我国代表性的钢结构建筑
(a)上海世博会馆；(b)济南全运会馆；(c)北京南站；
(d)国家大剧院；(e)上海环球金融中心；(f)首都国际机场航站楼

二、钢结构的特点、类型与应用

1. 钢结构的特点

钢结构建筑(或构筑物)采用的材料为钢材，钢材与混凝土、砌体等建筑材料在材料本身特性上有区别，钢结构具有以下几个突出的特点。

(1)钢结构强度高、自重轻,可以明显降低基础工程造价。钢材密度虽然大于混凝土材料和砌体材料,但因其强度及弹性模量远高于后者,故在相同的承载力下,钢结构自重比其他结构小。混凝土、木材、钢材密度与密度强度比的对比(表1-1),可知钢结构更加轻质。在跨度及荷载均相同的情况下,普通钢屋架的质量只有钢筋混凝土屋架的1/4～1/3,若采用薄壁轻钢屋架则只有钢筋混凝土屋架的1/10左右;同样规模的钢结构房屋较钢筋混凝土结构可减轻自重的1/3以上。这就意味着,相同建设规模下的钢结构建筑传至基础的荷载略小,对地基的压力更小,因此,在地基处理过程中投入的工程成本也可大幅降低。

表1-1 混凝土、木材、钢材密度与密度强度比的对比

材料	钢筋混凝土	砖、砌块	钢
$\rho/(kN \cdot m^{-3})$	26	22	78
$\alpha = \rho/f$	18×10^{-4}	15.6×10^{-4}	2.7×10^{-4}

注:α 为材料的密度强度比,反映材料在承载条件下的轻质性。ρ 为材料密度,单位为 kN/m³;f 为材料的设计强度,单位为 kN/m²

(2)钢结构工程抗震性能优于混凝土结构(图1-5)。钢材内部金属晶体具有各向同性的性质,在一定的应力范围内属于理想弹性工作状态,因此,实际工程数据与力学计算结果差异较小,工程可靠性高。同时,钢材内部晶体结构使其有很高的抗拉强度、抗压强度和抗剪强度,并且具有良好的塑性变形能力,钢结构在过载时会有明显的延性(即承载力达到最大或稍有降低时,结构有很大变形而不会发生突然破坏),在地震中,钢结构不仅能抵抗地震作用的突袭,还能很好地通过变形来吸收转化地震能量,具有良好的抗震性能。因此,设有会产生较大动荷载设备(如锻造、锤炼、震动筛分等)的厂房也往往由钢结构制成。

(a)　　　　　　　　　　　　　　　　　　(b)

图1-5 钢构件与混凝土构件抗震性能对比
(a)混凝土桥墩倒塌;(b)钢桥墩屈曲

(3)减小结构构件截面尺寸,增大建筑使用面积。由于钢结构自重小、强度低,在同样的荷载条件下,可使建筑物(构筑物)截面尺寸相对较小。如图1-6所示,在相同的荷载情况下,钢桥墩腹板较混凝土桥墩截面减小近一半左右。在住宅建筑中钢结构所占用空间也小,可达到减小层高、增大使用面积的效果。通常,钢结构比混凝土结构在建筑使用面积上可增大3%～4%。

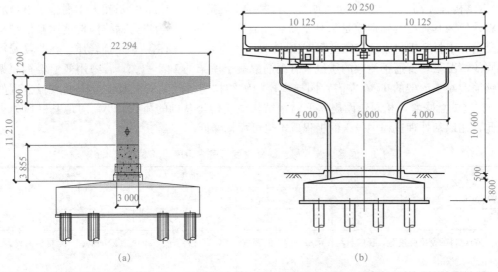

图 1-6　钢构件与混凝土构件截面尺寸对比

(a)钢桥墩；(b)混凝土桥墩

（4）工业化程度高，建造速度快，拆迁方便，可重复性使用。钢材具有良好的加工性能和焊接性能，易于工厂化生产，因此，钢构件一般由工厂制作，现场安装，制造安装机械化程度高，建设速度快，较一般工程可缩短工期 1/4～1/3，是建筑工业化发展的先驱力量。同时，钢构件通过螺栓连接或焊接，连接简便，拆装方便，因此非常适用于需要搬迁的结构，如建筑工地或野外作业的生产和生活用房的骨架等，还可以作为建筑施工用的脚手架、模板支架等。拆除的钢材仍可回收和再生，节能、省地、减少浪费，是建筑业节能、发展绿色化的代表。钢构件的加工与安装如图 1-7 所示。

图 1-7　钢构件的加工与安装

(a)钢构件的加工；(b)钢构件的安装

(5)钢结构耐腐蚀性差。钢材在潮湿、腐蚀环境中易锈蚀，因此，一般钢结构需要除锈、镀锌或涂刷防腐涂料，且要定期维护。对处于海水中的石油平台等结构，需要采用"锌块阳极保护"等特殊措施来防止腐蚀，但维护费用较高。钢构件防腐如图1-8所示。

(a)   (b)

图1-8　钢构件防腐

(a)抛丸除锈；(b)涂料防腐

(6)钢结构耐热，不耐火(图1-9)。当温度在150 ℃以下时，钢材性质变化很小，因此钢结构适用于较热的车间；但当其周围存在温度达150 ℃以上的热辐射时，就应采用隔热措施加以保护；当温度为300～400 ℃时，钢材强度和弹性模量均显著下降；当温度为450～650 ℃时，钢结构会发生很大变形，丧失承载能力，导致构件弯曲，甚至发生瞬间崩塌。未加防护的钢结构耐火极限一般为15～20分钟。在有特殊防火需求的建筑中，钢结构必须采用耐火材料加以保护。

(a)   (b)

图1-9　钢结构防火性能差

(a)世贸中心大火；(b)钢结构厂房火灾后现场

(7)密闭性能好。钢材本身组织致密，经焊接的钢结构可以做到完全密闭，具有良好的气密性和水密性，便于作为容器储存、运输其他各类气体、液体或粉尘类固体物质。钢结构罐体如图1-10所示。

(a)   (b)

图 1-10　钢结构罐体

(a)水泥罐；(b)储油罐

2. 钢结构的类型与应用

(1)门式刚架结构。门式刚架结构一般用于工业厂房设计中，主要由刚架斜梁、刚架柱构成。门式刚架结构具有受力简单、传力路径明确、自重小的特点，且构件便于工厂化加工、安装方便、施工周期短，因此被广泛应用。门式刚架厂房如图1-11所示。

图 1-11　门式刚架厂房

(2)纯框架结构与带支撑框架结构(图1-12)。由于钢结构的综合效益指标优良，所以近年来其在多层、高层民用建筑中也得到了广泛应用，其结构形式主要为纯框架结构及带支撑框架结构。带支撑框架又称为钢框架-支撑结构体系，它是在钢框架的基础上，沿房屋纵向、横向或其他主轴方向根据侧力大小布置一定数量的竖向支撑，它在水平荷载作用下较纯框架结构多一重抗侧力体系，提高结构的抗震性能，因此多用于高层、超高层房屋建筑中。

(a)   (b)

图 1-12   纯框架结构与带支撑框架结构

(a)纯框架结构；(b)带支撑框架结构

(3)框筒结构(图 1-13)。框筒结构是由钢框架构成的平面外圈结构和楼面内部的筒体所组成的结构体系。框筒结构的平面可以是圆形、椭圆形、矩形、多边形等形状。因为框筒结构的抗侧力构件是沿高层钢结构周边布置的，不仅具有很大的抗倾覆能力，而且具有很强的抗扭能力，故框筒体系主要用于超高层结构和平面复杂的高层钢结构。

图 1-13   框筒结构

(4)网架结构与网壳结构(图 1-14)。网架结构与网壳结构是近年来在建筑工程中广泛应用的一种空间结构形式，它不仅用于跨度较大的体育场馆和公共建筑中，在中小跨建筑中也极为常见。网架结构是由多根杆件按照一定的网格形式通过节点连接成面的平板空间结构，具有空间受力、质量小、刚度大、抗震性能好等优点。网壳结构是格构化的壳体，也称为曲面状网架结构，网壳杆件主要承受轴力，结构内力分布均匀，应力峰值小，可以充分发挥材料强度；在外观上可以与薄壳结构一样具有丰富的造型。

(a)   (b)

图 1-14　网架结构与网壳结构

(a)网架结构；(b)网壳结构

(5)空间桁架结构(图 1-15)。杆件两端用球铰连接而成，杆件轴线都通过联结点球铰中心，形成具有三角形单元的空间结构称为空间桁架结构。杆件主要承受轴向拉力或压力，在跨度较大时可比实腹梁节省材料，减小自重，加大刚度。

图 1-15　空间桁架结构

(6)悬索结构与张弦梁结构(图 1-16)。悬索结构是由柔性受拉索及其边缘构件所形成的承重结构。悬索的材料可以是钢丝束、钢丝绳、钢绞线、链条、圆钢及其他受拉性能良好的线材。张弦梁也称为弦支梁，是一种由刚性构件上弦、柔性拉索中间连以撑杆形成的混合结构体系，是一种大跨度预应力空间结构体系。其拉索的作用主要是通过刚性撑杆给刚梁提供弹性支撑，减小梁跨度，减小刚梁的弯矩峰值，进而起到增加刚度、减小挠度的作用。

(7)索膜结构(图 1-17)。索膜结构又称为张拉膜结构，是由多种高强度薄膜及钢架、钢柱或钢索等加强构件，通过一定方式使其内部产生相当的预应力所形成的空间结构形式。

（8）塔桅结构（图 1-18）。塔桅结构是一种高度相对于横截面尺寸大得多，水平风荷载起主要作用的自立式结构，如电视塔、输电线路塔、微波信号传输塔、导航塔等各种适合工程应用的塔架或高耸构筑物。

(a)　　　　　　　　　　　　　　　　(b)

图 1-16　悬索结构与张弦梁结构

(a)悬索结构；(b)张弦梁结构

图 1-17　索膜结构　　　　　　　　　**图 1-18　塔桅结构**

三、钢结构的未来

1. 装配式钢结构

2016 年 9 月，国务院常务会议审议通过《关于大力发展装配式建筑的指导意见》，指出全国各地要因地制宜发展装配式混凝土结构、钢结构和现代木结构等装配式建筑，力争用 10 年左右的时间，使装配式建筑占新建建筑面积的比例达到 30%。

2017 年 3 月 23 日，住房和城乡建设部印发了《"十三五"装配式建筑行动方案》，其中要求 2020 年装配式建筑在新建建筑中的占比达 15% 以上，并达到 200 个以上装配式建筑产业基地、500 个以上装配式建筑示范工程；强化建筑材料标准、部品部件标准、工程建设标准之间的衔接，积极开展包括《装配式钢结构建筑技术标准》(GB/T 51232—2016)在内的 3 项装配式结构建筑技术标准及《装配式建筑评价标准》(GB/T 51129—2017)的宣传贯彻和培训交流活动；提出突破钢结构建筑在围护体系、材料性能、连接工艺等方面的技术瓶颈，推动"钢-混""钢-木"等装配式组合结构的研发应用；推广绿色多功能复合材料，如金属复合材料，将装配式建筑与绿色建筑、超低能耗建筑等结合。可见，作为装配式建筑的钢结构政策正在加大推广力度。

2019 年 3 月 27 日，住房和城乡建设部建设市场监管司发布的"2019 年工作要点通知"提出，开展钢结构装配式住宅建设试点，在试点地区保障性住房、装配式住宅建设、农村危房改造和异地扶贫搬迁中明确一定比例的工程项目采用钢结构装配式建造方式。这一政策又将钢结构的发展推向装配式住宅建设体系的研发。

2020 年 5 月，住房和城乡建设部发布的《关于推进建筑垃圾减量化的指导意见》要求实施新型建造方式，大力发展装配式建筑，积极推广钢结构装配式建筑，推行工厂化预制、装配化施工、信息化管理的建造模式。

2020 年 7 月，为了推进建筑工业化、数字化、智能化升级，加快建造方式转变，推动建筑业高质量发展，住房和城乡建设部、国家发展改革委等部门联合印发《关于推动智能建造与建筑工业化协同发展的指导意见》，再次提出了大力发展装配式建筑的重点任务，随即全国各省市都出台了一些举措以促进装配式建筑行业的发展。

钢结构装配式住宅建筑以其绿色化、工业化、集约化、信息化的特点成为今后全国各省市重点推广的工程项目，应通过数字化手段推进建筑结构、设备管线、后期装修等多专业一体化集成设计，充分发挥新型建筑工业化系统集成综合优势。与之相关的结构设计、构件加工生产、施工技术改进，以及配套的相关标准、规范、规程的制定，装配式钢结构的抗震分析、农村房屋建造、技术服务等是钢结构发展的一个主要方向。

2. 绿色化发展

在 2021 年的全国两会上，"碳达峰""碳中和"首次被写入政府工作报告，表明了我国政府对环境治理的态度。建筑行业碳排放总量占全球的 40%，是实现"碳中和"目标的关键。全国各省都将推广装配式钢结构等绿色建筑作为"十四五"期间重点工作任务。由此可见，钢结构是保障建筑业整体实现碳减排目标的必要手段和措施，是实现国家"碳达峰""碳中和"目标任务的有效支撑。

钢结构住宅是绿色建筑的典型代表。以包头万郡大都城住宅项目为例，在节地方面，钢结构住宅使用面积提高 6.9%(钢+混凝土结构得房率能提高 3.95%)；在节材方面，主体结构可回收利用率达 70%～80%，其他材料也可部分重复利用；在节水方面，通过装配化施工，在建造过程中节约用水 15.8%；在节能方面，从建筑全生命周期分析(综合计算建筑材料的生产、运输)，钢结构比混凝土结构节约 12.9%的能耗；在施工方面，现场采用一体化装配技术，可以节水节电，减少垃圾排放，保护生态环境，节能减排。与传统现浇混凝土技术相比，钢结构节约钢材 19%、水泥 44%，降低 25%的施工用水、32%的施工用电、76%以上的木材消耗、54%的施工垃圾、56%的二次装修垃圾，建筑部品中工业废弃物的利用率为 56%以上，生产水泥纤维板和硅钙板利用石英砂尾矿及石粉，节省水泥用量 32%。由此可见，钢结构满足了当前全国范围内的节能减排、推动绿色建造的政策需求。

因此，钢结构产业将会朝着合理规划、节能环保的方向进一步发展，一方面通过利用钢结构加工制作简单、施工方便、施工周期短、结构灵活、造型设计自如、使用效果好等自身优势，综合资源的优化配置，按需分配按量规划，将有限的资源效能最大化处理，减少对周边建筑施工环境的损害，进一步净化周边生活空气环境；另一方面以钢铁产业为基础，聚焦钢结构型材、板材的绿色、低碳生产，全面推进"碳达峰""碳中和"。

3. 数字化、智能化建造

2020年7月，住房和城乡建设部发布的《关于推动智能建造与建筑工业化协同发展的指导意见》提出，要围绕建筑业高质量发展总体目标，以大力发展建筑工业化为载体，以数字化、智能化升级为动力，创新突破相关核心技术，加大智能建造在工程建设各环节的应用。2022年1月，住房和城乡建设部发布的《"十四五"建筑业发展规划》中也明确提出，到2025年，初步形成建筑业高质量发展体系框架，建筑工业化、数字化、智能化水平大幅提升，建造方式绿色转型成效显著，加速建筑业由大向强转变。

同时，在全国各省市的"十四五"规划中都可以看到对城市数字化、智能化建设提出的新要求。钢结构工程的数字化建设也已经不仅是简单地利用 Tekla Structures 和 Revit 软件数字化建模进行详图深化设计，而是要利用 BIM 技术在建筑工程全生命周期开展数字化建模设计、工业化构件加工生产、智能化工程建造、绿色化施工管理，像目前工业化较成熟的汽车制造一样走工厂流水线造房子、机械化装配房子和信息化管理房子的路线，将建筑从工程模式转变为"类工业产品模式"。

钢结构的数字化、智能化建造首先在正向设计上使用具有 IFC 格式（或基于 API 的映射信息传递）的三维设计软件实现结构模型与结构分析完全整合，并能在模型完善后自动生成零件详图、构件详图、施工布置图等图纸文件和材料清单、数控文件等相关报表。三维模型能解决多专业协调（碰撞）问题，并可以与 Navisworks 或其他软件进行虚拟现实模拟。建立、维护基于云技术搭建的 BIM 平台，实现建筑全生命周期的信息交互共享。

在构件加工过程中，将新型建筑工业与高端制造业深度融合，搭建建筑产业互联网平台，采用"智能＋"技术打造智能工厂和数字化车间。在材料采购上，可以调用模型数据库，在对板材和型材进行套料及优化后出具采购清单，基于以5G、物联网及区块链等为代表的新技术进行材料购置。在构件加工上，实现信息化、自动化、数字化、智能化生产。优化升级生产设备和控制系统，进行流水化作业，将模型数据载入控制平台，利用各专业机器人进行钢板（型钢）的号料、切割、焊接、制孔、除锈、喷涂防火防腐材料，并在每道工序后进行加工质量检验与矫正。在工厂预拼装时，平台数据通过预拼装软件进行分析，提出有效预拼装方案模拟，提高拼装效率，降低安装返工率。

在工程现场施工中，利用遥感卫星和北斗卫星导航系统，推动卫星定位，在地形测绘及工程测量等方面实施"卫星＋"。运用天、地一体化卫星遥感进行钢结构超高层结构的空间测量及大跨度曲线、曲面屋盖结构构件、斜柱等吊装施工时的精确定位。在吊装中，采用"仿真"模拟技术，借助大型有限元软件进行施工过程的计算分析，包括支撑体系的分析计算、吊点位置的计算、结构内力变化情况分析，通过一系列的分析研究来指导整个施工过程。在现场安装上，采用"人工智能"技术开发建筑机器人、工业机器人，实现自主无人系统现场装配。

在钢结构施工现场管理上，BIM 技术具有参数化的深化设计的特点，应用建设项目的 BIM-5D 精细化管理与智能移动终端设备的实时监控，一方面实现全过程的质量控制和追溯，另一方面实现施工过程中的资源需求分析、材料清单下达、存量分析、资源接收等功能，并进一步实现施工资源的有效调度，及时准确地采集钢结构施工数据，详细地编排（调整）施工方案，通过标准化、信息化的方法，提升传统的管理模式。同时，先进的管理理念、科学的管理方法、系统的思维模式、规范的操作方式等配合绿色建筑软件使用，优化管理方案推进钢结构建筑全寿命低碳循环利用，最大限度做到"四节一环保"（即节能、节水、节地、节材，保护环境），实现钢结构施工的绿色化。

在提高行业数字化水平上，还要切实推进与 CIM（城市信息模型）平台的互连互通，提高信息化监管能力，提高建筑业全产业链资源配置效率。

4. 轻型钢结构住宅

20世纪80年代，上海宝钢组牵头组织研究院、设计院和冶金建设公司技术人员首先开展压型钢板压型铝板的研究，随着我国经济的快速增长、改革开放的深入，轻型钢结构行业得到飞速的发展。近30年，低层轻型钢结构住宅在北京、上海、沈阳、苏杭、广州、四川和新疆等地区得到推广应用，包括高档别墅、农村用房、兵团住宅等。

以门式刚架为主的轻型钢结构房屋的大量应用，带动了相关配套行业的发展，如设计软件的研究开发，焊接H型钢、冷弯薄壁型钢及压型板等加工设备的制造，采光瓦、零配件、连接件和密封材料的生产。

轻型钢结构住宅易于工业化生产、标准化制作，与之配套的墙体材料可以采用节能、环保的新型材料，它属于绿色环保型建筑，可再生重复利用，既符合可持续发展的战略，又是住宅产业化的增长点。轻型钢结构+装配式技术开发的住宅体系成套技术的研究成果必将大大促进住宅产业的快速发展，直接影响我国住宅产业的发展水平和前途。

目前，轻型钢结构房屋每年都在以上千万平方米的数量增加，但在设计计算、建筑构造、加工制作、安装质量及售后服务等技术和管理方面还存在许多问题。如何提高轻型钢结构房屋的抗风、防火及耐腐蚀性能，如何丰富房屋的建筑造型，进行解决金属屋面漏水、风揭问题的试验研究以及H型单面焊接工艺研究等都是继续研究的方向。

5. 钢结构材料的研发

随着近年来钢产量的不断提高，建筑结构钢、船板钢、航空用钢、压力容器钢、管线钢、桥梁钢等不同用途钢材的应用范围也越来越广泛，性能要求也越来越高。各种防火、耐热钢、耐冷钢，耐腐蚀、高强度、高韧性钢材的需求也越来越大。在建筑领域，新的结构体系的开发、计算的改进不断催生着新的钢材品种及相应连接材料的不断研发。各类高强度建筑结构钢会沿着"鸟巢"Q460E-Z35钢的研制道路进一步发展，将通过钢水精炼和控轧控冷（TMCP）等先进工艺，向"低碳、微合金化、纯洁化、细晶粒化"方向发展。提高钢材的强度和韧性，稳定生产屈服强度（400～800 MPa）、抗拉强度（600～1 400 MPa），生产高强度、高韧性钢材及强度提高1～4倍的超级钢，这将是我国建筑用钢发展的基本技术路线。

高强度钢和超级钢的推广应用，必将对钢结构连接材料提出新的、更高的要求。

高强度钢和超级钢中合金元素的改变，势必引起接头的脆化、软化、裂纹增大等焊接问题，除对相应的焊接技术提出挑战，对焊接材料的研发也势在必行。按《钢结构设计标准》（GB 50017—2017）的规定，"焊条或焊丝的型号和性能应与相应母材的性能适应，其熔敷金属的力学性能应符合设计规定，且不应小于相应母材标准的下限值"，焊接材料也必须为配合高强度、超级钢的应用进行改进。

随着高强度、高韧性钢的抗压强度的提高，钢材的延迟时间断裂敏感度会提高，从而使应力越大的螺栓产生断裂后所产生的伤害也越大，因此，开发设计延迟时间断裂性能优质的高强度螺栓对保障结构安全、扩大高强度螺栓使用范围意义重大。

6. 钢结构施工建造工艺的提升

钢结构在超高层建筑及大型公共建筑中广泛应用，不断地挑战着钢结构施工建造工艺。

（1）倾斜钢柱安装定位技术。在厦门高崎国际机场T4航站楼项目中，79根锥形钢管柱支撑屋面双向平面交叉桁架，其中27根幕墙钢柱的不同位置处均向外倾斜2.5°～27.5°。这些倾斜圆锥形钢管柱的安装施工采用了免支撑吊装工艺，并辅助计算机模拟安装技术，但其空间定位测量仍采用传统的全站仪把控各控制点坐标。随着科技的发展，在大型工程项目中使用多卫星定位技术(包括网络 PTK、PPP 技术)、无人机摄影测量技术、GIS 技术、三维测量技术等先进技术将是未来钢结构工程安装发展的重要方向。

(2)空间弯曲钢管杆件的加工工艺。无锡大剧院项目从整体上看是由大小不同的巨大的叶子状建筑构成的，叶片桁架钢管均为空间弯曲管件，空间弯曲管件由多个曲率半径的弯曲钢管组合而成且各曲率半径的弯曲钢管处于不同平面内。该项目对曲率半径在加工范围内的弯曲钢管采用了冷弯压弯加工工艺，对曲率半径不在加工范围内的弯曲钢管采用了中频热弯及煨弯矫正工艺，加工出各种符合设计曲率半径的弯曲管件。

(3)网架整体顶升工艺/超高层结构施工自爬升技术。对于有大跨度网架结构的屋盖可以采用整体顶升工艺，即将网架、檩条、屋面底板等在其安装位置正下方地面上一起拼装成整体后，分块整体顶升到位。超高层施工普遍存在高空作业安全风险大、吊装设备紧张的问题，自爬升平台可以最大限度地减少操作平台超高空作业。在爬升过程中先爬升导轨，在导轨与上部附着挂座稳固后，再在导轨上爬升机架与平台，整体采用液压比例系统，使多油缸平台同步爬升，操作人员进行远距离操作与监控，实现无人整体同步爬升。顶升及爬升工艺的数字化改造升级也是建筑工程数字化转型升级的一个重要方面。

(4)超高层巨型柱加工工艺。在"中国尊"项目中，根据现场施工工况、起吊能力及巨型柱结构形式，科学、合理地将巨型柱划分为 4 个相对独立的钢柱，由两个不规则的田字形钢柱及两个 H 形钢柱组成，将整根巨柱的制作难度分解至单根钢柱上。施工前的计算机预拼装技术及施工时空间组装上采用的焊接机器人自行攀爬施焊技术，尤其是保证厚钢板的焊接质量的工艺都是非常值得继续深入研究的课题。

(5)巨型钢结构的安装技术/高空滑移技术。在 FAST 项目中，格构柱扒杆吊装采用在扒杆相应位置设置单片滑轮，通过卷扬机带动钢丝绳进行构件提升安装的技术，直径为 500 m 的圈梁的安装则采用高空分块滑移施工技术——由倒扣式曲线轨道滑移系统、箱梁板车和提升设备与多功能平板车及圆周滑移系统等多项新技术联合完成。先进技术的推广应用及智能化现场管理平台的开发对于安全、高效地进行超大钢结构项目的施工具有深远的意义。

(6)自由曲面的空间结构屋盖/金属屋面系统。在三亚海棠湾国际购物中心，其巨大的拱桁架与空间多曲面方管网壳组合屋盖，采用单元节点焊接分段拼装、高空分块吊装技术。在拱架临时支撑卸载时，考虑结构从支撑受力平衡平缓过渡到自身受力过程。为了实现逐步卸载，需要结合结构分析软件对卸载全过程进行模拟分析，同时对结构进行监测以保证工程质量。对金属屋面在耐候性、屋面系统热工程、防冷凝水、抗风、防水、防火、防雷、防坠落、隔声、调节室内声学环境方面的研究也值得进一步探索。

随着我国经济的发展，大型、超大型流线型曲面钢结构屋盖建筑不断推陈出新，超高层钢结构高度不断被突破，工业化、绿色化、产业化的进程不断深入，对钢结构的材料性能提出了新的要求，设计、构件加工、施工工艺、现场施工管理方面的不断改进也科技感十足，数字化、智能化的发展必将引领钢结构走向前所未有的辉煌。

工作流程

认识钢结构的发展与应用工作流程如图 1-19 所示。

图 1-19　认识钢结构的发展与应用工作流程

小组成员分工合作，按工作流程执行工作任务。

工作结果检查

根据小组汇报情况、选题内容的质量、PPT制作水平，对工作结果进行检查。

任务二　钢结构的极限状态

工作任务

　　美国某敞开式汽车库，承重结构由4跨钢柱、梁组成，屋面檩条为冷成型槽钢，跨度为6.1 m和7.3 m，槽钢高为254 mm，钢材最小屈服强度为345 N/mm²，屋面为V形压型钢板，跨度为3.1 m，屋面板与槽钢翼缘用自攻螺钉铆接，中间垫橡胶密封圈。檩条伸进梁内，使其在支座处不能转动，但在跨中没有设置拉条或其他支撑。屋面设计的安全雪载为1.437 kN/m²。但是，当屋面积雪不足0.719 kN/m²时，檩条就发生显著的下垂并伴随严重的扭转，随后位于屋面边缘的两根檩条倒塌。

　　实际上，设计时仅考虑檩条竖向荷载。若没有足够的拉条或支撑限制檩条的扭转，则荷载作用时，檩条截面上会产生扭转应力，因为自攻螺钉仅简单地穿过屋面板，不能作为支撑有效地限制檩条转动。计算结果表明，当雪荷载达0.958 kN/m²时，檩条截面上的弯曲应力和扭转应力的合力达到材料的屈服应力。倒塌的两根檩条一边是跨度为4.4 m屋面板，另一边是1.7 m的悬臂板，该檩条受到的荷载比一般檩条高40%，因此，当雪荷载为0.671 kN/m²时，截面应力就达到屈服应力（弯曲应力为220.8 N/mm²，扭转应力为124.2 N/mm²），这个荷载与檩条倒塌时的屋面雪荷载非常接近。

　　试分析在此次事故中屋面在檩条倒塌前处于什么样的极限状态。

任务思考

　　1. 结构的功能要求有哪些？什么是结构的可靠性？什么又是可靠度？

_____

_____

　　2. 结构的极限状态有几类？具体含义是什么？

_____

_____

　　3. 在进行承载能力设计时，荷载的设计值如何计算？

_____

_____

_____

工作准备

　　与其他建筑结构一样，钢结构在设计时也必须保证设计建造的建筑结构能够确保人的生命和财产安全(功能要求)，并应符合国家的技术经济政策的要求，同时，兼顾建筑业可持续发展的需要。

一、结构的功能要求

结构的功能要求按《建筑结构可靠性设计统一标准》(GB 50068—2018)(以下简称《可靠性统一标准》)规定如下。

(1)能承受在施工和使用期间可能出现的各种作用。

(2)保持良好的使用功能。

(3)具有足够的耐久性能。

(4)当发生火灾时，在规定的时间内可保持足够的承载力。

(5)当发生爆炸、撞击、人为错误等偶然事件时，结构能保持必要的整体稳固性，不出现与起因不相称的破坏后果，防止出现结构的连续倒塌。

在建筑结构必须满足的以上五项功能中，第(1)、(4)、(5)三项是对结构安全性的要求；第(2)项是对结构适用性的要求；第(3)项是对结构耐久性的要求。

安全性是指在正常施工和正常使用时，结构应能承受可能出现的各种荷载作用和变形而不发生破坏，在偶然事件发生后，结构仍能保持必需的整体稳定性。如在钢结构厂房中，结构平时受自重、起重机荷载和雪荷载时，或由地震、温度变化引起结构变形时，均应稳固不坏，在发生火灾时钢构件不致因高温快速熔化，而是为保障人员逃生具备规定时长的承载力，在遇到爆炸、撞击等偶然事件时，容许有局部的损坏而不致发生连续倒塌。

适用性是指在正常使用时，建筑能保持良好的工作性能，不出现过大变形等情况。

耐久性是指结构在规定的工作环境中，在预定时期内，材料性能的劣化不会导致结构出现不可接受的严重锈蚀等。从工程概念上讲，足够的耐久性就是指在正常维护条件下结构能够正常使用到规定的设计使用年限。

二、结构的极限状态

当结构或构件的整体或一部分超过某一特定状态就不能满足设计规定的某一功能要求时，这个特定状态称为该功能的极限状态。也就是说，结构的极限状态是指结构或构件能够满足设计规定的某一功能要求的临界状态。

极限状态根据功能要求不同可分为承载能力极限状态、正常使用极限状态和耐久性极限状态。

1. 承载能力极限状态

当结构或结构构件达到最大承载能力或达到不适于继续承载的变形时的极限状态称为承载能力极限状态。当结构或结构构件出现下列状态之一时，应认定为超过了承载能力极限状态。

(1)结构构件或连接因超过材料强度而破坏，或因过度变形而不适于继续承载。

(2)整个结构或其一部分作为刚体失去平衡。

(3)结构转变为机动体系。

(4)结构或结构构件丧失稳定。

(5)结构因局部破坏而发生连续倒塌。

(6)地基丧失承载力而破坏。

(7)结构或结构构件产生疲劳破坏。

当整个结构或部分结构构件达到承载能力极限状态时，结构即将产生破坏。

2. 正常使用极限状态

当结构或结构构件达到正常使用的某项规定限值时的极限状态称为正常使用极限状态。达到此极限状态时，结构或结构构件虽仍具备继续承受荷载的能力，但在正常荷载作用下产生的变形已使结构或构件不适于继续使用。当结构或结构构件出现下列状态之一时，应认定为超过了正常使用极限状态。

(1)影响正常使用或外观的变形。

(2)影响正常使用的局部损坏。

(3)影响正常使用的振动。

(4)影响正常使用的其他特定状态。

当结构或构件达到正常使用极限状态时，则不适于正常使用，但并不一定马上产生破坏。

3. 耐久性极限状态

结构的耐久性极限状态设计应使结构构件出现耐久性极限状态标志或限值的年限不小于其设计使用年限。耐久性极限状态设计应包括保证构件质量的预防性处理措施、减小侵蚀作用的局部环境改善措施、延缓构件出现损伤的表面防护措施和延缓材料性能劣化速度的保护措施。目前，只有混凝土结构耐久性设计标准明确提出了耐久性极限状态的标志与限值，其他结构(包括钢结构)设计标准并没有提出明确规定。

结构设计时应对结构的不同极限状态分别进行计算或验算；当某一极限状态的计算或验算起控制作用时，可仅对该极限状态进行计算或验算。钢结构应按承载能力极限状态设计，并满足正常使用极限状态和耐久性极限状态的要求，在火灾条件下，应能在规定的时间内正常发挥作用。

三、结构的可靠性与可靠度

结构功能要求规定的安全性、适用性和耐久性三者总括起来称为结构的可靠性，即指在规定的时间内(设计基准期为 50 年，具体设计使用年限见表 1-2)，在规定的条件(正常设计、正常施工、正常使用)下，完成预定功能(安全性、适用性、耐久性)的能力。

表 1-2　建筑结构的设计使用年限　　　　　　　　　　　　　　年

类型	设计使用年限
临时性建筑结构	5
易于替换的结构构件	25
普通房屋和构筑物	50
标志性建筑和特别重要的建筑结构	100

可靠度表示结构的可靠程度，是对结构可靠性的定量描述。根据结构构件的安全等级、失效模式和经济因素等，结构的安全性、适用性和耐久性可采用不同的可靠度水平确定，当有充分的统计数据时，可采用可靠指标 β 来度量。

结构或构件的承载能力用 R(结构抗力)表示，它取决于结构构件的几何参数、材料性能等，又称为结构的抗力，表达结构承受作用的能力，属于结构特性；由荷载(恒荷载、活荷载、地震、温度变化等)作用于结构上产生的效应(内力、变形等)用 S(作用效应)表示。组成结构抗力 R 的各种因素和产生作用效应 S 的各种作用，都是独立的随机变量，应该按照它们各自的统计数值应用概率理论来确定它们各自的设计值。

结构的极限状态用极限状态的方程来表示。当只有两个基本变量即作用效应 S 和结构抗力 R 时，令

$$Z = R - S \tag{1-1}$$

当 $Z>0$ 时，即 $R>S$，表示结构处于可靠状态；
当 $Z<0$ 时，即 $R<S$，表示结构处于失效状态；
当 $Z=0$ 时，即 $R=S$，表示结构处于极限状态。

四、设计表达式

进行承载能力极限状态设计时，设计表达式应考虑结构重要性调整后的作用效应 S 应小于或等于结构抗力 R，即

$$\gamma_0 S \leqslant R \tag{1-2}$$

式中　γ_0——结构重要性系数；对持久设计和短暂设计状况，安全等级为一级的结构构件，$\gamma_0 \geqslant 1.1$；对安全等级为二级的结构构件，$\gamma_0 \geqslant 1.0$；对安全等级为三级的结构构件，$\gamma_0 \geqslant 0.9$；对偶然设计状况和地震设计状况，$\gamma_0 \geqslant 1.0$。

持久设计状况和短暂设计状况应采用作用的基本组合，其组合效应设计值如下式所示：

$$S = \sum_{i \geqslant 1} \gamma_{Gi} G_i + \gamma_{Q1} \gamma_{L1} Q_{1k} + \sum_{j>1} \gamma_{Qj} \psi_{cj} \gamma_{Lj} Q_{jk} \tag{1-3}$$

式中　γ_{Gi}——第 i 个永久作用的分项系数，当对结构不利时不应小于 1.3，当对结构有利时不应大于 1.0；

G_i——第 i 个永久作用的标准值；

γ_{Q1}，γ_{Qj}——第 1 个可变作用和第 j 个可变作用的分项系数，对标准值大于 4 kN/m² 的工业房屋楼面活荷载，当对结构不利时不应小于 1.4，当对结构有利时应取 0，对除此之外的可变荷载作用，当对结构不利时不应小于 1.5，当对结构有利时应取 0；

γ_{L1}，γ_{Lj}——第 1 个和第 j 个考虑结构设计工作年限的荷载调整系数，对荷载标准值随时间变化的楼面和屋面活荷载，按表 1-3 采用，当设计工作年限不为表中数值时，调整系数不应小于按线性内插确定的值；

Q_{1k}，Q_{jk}——第 1 个可变作用标准值和第 j 个可变作用标准值；

ψ_{cj}——第 j 个可变作用的组合系数。

表 1-3　楼面和屋面活荷载考虑设计工作年限的调整系数 γ_L

结构设计工作年限/年	5	50	100
γ_L	0.9	1.0	1.1

对于正常使用极限状态，钢结构设计中包括影响结构、构件、非结构构件正常使用或外观的变形，影响正常使用的振动，影响正常使用或耐久性的局部破坏。结构构件根据不同的设计要求采用标准组合、频遇组合、准永久组合进行设计，使结构构件的变形值不超过容许值。

标准组合用于不可逆正常使用极限状态设计，其组合效应设计值为

$$\sum_{i \geqslant 1} G_{ik} + P + Q_{1k} + \sum_{j>1} \psi_{cj} Q_{jk} \tag{1-4}$$

频遇组合用于可逆正常使用极限状态设计，其组合效应设计值为

$$\sum_{i \geqslant 1} G_{ik} + P + \psi_{f1} Q_{1k} + \sum_{j>1} \psi_{qj} Q_{jk} \tag{1-5}$$

准永久组合用于长期效应是决定性因素的正常使用极限状态设计，其组合效应设计值为

$$\sum_{i\geqslant1}G_{ik}+P+\sum_{j>1}\psi_{qj}Q_{jk} \tag{1-6}$$

结构或构件按正常使用极限状态设计时，应符合下式要求：

$$S_d\leqslant C \tag{1-7}$$

式中　S_d——作用组合的效应（如变形、裂缝等）设计值；

　　　　C——设计对变形、裂缝等规定的相应的限值。

五、钢结构强度设计值

在钢结构设计中习惯将 S 与 R 都取为应力，得到结构或构件常用的验算公式 $\sigma\leqslant f$，f 为结构构件和连接的强度设计值（钢材的强度设计值见表 1-4）。

表 1-4　钢材的强度设计值

钢材牌号		厚度或直径 /mm	强度设计值/($N \cdot mm^{-2}$)		屈服强度 f_y	抗拉强度 f_u
			抗拉、抗弯、抗压 f	抗剪 f_v		
碳素结构钢	Q235	≤16	215	125	235	370
		(16，40]	205	120	225	
		(40，100]	200	115	215	
低合金高强度结构钢	Q345	≤16	305	175	345	370
		(16，40]	295	170	325	
		(40，63]	290	165	315	

工作流程

钢结构的极限状态工作流程如图 1-20 所示。

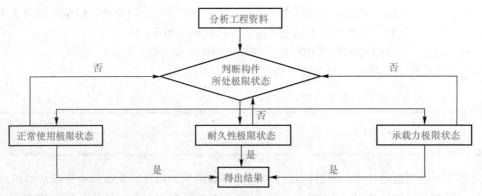

图 1-20　钢结构的极限状态工作流程

工作步骤

（1）仔细阅读工程资料，找出工程资料破坏的关键词。

（2）学习极限状态的分类及内容。

（3）将工程资料破坏的关键词和各类极限状态对比，得出该工程的破坏属于承载能力极限状态。

根据对工程资料的分析，该工程达到的极限状态分析正确。

素质拓展

1."钢结构智慧建造"课程的学习目标

"钢结构智慧建造"课程直接对应施工员岗位群的工作任务，重点培养学生的钢结构识图、构件加工制作、施工安装和质量控制等岗位能力。通过本课程的学习，学生应具备钢结构施工验收规范的应用能力，掌握钢构件的制作工艺、钢结构工程的施工方法和质量控制措施，能够运用所学理论和知识分析工程实际问题和进行施工实施；具备从事本专业岗位需求的施工技能，能够自主学习、独立思考、勇于创新、独立制订工作计划、独立评估工作结果、创新性地对施工疑难问题提出合理解决方案；养成团结合作、爱岗敬业的良好的职业道德，以及保护环境等社会能力。

2."钢结构智慧建造"课程的主要内容

"钢结构智慧建造"内容可分为"基础篇"与"施工篇"两个主要部分。"基础篇"部分重点介绍钢材和连接材料特性、钢结构连接性能及基本构件工作性能和设计方法；"施工篇"部分重点介绍基于BIM的钢结构识图、钢结构的数字化加工、钢结构智慧安装及工程质量验收。两部分内容既相互独立又相辅相成，没有施工部分的钢结构课程不能满足职业化教育教学的需求，没有基础部分的钢结构建造不足以支撑起专业教学的基本框架。

3."钢结构智慧建造"课程的学习方法

"钢结构智慧建造"课程中既有钢结构基本理论知识的学习、构件连接及受力计算，又有实践性极强的构件加工及安装方面内容。因此，在本课程的学习中需要掌握以下几点。

(1)不轻视基本理论和基本概念的学习。材料、连接、基本构件和结构设计等内容是钢结构学习的基础，也是今后分析和解决工作中的问题所采用的重要方法，在学习过程中要做笔记、勤思考、善归纳、喜总结，做题时要厘清思路，明确解题步骤，细致计算。

(2)熟悉规范，并能正确运用规范解决学习中的问题。规范对于工程技术人员而言是从事建筑工程必须遵守的技术标准，是解决工程问题的主要依据。本课程主要依据的规范有《建筑抗震设计标准(2024年版)》(GB/T 50011—2010)、《钢结构设计标准》(GB 50017—2017)、《钢结构工程施工质量验收标准》(GB 50205—2020)。在本课程的学习过程中必须结合学习内容理解并掌握我国现行的相关规范条文。

(3)注重理论联系实际。在本课程的学习过程中应加强学生的实践技能的培养，通过校内外实训基地的认识实习，了解钢构件的深化设计，熟悉加工技术，认识主要加工设备，掌握产品质量检验方法；通过工地现场的参观学习或虚拟仿真、AR(VR)实训，了解主要吊装设备，掌握构件吊装的基本方法及施工质量检测内容。通过理实一体化教学，使学生不断积累工程经验，更好地理解教学内容。

(4)强化基本职业素养的养成。无论是设计计算的偏差还是加工时的错误，抑或识图时的疏忽都有可能造成工程的质量事故，甚至造成人员的伤亡或财产的损失，因此，无论是在基础理论计算阶段，还是在构件加工、安装实习过程中，都要具备严谨的学习态度和一丝不苟的工作作风。

　　钢结构的发展从无到有，从最初的铸铁形式到精钢产品，从少量的钢结构桥梁到大量的现代钢结构建筑物，从单一的结构形式到丰富的空间体系，从工匠的巧思到计算机 BIM 建模，从铸模工艺到现代数字化、智能化、工业化构件加工，钢结构的发展始终与生产力的发展紧密相关，与科技水平的进度密不可分。科技就是第一生产力！同学们一定要认真学习，开拓进取，掌握现代化的建造技术，并在此基础上不断创新，推动专业领域科技进步，为祖国的繁荣强盛奋斗不息！

技能提升

拓展资源：
首都体育馆简介

学生工作任务单

项目二 钢结构的常用材料

知识目标

1. 掌握建筑钢材的基本性能。
2. 掌握影响钢材性能的主要因素。
3. 掌握钢结构的连接材料和辅助材料。

能力目标

1. 能够整理出钢材的主要性能并列举出影响钢材性能的主要因素。
2. 能够认识建筑钢材和焊接材料的符号表示。
3. 能概括出钢材的主要品种及钢材的选用原则。
4. 能够合理选择钢结构构件的连接材料。

素质目标

1. 培养学生规范意识和法律意识。
2. 培养学生科学严谨的态度、认真细致的工作作风。

学习重点

1. 钢材的品种及选用。
2. 钢材的主要性能及其影响因素。
3. 钢结构的连接材料。

学习难点

1. 钢材的选用。
2. 钢材的主要性能及其影响因素。

钢结构工程的材料可分为主材、辅材和围护材料。主材为钢材（钢板、型钢等）；辅材为连接材料及防火、防腐材料（焊材、螺栓、铆钉、油漆、防火涂料等材料）；围护材料为薄金属镀锌板、彩色涂层压型板、檩条、夹芯板、保温棉等。本项目主要讨论钢结构的主材与辅材及钢质围护材料。

任务一　认识建筑钢材

工作任务

请学生根据某钢结构厂房施工图(附图1)查找钢柱、钢梁、屋面支撑、檩条、系杆、墙梁、柱间支撑等构件，总结所用钢材的型材种类，并调研当地钢材市场，从调研到的市场钢材选定本工程钢材品种，通过收集、查找相关资料，将本次成果整理成一份完整的PPT进行汇报。

任务思考

(1)目前市场上的钢材主要有哪些品种？

_____

_____

(2)哪些因素决定着结构用钢的选择？

_____

_____

(3)钢材的主要机械性能如何测定？

_____

_____

(4)影响钢材性能的主要因素有哪些？

_____

_____

_____

工作准备

一、建筑用钢的品种与规格

1. 钢材的分类

钢材的分类见表2-1。

表 2-1　钢材的分类

<table>
<tr><td rowspan="6">化学成分</td><td rowspan="3">碳素结构钢</td><td>低碳钢</td><td>含碳量≤0.25%</td><td rowspan="3">碳素钢按脱氧方法分为
沸腾钢(F)、镇静钢(Z)、
特殊镇静钢(TZ)</td></tr>
<tr><td>中碳钢</td><td>含碳量 0.25%～0.60%</td></tr>
<tr><td>高碳钢</td><td>含碳量 0.60%～1.20%</td></tr>
<tr><td rowspan="3">合金结构钢</td><td>低合金高强度结构钢</td><td colspan="2">合金元素总含量≤5%</td></tr>
<tr><td>中合金高强度结构钢</td><td colspan="2">合金元素总含量 5%～10%</td></tr>
<tr><td>高合金高强度结构钢</td><td colspan="2">合金元素总含量≥10%</td></tr>
</table>

在钢结构工程中采用的是碳素结构钢中的低碳钢、合金结构钢中的低合金高强度结构钢、耐候结构钢及其他高性能钢材。

2. 钢结构工程常用钢材

（1）碳素结构钢。按照现行国家标准《碳素结构钢》（GB/T 700—2006），碳素结构钢的牌号是由屈服点的"屈"字汉语拼音首字母"Q"、屈服强度数值、质量等级（A、B、C、D）、脱氧方式符号（F、Z、TZ）四部分顺序构成。例如，Q235AF 表示质量等级为 A 级、屈服强度为 235 MPa 的沸腾钢。

目前，生产的碳素结构钢有 Q195、Q215、Q235 和 Q275 四种。钢材强度主要由含碳量来决定，含碳量越大，屈服点越高，塑性越低。因此，钢号由小到大在很大程度上代表了含碳量由低到高排列。Q235 的含碳量低于 0.22%，属于低碳钢，其强度适中，塑性、韧性和可焊性较好，常用于生产钢板、型钢及钢筋，是建筑钢结构常用的钢材品种之一。

碳素结构钢和低合金钢不同质量等级的要求

（2）低合金高强度结构钢。低合金高强度结构钢是在冶炼时添加一种或几种少量合金元素，其总量低于钢材的 5%，但钢材强度有明显提高。根据现行国家标准《低合金高强度结构钢》（GB/T 1591—2018）的规定，其牌号意义与碳素结构钢类似，低合金高强度结构钢有 Q355、Q390、Q420、Q460 等，其质量等级分为 B、C、D、E、F 五个等级。

（3）耐候钢。钢材在冶炼时加入少量合金元素如铜（Cu）、镍（Ni）、铬（Cr）、钼（Mo）、铌（Nb）、钛（Ti）、钒（V）等可以使金属基体表面形成保护层以提高钢耐腐蚀性能，这种钢称为耐大气腐蚀钢，即耐候钢。目前我国生产的耐候钢有高耐候结构钢、焊接结构用耐候钢、结构用高强度耐候焊接钢管三类。

1）高耐候结构钢按化学成分可分为铜磷钢和铜磷铬镍两类。其牌号表示方法由代表"屈"的字母"Q"、屈服强度数值、代表"高"的字母"G"、代表"耐"的字母"N"、代表"候"的字母"H"组成，若是含铬、镍的高耐候钢在牌号后加代号"L"。例如，牌号 Q345GNHL 表示屈服强度为 345 MPa，含有铬、镍的高耐候钢。

2）焊接结构用耐候钢具有良好的焊接性能，厚度可达 100 mm。其牌号表示方法与高耐候钢相似，只是在牌号的最后加有代表质量等级（C、D、E）的字母。例如，Q345NHC 表示屈服强度为 345 MPa、质量等级为 C 级的焊接结构用耐候钢。

3）结构用高强度耐候焊接钢管的牌号表示方法与高耐候钢相似，有 Q300GNH、Q325GNH、Q355GNH 三个牌号。通常的标记为"牌号＋外径精度×壁厚＋壁厚精度×长度"，其中外径精度用 D 表示，壁厚精度用 S 表示，外径精度与壁厚精度均分三级普通精度（D_3、S_3）、较高精度（D_2、S_2）、高精度（D_1、S_1）。例如，$Q345GNHD_2 \times 2.5S_2 \times 6\ 000$ 表示屈服强度为 345 MPa、壁厚为 2.5 mm、外径精度与壁厚精度为较高精度、管长为 6 000 mm 的结构用高强度耐候焊接钢管。结构用高强度耐候焊接钢管主要用于铁塔、支柱、脚手架、网架结构等。

（4）厚度方向性能钢板。按照《高层建筑结构用钢板》（YB 4104—2000），其厚度为 6～100 mm，牌号有 Q235GJ、Q345GJ、Q235GJZ、Q345GJZ。钢板的牌号由字母"Q"、屈服强度数值、代表高层建筑的字母"GJ"及质量等级符号（C、D、E）组成。对于厚度方向性能钢板，在质量等级前加上厚度方向性能级别（Z15、Z25、Z35）。例如，Q345GJZ25C 表示屈服强度为 345 MPa、厚度方向性能级别为 Z25 级（断面收缩率为 25%）、质量等级为 C 级的高层建筑结构用钢板。

由于轧制工艺的原因，厚钢板沿厚度方向（Z 向）的力学性能最差，当结构中有板厚方向的拉力作用时，很容易沿厚度方向出现内部层状撕裂。因此，对重要焊接构件钢板，其在厚度方向应该具有良好的抗层间撕裂能力。

厚度方向性能钢板适用于建造高层建筑结构、大跨度结构及其他重要建筑结构。

3. 钢结构常用型材

钢结构构件一般宜直接选用型钢，这样可缩短构件加工制造的周期、减小工作量及降低工程造价。当型钢尺寸不合适或构件尺寸很大时，才采用钢板来加工构件。根据加工的方式不同，型钢有热轧成型和冷加工成型两种。

（1）钢板。热轧钢板可分为厚板和薄板两种。厚板的厚度为 4.5～60 mm，多用作节点板、加劲肋、支座底板、柱头顶板、连接钢及各种组合截面构件的板件；薄板厚度为 0.35～4 mm，多用来成为冷弯薄壁型钢的原料。除热轧钢板外，还有冷轧钢板或钢带（厚度为 0.2～5 mm）、花纹钢板（厚度为 2.5～8 mm，多用来作楼梯踏步或走道地板）等（图 2-1）。

（a）　　　　　　　　　　　（b）　　　　　　　　　　　（c）

图 2-1　钢板、钢带

（a）热轧厚钢板；（b）冷轧钢带；（c）花纹钢板

钢板通常用"－厚度×宽度×长度"表示，其中"－"表示钢板横断面。例如，－12×800×2 100 表示一块厚度为 12 mm、宽度为 800 mm、长度为 2 100 mm 的钢板。

（2）热轧型钢。

1）角钢。角钢有等边和不等边两种（图 2-2）。等边角钢标注以"L（角钢代号）＋肢宽×肢厚"表示，如 L 80×7 表示肢宽 80 mm、肢厚 7 mm 的等边角钢；不等边角钢标注以"L＋长肢宽×短肢宽×肢厚"表示，如 L 160×100×14 表示长肢宽 160 mm、短肢宽 100 mm、肢厚 14 mm 的不等边角钢。

（a）　　　　　　　　　　　（b）

图 2-2　角钢

（a）等边角钢；（b）不等边角钢

2）槽钢[图 2-3（a）]。槽钢的符号是"["，其牌号为"[＋号数（槽钢截面外廓高度的厘米数）＋腹板厚度级别（a 较薄，b 厚度居中，c 最厚）"。例如，[25a、[25b、[25c 是指截面高度均为 250 mm，而腹板厚度分别为 7 mm、9 mm 和 11 mm 三种热轧普通槽钢。

3)工字钢[图2-3(b)]。工字钢用符号"I"表示，其牌号的表达方式与槽钢一样。普通型工字钢当型号较大时腹板厚度也分a、b、c三种。

工字钢翼缘内表面是斜面，翼缘厚度较腹板厚度大，翼缘宽度比截面高度小很多，因此截面对弱轴(平行于腹板的轴)的惯性矩较小，因此，工字钢在应用上有一定的局限性，一般只用于单向受弯构件。

(a)　　　　　　　　　　　　　　　　(b)

图2-3　槽钢及工字钢

(a)槽钢；(b)工字钢

4)H型钢和剖分T型钢(图2-4)。H型钢可分为宽翼缘H型钢(HW)、中翼缘H型钢(HM)和窄翼缘H型钢(HN)三类。其表示方法是先用符号HW、HM和HN表示H型钢的类别，后面加"截面高度×翼缘宽度×腹板厚度×翼缘厚度"，如HW300×300×10×15表示截面高度为300 mm、翼缘宽度为300 mm、腹板厚度为10 mm、翼缘厚度为15 mm的宽翼缘H型钢。

H型钢由工字钢发展而来，但与工字钢相比，其翼缘厚度均匀，内外表面平行，端部内表面无斜度，便于与其他构件连接。H型钢截面翼缘较宽阔，故在宽度方向的惯性矩和回转半径都较大，其截面形状更合理，截面力学性能也更优。在相同截面面积下，其实际承载力比普通工字钢大。其中，HW型因为翼缘宽大，对弱轴的惯性矩较大，所以整体稳定性好。

剖分T型钢也可分为三类，即宽翼缘T型钢(TW)、中翼缘T型钢(TM)和窄翼缘T型钢(TN)。剖分T型钢实质是由对应的H型钢沿腹板中部对等剖分而成。其表示方法与H型钢类似。用剖分T型钢代替由双角钢组成的T型截面，其截面力学性能更优，且制作方便。

(a)　　　　　　　　　　　　　　　　(b)

图2-4　H型钢和剖分T型钢

(a)H型钢；(b)剖分T型钢

4. 钢管

钢管(图2-5)可分为热轧无缝钢管和电焊钢管两种。其型号用"ϕ＋外径×壁厚"表示。例如，ϕ219×14 表示外径为 219 mm、壁厚为 14 mm 的钢管。

图 2-5　钢管

(a)无缝钢管；(b)直缝焊接钢管；(c)螺旋缝焊接钢管

5. 冷弯薄壁型钢

冷弯薄壁型钢是用 2～6 mm 厚的薄钢板或钢带经冷弯或模压而成型的。其截面各部分厚度相同，转角处也呈圆弧形。冷弯薄壁型钢有各种截面形式，如图 2-6 所示。冷弯薄壁型钢在成型过程中因冷作硬化的影响，钢材屈服点显著提高。而其截面以几何形状展开，与面积相同的热轧型钢相比，截面惯性矩更大，从受力角度讲是一种非常经济高效的钢材。但其也因壁薄而较容易受到锈蚀的影响。

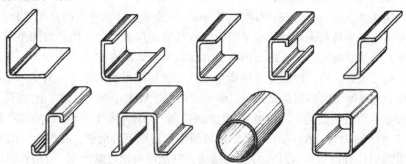

图 2-6　冷弯薄壁型钢的截面形式

冷弯薄壁型钢多用于跨度小、荷载轻的轻型钢结构中，用作钢架、桁架、梁、柱等主要承重构件，也可用作屋面檩条、墙架、龙骨等次要构件(图2-7)。

图 2-7　冷弯薄壁型钢的应用

6. 压型钢板

压型钢板(图 2-8)是由厚度为 0.4～2 mm 的钢板压制而成的波纹状钢板，波纹高度在 10～200 mm 范围内，钢板表面镀锌或镀铝锌、涂漆或涂有机层(又称彩色压型钢板)，以防止锈蚀，因此耐久性较好。压型钢板最大的优点是轻质、高强、美观、施工快。压型钢板常与保温材料复合用作屋面板、墙板等围护构件，与钢筋混凝土浇筑在一起做结构楼板(图 2-9)。

图 2-8 压型钢板

（a）　　　　　　　　　　　　　　（b）

（c）　　　　　　　　　　　　　　（d）

图 2-9 压型钢板的应用

（a）压型钢板做楼板；（b）压型钢板做屋面板；（c）压型钢板做墙板；（d）压型钢板复合保温材料

二、钢材的性能

用于钢结构的钢材必须具有下列性能。

(1)较高的强度。钢材的抗拉强度 f_u 和屈服强度 f_y 比较高。钢材的屈服强度高可以减小构件截面，从而减小结构自重，节约钢材，降低造价。极限抗拉强度高，可以增加结构的安全储备。

(2)足够的变形能力。变形能力是指钢材塑性和韧性性能。

1)所谓塑性，是指结构或构件在外力作用下断裂前能够发生不可逆变形的能力。塑性好，则结构破坏前变形比较明显，从而可以减少脆性破坏(无征兆地突然性破坏)的危险性，并且塑性变形还能使结构的内力进行重分布(使结构中原先分布不均的内力趋于均匀)，同时也可以提高结构的承载力。

2)韧性表示材料在塑性变形和断裂过程中吸收能量的能力。韧性好，则在动荷载作用下，破坏时会吸收比较多的能量，同样也可以降低脆性破坏的危险程度。

在结构设计中，尤其是抗震结构的设计中，良好的变形能力意味着从结构丧失承载力到破坏要经历一段过程，这就可以更好地为人们规避风险。

(3)良好的加工性能，即适合冷、热加工，同时具有良好的可焊性，且不会因加工而对强度、塑性及韧性带来较大的有害影响。

此外，根据结构的具体工作条件，在必要时钢材还应该具有适应低温、有害介质侵蚀(包括大气锈蚀)及疲劳荷载作用等的性能。

钢材的这些性能归纳为钢材的力学性能和工艺性能，其性能好坏主要通过试验进行测定。

1. 钢材的力学性能

(1)单向拉伸试验。钢材的单向均匀拉伸试验是机械性能试验中最具有代表性的，可得到反映钢材强度和塑性的几项重要机械性能指标，也对受压、受剪状态具有一定的代表性。

低碳钢的单向拉伸试验是在常温(20 ℃)条件下，对钢材标准试件(图 2-10)一次性缓慢加载，得到其应力-应变(σ-ε)曲线(图 2-11)，其受拉过程大致可分为四个阶段，具体可扫码查看。

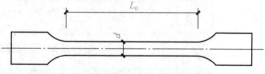

图 2-10 单向拉伸试验标准试件

钢材在拉伸时 A、B、C 点位所处的应力值非常接近[图 2-11(a)]，故通常简化为在屈服点 f_y 前材料完全弹性，屈服点后则为完全塑性，将钢材视为理想的弹-塑性材料。在钢结构设计时，以屈服点 f_y 作为定钢材强度的设计值。

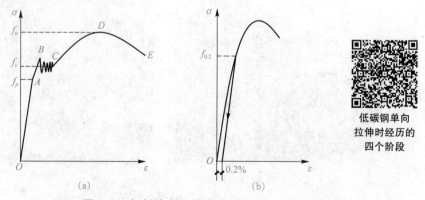

低碳钢单向
拉伸时经历的
四个阶段

(a)   (b)

图 2-11 钢材的应力-应变曲线
(a)低碳钢的应力-应变曲线；(b)热处理钢的应力-应变曲线

然而，热处理钢有较好的塑性性质，但没有明显的屈服点及屈服平台，其应力-应变曲线为一条光滑曲线[图2-11(b)]。对此，设计时取相当于卸载后残余变形为0.2%时所对应的应力作为屈服点，称为"条件屈服点"。

将屈服点f_y作为钢结构设计依据时，钢材最大的抗拉强度f_u则成为结构的安全储备。屈强比f_y/f_u越小，强度储备越大，结构越安全，但屈强比过小会降低钢材的使用率，造成浪费。建筑结构钢的屈强比一般为0.6~0.75。

试件断裂时变形约为弹性变形的200倍，塑性变形明显可见。因此，拉断后的残余应变（即伸长率δ）是衡量钢材塑性变形的重要指标。

$$\delta = \frac{l_1 - l_0}{l_0} \times 100\% \tag{2-1}$$

式中　l_0——试件原标距长度；

　　　l_1——试件拉断后标距长度。

伸长率会随试件标距长度与试件直径比值$\dfrac{l_0}{d}$的增大而减小。标准试件一般取$l_0 = 5d$（短试件）或$l_0 = 10d$（长试件）。

（2）冲击韧性。冲击韧性是衡量钢材在动力（冲击）荷载、复杂应力作用下抵抗脆性破坏能力的指标，用断裂时吸收的总能量表示。因为在实际工程中断裂总是发生在有缺口处（应力于此处达到峰值），所以最有代表性的是钢材的缺口冲击韧性，简称冲击韧性或冲击功。

按照《碳素结构钢》（GB/T 700—2006），冲击韧性采用夏比试验法（图2-12）。将带有V形缺口的方形截面试件放在冲击试验机上，在摆锤的不断冲击下，试件折断所需的功即冲击功，也称为冲击韧性值[用A_{KV}表示，单位为焦（J）]。

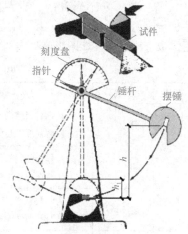

图2-12　冲击韧性夏比试验

由于低温对钢材的脆性破坏有显著影响，所以在寒冷地区建筑的结构不但要求钢材具有常温（20℃）冲击韧性指标，还要求具有负温（0℃、-20℃、-40℃）冲击韧性指标，以保证结构具有足够的抗脆性破坏能力，防止脆性破坏发生。

2. 钢材的工艺性能

（1）冷弯性能。冷弯性能是检验钢材在常温下构件冷加工时产生塑性变形能力和对变形时产生的裂缝及破坏的抵抗能力。冷弯的变形能力还可以反映出钢材内部的冶金缺陷（结晶情况、非金属杂质分布等），因此它也是判别钢材可焊性的一个重要指标。冷弯试验常作为静力拉伸试验和冲击试验等的补充试验。

冷弯性能是通过冷弯试验进行检验的（图2-13）。冷弯试件在材料原厚度上经过表面加工成条状，根据试件厚度a，按规定的弯心直径d，通过冷弯冲头对试件加压，使其成180°，然后检查试件，以弯曲部位表面不出现裂纹、分层为合格。

（2）可焊性。可焊性是指采用一般焊接工艺就能完成合格（无裂纹的）焊缝的性能。钢材的可焊性与其品种、焊缝的构造及所采用的焊接工艺有关。

钢材的可焊性受碳含量和合金元素含量的影响。碳含量过高会使焊缝和钢材热影响区变脆。碳含量在0.12%~0.20%范围内的碳素钢可焊性最好。

钢材可焊性的优劣还体现在采用的焊接方法、焊接材料、焊接工艺参数及一定的结构形式等条件下获得合格焊缝的难易程度。对于可焊性较差的钢材，则要求采用更为严格的工艺措施。

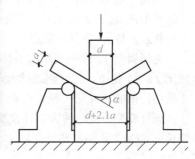

图 2-13　冷弯试验

三、影响钢材性能的主要因素

1. 化学成分的影响

钢材的化学成分直接影响其内部结构的颗粒组织和晶体构造，这与钢材的机械性能密切相关。钢的基本元素是铁(Fe)和少量的碳(C)。钢是含碳量小于 2％的铁碳合金(含碳量大于 2％则称为铸铁)。在普通碳素钢中，铁大致占 99％，其余元素碳(C)、硅(Si)、锰(Mn)、硫(S)、磷(P)、氧(O)、氮(N)等占 1％；在低合金钢中，铁占 97％(95％)，除上述其他元素外，还含有各种合金元素，如钒(V)、钛(Ti)、镍(Ni)、铜(Cu)、钡(Ba)等，这些元素占 3％(不大于 5％)。化学成分对钢材性能的影响见表 2-2。

表 2-2　化学成分对钢材性能的影响

序号	化学成分	对钢材性能的影响
1	碳(C)	碳是钢材强度的主要来源，其含量增加，钢材屈服强度及抗拉强度提高，而塑性和冲击韧性、疲劳强度明显降低，冷弯性能及可焊性、抗锈蚀性也明显恶化
2	硅(Si)	硅是作为强脱氧剂加入钢材以冶炼成优质的镇静钢。适当的硅可提高钢的强度且对塑性、韧性、冷弯性能及可焊性没有明显的不良影响
3	锰(Mn)	锰为弱脱氧剂。适量的锰可以使强度提高，减小硫、氧的热脆影响，改善热加工性能和冷脆倾向，对其他性能影响不大
4	硫(S)	硫与铁化合形成的硫化铁(FeS)在高温时熔化会使钢材变脆，故在焊接或加热过程中可能引起裂纹，即所谓"热脆"。硫还会降低钢材的塑性、韧性、可焊性和疲劳强度。在碳素钢中其含量应不超过 0.050％，在低合金钢中不超过 0.035％，在 Z 向钢板中不超过 0.010％
5	磷(P)	磷能提高钢材的强度和抗锈蚀能力，但会严重降低钢材的塑性、韧性、可焊性和疲劳强度，特别在低温时还会使钢材变脆，称为"冷脆"。碳素钢中其含量应不超过 0.045％，在低合金钢中不超过 0.035％，在 Z 向钢板中不超过 0.020％
6	氧(O)	属于有害杂质，会降低钢材的塑性、韧性、可焊性和疲劳强度，与硫相似，在高温时使钢材发生"热脆"
7	氮(N)	属于有害杂质，会降低钢材的塑性、韧性、可焊性和疲劳强度，与磷相似，在低温时使钢材"冷脆"

2. 冶炼、轧制和热处理的影响

(1)冶炼与浇筑的影响。建筑用钢的冶炼方法主要有平炉冶炼和氧气顶吹转炉冶炼，由这两

种方法所炼制的钢质量大体相当,不同之处在于氧气转炉钢比平炉钢的冲击韧性高(为20%~30%),含氮量、含氧量略低。

钢在冶炼过程中生成的有氧化铁及其固溶体等杂质均会增加钢的热脆性,使钢的轧制性能变坏。在钢水浇铸成钢锭前(或浇铸中)就需要对钢水进行脱氧,使脱氧剂与氧化铁反应生成氧化物后随钢渣排出。由于所用脱氧方法、脱氧剂的种类和数量不同,所以最终脱氧后钢材的质量差别很大。

1)沸腾钢是以脱氧能力较弱的锰作为脱氧剂,因此脱氧不够充分,铸锭时,氧、氮等气体来不及逸出而被包围在铸锭中,使钢材构造和晶粒不匀,含有较多的氧化物,在钢中形成气泡。同时,沸腾钢结晶构造粗细不匀、偏析严重,常有夹层,塑性、韧性及可焊性相对较差。在冶炼、轧制过程中,常出现的缺陷有偏析、非金属夹杂、裂纹、夹层及气孔等。

2)镇静钢一般以脱氧能力较强的硅为脱氧剂,钢水中的氧化铁大部分被还原,有害气体容易逸出。镇静钢组织致密,气泡少,偏析程度小,含非金属夹杂物也较少,因此其塑性、冲击韧性及可焊性比沸腾钢好,同时冷脆及时效敏感性也低。

3)特殊镇静钢是在用锰和硅脱氧之后,再加铝或钛进行补充脱氧,其脱氧能力超强,故其性能得到进一步的明显改善,尤其是可焊性显著提高。

(2)轧制的影响。热轧过程不仅改变了钢的外形及尺寸,也改变了钢的内部组织及其性能。钢材在高温(1 200 ~1 300 ℃)与压力的作用下,钢锭中的小气泡、裂纹等缺陷会焊合,使金属组织更致密。轧制过程可改善钢锭的铸造组织、细化晶粒并消除显微组织缺陷,因此改善了钢材的力学性能。钢锭的压缩比越大,钢材的力学性能越好,故轧制钢的性能比铸造钢优良,轧制次数多的钢材比轧制次数少的钢材性能优良。此外,由于轧辊的压延作用,钢材顺轧辊轧制方向的性能比横向的性能优良。

同时,钢材停轧的温度也会影响钢材的性能,停轧温度过高,在随后的冷却过程中会形成降低强度和塑性的金相组织;停轧温度过低,将增加钢的冷脆倾向,且形成的带状组织会破坏钢的各向同性的性质。

(3)热处理的影响。热处理的目的是取得高的强度,同时保持良好的塑性和韧性。钢材的交货状态可以是热轧、控轧、正火及正火加回火状态,Q420、Q460C、Q460D、Q460E、Q460NH钢也可按淬火加回火状态交货。

1)正火处理是将钢材加热至800 ℃保持一段时间后在空气中自然冷却。如果钢材在终止轧制时温度正好控制在上述温度范围,则可得到正火的效果,为控轧。

2)淬火处理是将钢材加热至900 ℃以上,保温一段时间,然后放入水或油中快速冷却,以增加硬度和强度。

3)回火处理是将淬火钢重新加热至相变临界点以下的预定温度,并保温一段时间,然后在空气中自然冷却,其目的是降低淬火钢的脆性。淬火钢回火后的力学性能取决于回火的温度。钢材的淬火加高温回火(500~650 ℃)的综合操作称为调质。调质处理可使钢材获得强度、塑性和韧性都较好的综合性能。

3. 钢材硬化的影响

(1)冷作硬化。在钢材的弹性工作阶段,多次重复加卸荷载基本上不会影响钢材的工作性能,但在弹塑性和塑性阶段进行重复加卸荷载,其屈服点将提高,即弹性范围增大,而塑性和韧性降低,这种现象称为冷作硬化。

钢结构构件在制造过程中一般需经冷弯、冲孔、剪切、辊压等冷加工过程,这些工序都会使钢材产生很大的塑性变形,其强度会超过钢材的屈服点甚至抗拉强度,这必然会引起钢材的硬化,降低塑性和韧性,增加脆性破坏的危险,这对直接承受动力荷载的结构尤其不利。因此,钢结构一般不利用冷作硬化提高强度，反而会对重要结构的构件边缘进行铣边（消除钢板因剪切而硬化的边缘）。

（2）时效硬化。轧制钢材放置一段时间后，其机械性能会发生变化。这是由于冶炼时留在纯铁晶体中的少量氮和碳的固熔体，随着时间的增长逐渐从晶体中析出，并形成氮化物和碳化物，它们阻碍纯铁体的塑性变形，从而使钢材的硬度提高，塑性和韧性下降，这种现象称为时效硬化。

时效硬化的过程短则几天，长则几十年，但钢材经塑性变形（约 10%）后再加热，可使时效硬化加速发展，只需几小时即可完成，这种方法称为人工时效。人工时效可用来消除不需要进行特殊热处理的铸件，特别是形状复杂铸件的内部应力。

4. 温度的影响

钢材性能随温度变动而变化（图 2-14）。总体上，温度升高，钢材强度降低，应变增大；温度降低，钢材强度略有增加，塑性和韧性会降低（钢材变脆）。

温度升高，在 200 ℃ 以内钢材性能没有很大变化；在 250 ℃ 左右，钢材的强度略有提高，同时塑性和韧性均下降，钢材有转脆的倾向，称为"蓝脆"现象（钢材表面氧化膜呈现蓝色）；当温度为 260～320 ℃ 时，在应力

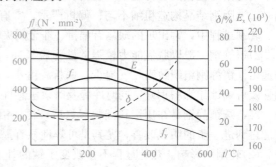

图 2-14　温度对钢材性能的影响

持续不变的情况下，钢材以很缓慢的速度继续变形，此种现象称为徐变现象；当温度为 430～540 ℃ 时，屈服强度、抗拉强度和弹性模量显著下降；当温度为 600 ℃ 时，钢材丧失承载力。因此，当结构或构件长期受辐射热 150 ℃ 以上或短时间内受火焰作用时，应采取隔热保护；在满足建筑防火要求时，应增加防火材料防护或使用耐火性能优良的耐候耐火钢。

温度下降，尤其下降到负温区间时，钢材的冲击韧性急剧降低，破坏特征明显地由塑性破坏转变为脆性破坏，出现低温脆断。因此，对于在低温（计算温度≤0 ℃）工作的结构，特别是焊接结构，钢材须具有 0 ℃（或 −20 ℃，甚至 −40 ℃）的冲击韧性合格保证，以提高抗低温脆断的能力。

5. 应力作用的影响

（1）应力集中的影响。在钢构件中一般常存在裂纹、孔洞、缺口及厚度或宽度变化等现象。截面的突然改变致使应力线改变走向或变密集，因此，在孔洞边缘或缺口尖端等处将局部出现高峰应力，而其他部位应力则较低，致使截面应力分布不均匀，这种现象称为应力集中。

在应力集中处将产生双向或三向（较厚构件）的复杂应力状态。当双向应力或三向应力数值接近相等且为拉应力时，钢材沿受力方向的变形受到约束，使塑性变形能力下降，直至发生脆性断裂。

由于钢材具有良好的塑性性能，所以当钢材承受静力荷载且在常温下工作时，只要符合规范规定的设计要求，可以不考虑应力集中的影响。

（2）残余应力的影响。残余应力是钢材在热轧、切割、焊接的加热和冷却过程中产生的，在先冷却部分常形成压应力，后冷却部分则形成拉应力。残余应力可能促使钢材刚度和稳定性降低。钢材中存在的非金属杂质、构件中存在的初应力及残余应力，均会使构件中应力分布不均匀，当这些应力与外力引起的应力叠加在一起时，构件将产生脆性破坏。

（3）复杂应力作用的影响。在单向应力作用时，钢材由弹性工作状态转入塑性工作状态是以屈服点 f_y 为标志的。但在双向或三向应力同时作用的复杂应力状态，钢材的屈服就不能用某个方向的应力达到 f_y 来判定，而应按材料力学的能量强度理论用折算应力 σ_{eq} 与钢材在单向应力时的 f_y 比较来判定。

当用主应力表示时：

$$\sigma_{eq}=\sqrt{\frac{1}{2}\left[(\sigma_1-\sigma_2)^2+(\sigma_2-\sigma_3)^2+(\sigma_3-\sigma_1)^2\right]} \tag{2-2}$$

当用应力分量表示时：

$$\sigma_{eq}=\sqrt{\sigma_x^2+\sigma_y^2+\sigma_z^2-(\sigma_x\sigma_y+\sigma_y\sigma_z+\sigma_z\sigma_x)+3(\tau_{xy}^2+\tau_{yz}^2+\tau_{zx}^2)} \tag{2-3}$$

在 $\sigma_{eq}<f_y$ 时钢材处于弹性状态；在 $\sigma_{eq}\geqslant f_y$ 时钢材处于塑性状态。

由式(2-2)、式(2-3)可知，三个主应力同号且差值又很小时，即便各自都远大于屈服点 f_y，钢材也很难进入塑性状态，甚至到破坏时也没有明显的塑性变形，呈现脆性破坏。但当有一向为异号，同号两个应力相差又较大时，钢材比较容易进入塑性状态，破坏也呈塑性。

四、钢材的选用

1. 选用考虑因素

钢材选用遵循技术可靠、经济合理原则。在选择钢材时应综合考虑的因素主要有以下几点。

(1)结构或构件的重要性。对于重要结构如大跨度结构、高层或超高层结构、重型工业厂房等应选用质量好的钢材。在对于一般的工业与民用结构可选择普通质量的钢材。

(2)荷载的特征。直接承受动荷载或强地震设防区的结构应选择塑性、冲击韧性等性能更好的钢材。在静力荷载下可以选择质量一般的钢材。

(3)结构形式。不同的结构形式对钢材性能的要求也不同，如网架结构相较于排架或刚架结构具有质量小、刚度大、抗震性好的特点，因此要求钢材有较高的强度、良好的塑性以避免结构发生脆性破坏，冲击韧性好以提高结构抗动力荷载性能框架，还要求钢材的冷加工性能好、可焊性好。

(4)连接的方式。焊接会使钢材产生焊接变形和残余应力，也会出现咬肉、裂纹、气孔或非金属夹渣等焊接缺陷，因此焊接结构必须严格控制碳、硫、磷的极限含量。

(5)工作的环境。在低温环境中钢材容易冷脆，低温下的焊接结构应选用具有良好抗低温脆断性能的镇静钢；露天环境中在有害介质作用下钢材易腐蚀、断裂和疲劳，在钢材选用上亦要加以区别。

(6)结构构件的应力状态。钢构件的残余应力与荷载应力叠加会使钢材处于复杂的应力状态，会降低其抗冲击断裂和抗疲劳破坏能力。因此，对于有残余应力、疲劳应力的钢构件要求钢材应具有常温或负温冲击韧性合格保证，即钢材本身具有良好的抗动力荷载性能、较强的适应低温和高温等环境变化的能力。

(7)钢板的厚度。越薄的钢材轧制次数越多，内部越致密，强度越高。厚度大的钢材不仅强度低，且冲击韧性、塑性和可焊性也较差，故厚度大的焊接结构更应选择优质钢材。

(8)价格。钢材的选择更要考虑工程的建造造价。

2. 选用规定

按照《钢结构设计标准》(GB 50017—2017)(以下简称《设计标准》)，在钢材的选用上应从钢材质量等级的角度进行考虑。

(1)A级钢仅可用于结构工作温度高于 0 ℃的不需要验算疲劳的结构，且 Q235A 钢不宜用于焊接结构。

(2)需验算疲劳的焊接结构用钢材应符合以下条件：当工作温度高于 0 ℃时其质量等级不应低于 B 级；当工作温度不高于 0 ℃但高于 −20 ℃时，Q235、Q345 钢不应低于 C 级，Q390、

Q420 及 Q460 钢不应低于 D 级；当工作温度不高于 −20 ℃时，Q235 钢和 Q345 钢不应低于 D 级，Q390 钢、Q420 钢、Q460 钢应选用 E 级。

(3)对于需验算疲劳的非焊接结构，其钢材质量等级要求可较需验算疲劳的焊接结构用钢降低一级但不应低于 B 级。起重机起质量不小于 50 t 的中级工作制吊车梁，其质量等级要求应与需要验算疲劳的构件相同。

工作温度不高于 −20 ℃的受拉构件及承重构件的受拉板材所用钢材厚度或直径不宜大于 40 mm，质量等级不宜低于 C 级；当钢材厚度或直径不小于 40 mm 时，其质量等级不宜低于 D 级；重要承重结构的受拉板材宜满足现行国家标准《建筑结构用钢板》(GB/T 19879—2023)的要求。

在 T 形、十字形和角形焊接的连接节点中，当其板件厚度不小于 40 mm 且沿板厚方向有较高撕裂拉力作用，包括较高约束拉应力作用时，该部位板件钢材宜具有厚度方向抗撕裂性能即 Z 向性能的合格保证，其沿板厚方向断面收缩率不低于现行国家标准《厚度方向性能钢板》(GB/T 5313—2010)规定的 Z15 级允许限值。钢板厚度方向承载性能等级应根据节点形式、板厚、熔深或焊缝尺寸、焊接时节点拘束度以及预热、后热情况等综合确定。

采用塑性设计的结构及进行弯矩调幅的构件所采用的钢材的屈强比不应大于 0.85，钢材应有明显的屈服台阶，且伸长率不应低于 20%。

3. 选用建义

(1)承重结构的钢材应具有抗拉强度，伸长率，屈服强度和硫、磷含量的合格保证，对焊接结构尚具有含碳量的合格保证。

(2)承重结构宜采用 Q235、Q355、Q390 和 Q420 钢，其质量应分别符合国家现行有关标准的规定和要求。

(3)在重要的受拉或受弯的焊接构件中，厚度大于等于 16 mm 的钢材应具有常温冲击韧性合格的保证。

(4)当焊接结构为防止钢材的层状撕裂而采用 Z 向钢时，其材质应符合现行国家标准《厚度方向性能钢板》(GB/T 5313—2010)的规定。

(5)对于外露于环境，且对大气腐蚀有特殊要求的或在腐蚀性气态和固态介质作用下的承重结构，宜采用耐候钢，其质量要求应符合现行国家标准《耐候结构钢》(GB/T 4171—2008)的规定。

🌧 **工作流程**

认识钢材任务工作流程如图 2-15 所示。

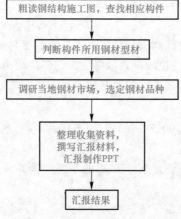

图 2-15　认识钢材任务工作流程

(1)粗读钢结构施工图(附图 1),其主要钢构件见表 2-3。

(2)主要钢构件所用钢材见表 2-3。

表 2-3　附图 1 中主要钢构件

构件	构件编号	所用钢材型材		备注
柱	GZ—1	Q335B	H750×300×8×14	KFZ 为抗风柱,GZ 为刚架柱钢板焊接而成
	GZ—1		H750×300×8×14	
	KFZ		H350×250×6×10	
梁	GL—1	Q335B	H(850~400)×250×8×14	变截面钢板焊接而成
	GL—2		H(400~750)×250×8×14	
柱间支撑	ZC—1、ZC—2	Q235B	2∟125×8	2 根角钢双面焊
屋面支撑	SC—1	Q235B	∟100×6 角钢	
层面系杆	XG—1	Q235B	ϕ140×6	圆钢
层面檩条	LT	Q335B	C250×75×20×2.2	冷弯薄壁型钢
墙梁	QL	Q335B	C250×75×20×2.0	冷弯薄壁型钢

(3)调研当地钢材市场,完成调研内容,见表 2-4。

表 2-4　钢材种类市场调研表

调研市场:　　　　　　　　　　　　　　　　　　　　　调研日期:

钢材类型(型材)	在售规格	所用钢材	选用		
			是否适合本工程	适合本工程何种构件	原因
钢板	−12×800×2 100	Q355B	是	刚架柱(腹板)	
	−14×800×2 100	Q335B	是	刚架柱(翼缘)	
	−8×800×2 100	Q235B	否	—	钢材质量等级不满足设计要求
	...				
角钢	∟160×100×14	Q335B	否	—	截面尺寸及过厚不满足设计要求,且为不等边角钢
	∟125×8	Q235B	是	柱间支撑	—
	∟100×6	Q235B	是	屋面支撑	—
	...				
C 型冷弯薄壁型钢	C250×75×20×2.2	Q235B	是	屋面檩条	
	C250×75×20×2.0	Q215A	否	—	钢材强度不满足要求
	...				

钢材类型 （型材）	在售规格	所用钢材	选用		
			是否适合 本工程	适合本工程 何种构件	原因
圆钢	$\phi219\times14$	Q335B	否	—	钢管直径不满 足要求
	$\phi140\times6$	Q235B	是	屋面系杆	—
	…				
…	…				

调研人：

（4）整理收集到的调研资料，撰写汇报材料，制作汇报 PPT。

🔅 工作结果检查

根据小组汇报情况、任务的完成质量、PPT 制作水平等，对工作结果进行检查。

任务二　　认识钢结构连接材料

🔅 工作任务

参观钢结构材料实训室，认识样品：焊条、焊丝、焊剂、焊机及各类焊接板（或模型）；普通螺栓、高强度螺栓及螺栓连接节点（或模型）。

阅读给定的某钢结构厂房施工图（附图 1），结合《单层房层钢结构节点构造详图（工字形截面钢柱柱脚连接）》（06SG529—1）、《钢结构施工图参数表示方法制图规则和构造详图》（08SG115—1），指出图纸中钢柱、钢梁、屋架、檩条、墙架、系杆、柱间支撑等构件的连接方式，总结出所用的连接材料有哪些，并填写表 2-5。

表 2-5　钢结构节点连接用材料

序号	连接节点	连接形式	所用材料	材料型号的含义
1	钢柱与钢梁节点			
2	钢梁拼接节点			
3	屋脊节点			
4	抗风柱与钢梁节点			
5	檩条与钢梁节点			
6	墙梁与抗风柱节点			
7	柱间支撑节点板			
8	柱脚节点			

(1)钢结构及其构件的连接方式有哪些？

_____

(2)焊接连接的优点、缺点有哪些？

_____

(3)螺栓连接的优点、缺点有哪些？

_____

(4)普通螺栓与高强度螺栓有何区别？

_____

(5)钢结构用焊接材料如何选择？

_____

🔸 **工作准备**

一、钢结构的连接方式

钢结构是将钢板和型钢等各种零件，通过连接组成基本的构件(梁、柱、屋架等)，然后再将这些基本构件连接组成设计的结构形式。因此，连接在整个钢结构设计中占有重要地位。同时，在整个钢结构的制造和安装过程中，连接所占的工程量最大，连接方式及其质量优劣直接影响钢结构的工作性能。钢结构的连接必须符合安全可靠、传力明确、制造(施工)方便和节约钢材的原则。连接接头应有足够的强度以达到承载力要求，要有足够空间以满足施工工作面要求。

钢结构的连接方式一般采用焊缝连接(简称焊接)、螺栓连接(简称栓接)和铆钉连接(简称铆接)(图2-16)。后两者又称为紧固件连接。连接时可以采用一种连接方式，也可以采用焊缝连接与螺栓连接混合的方式。

(a)　　　　　　　　　　(b)　　　　　　　　　　(c)

图2-16　钢结构的连接方式

(a)焊缝连接；(b)螺栓连接；(c)铆钉连接

1. 焊缝连接

焊缝连接是通过电弧产生的高温将焊条及焊件连接处边缘金属熔化，冷却后凝成焊缝，从而使焊件连接成一体。

焊缝连接的优点是任何构件都可以直接焊接，不需要打孔钻眼，也不需要辅助零配件，构造简单，省工、省材、省钱；不削弱截面，不影响构件受力性能；连接密闭性能好，刚度大；易采用自动化作业，尤其是焊接机器人的使用，极大地提高了生产效率及施工安全性。因此，焊缝连接是目前钢结构最主要的连接方式。

焊缝连接的缺点是焊缝附件钢材因焊接高温而形成热影响区，其金相组织和机械性能发生变化，会使该处钢材变脆；焊接过程中钢材受到不均匀的高温和冷却，使结构产生较大的焊接残余应力和残余变形。焊接残余应力使结构或构件发生脆性破坏的可能性增大，残余变形还会导致构件截面发生变化，增加校正工时；焊接结构对裂纹很敏感，裂缝易扩展，在低温下尤易发生脆断。另外，焊缝连接的塑性和韧性较差，在施焊时可能产生缺陷，使结构的疲劳强度降低。

2. 螺栓连接

螺栓连接是通过扳手旋拧，使螺栓产生紧固力，从而将连接件连接成一体。螺栓连接有普通螺栓连接和高强度螺栓连接两种。

普通螺栓一般采用 Q235 钢材制成，安装时由人工用扳手拧紧螺栓。高强度螺栓是用高强度钢材经热处理制成的，安装时用特制的扭矩扳手拧紧螺栓。螺栓被拧紧时螺栓杆被迫伸长，螺栓杆受拉，其拉力称为预拉力。由此产生的预拉力使连接钢板压紧，导致板件之间产生摩阻力，可阻止板件相对滑移。

螺栓连接由于被连接件需要开孔会削弱截面受力，而且一般需要增加辅助连接板，故构造复杂，钢材用量增加，造价提高。同时被连接件在拼装和安装时须对孔，因此孔的精度要求较高，必要时还须将构件套钻，制孔费工费时。但螺栓连接工艺简便，结构构件安装及拆卸均非常方便，施工需要技术工人少，是目前钢结构连接的主流连接方式之一。

普通螺栓大量用于工地安装连接及需要拆装的结构，高强度螺栓因其承载力大，且安全可靠性好，多用于连接重要的构件。

3. 铆钉连接

铆钉连接(图 2-17)是用一端带有半圆体预制钉头的铆钉，经加热后插入被连接件的钉孔，然后用铆钉枪锤击另一端，使其也形成一个铆钉头，从而使被连接件被铆钉夹紧，形成比较牢固的连接。铆钉铆固后，铆钉孔会填塞满，因此不能像螺栓一样可以滑动，故铆钉连接的塑性和韧性较好，传力可靠，质量易于检查，在受力上与普通螺栓连接相似，但其制造费钢费工，劳动强度高，施工时噪声大，现已被高强度螺栓连接代替，仅在一些重型和直接承受动荷载的结构中偶尔采用。

图 2-17　铆钉连接

二、焊接主要材料

1. 手工焊条

(1)焊条的种类。焊条按用途可分为碳钢焊条、低合金焊条、不锈钢焊条、特殊焊条（表2-6）。

表2-6　焊条的种类和使用范围

焊条的种类	焊条的使用范围
碳钢焊条	主要用于强度等级较低的低碳钢和低合金钢焊接
低合金焊条	用于低合金高强度钢含合金元素较低的钼和铬钼耐热钢及低温钢的焊接
不锈钢焊条	用于含金属元素较高的钼耐热钢和铬钼耐热钢及各类不锈钢的焊接
特殊焊条	用于特殊环境，如水下焊接等

(2)焊条的型号。焊条的型号示例如图2-18所示。

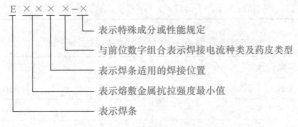

图2-18　焊条的型号示例

例如：E4311型焊条，E表示焊条(Electrodes)，43表示熔敷金属抗拉强度不低于430 MPa，11表示药皮类型为纤维素，其适用于全位置焊接，采用交流和直流反接；E5015型焊条，E表示焊条，50表示金属抗拉强度最小值为500 MPa，15表示药皮类型为碱性，其适用于全位置焊接，采用直流反接。

2. 焊丝、焊剂

(1)埋弧焊用非合金钢及细晶粒钢实心焊丝、药芯焊丝和焊丝-焊剂组合。实心焊丝型号按照化学成分进行划分，其中字母"SU"表示埋弧焊实心焊丝，"SU"后数字或数字与字母的组合表示其化学成分分类。

实心焊丝型号示例如图2-19所示。

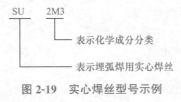

图2-19　实心焊丝型号示例

焊丝-焊剂组合分类由以下五部分组成。

第一部分：用字母"S"表示埋弧焊焊丝-焊剂组合。

第二部分：表示多道焊在焊态或焊后热处理条件下，熔敷金属的抗拉强度代号，见表2-7；

或者表示用于双面单道焊时焊接接头的抗拉强度代号，见表2-8。

第三部分：表示冲击吸收能量(KV_2)不小于27 J时的试验温度代号，见表2-9。

第四部分：表示焊剂类型代号。

第五部分：表示实心焊丝型号，或者药芯焊丝-焊剂组合的熔敷金属化学成分分类。

除了以上强制分类代号，还可在组合分类中附加可选代号：字母"U"附加在第三部分之后，表示在规定的试验温度下，冲击吸收能量(KV_2)应不小于47 J；扩散氢代号"HX"附加在最后，其中"X"可为数字15，10，5，4或2，分别表示每100 g熔敷金属中扩散氢含量的最大值(mL)。

焊丝-焊剂组合
分类示例

表2-7 多道焊熔敷金属抗拉强度代号

抗拉强度代号	抗拉强度/MPa	屈服强度/MPa	断后伸长率/%
43X	430～600	≥330	≥20
49X	490～670	≥390	≥18
55X	550～740		

注：当X是"A"或"P"时，"A"指焊态条件下的试验；"P"指在焊后热处理条件下试验

表2-8 双面单道焊焊接接头抗拉强度代号   MPa

抗拉强度代号	抗拉强度
43S	≥430
49S	≥490
55S	≥550

表2-9 冲击试验温度代号

冲击试验温度代号	冲击吸收能量(KV_2)不小于27 J时的试验温度/℃	冲击试验温度代号	冲击吸收能量(KV_2)不小于27 J时的试验温度/℃
Z	无要求	2	−20
Y	+20	3	−30
0	0	4	−40

注：如果冲击试验温度代号后附加了字母U，则冲击吸收能量(KV_2)不小于47 J

焊丝-焊剂组合型号示例如图2-20所示。

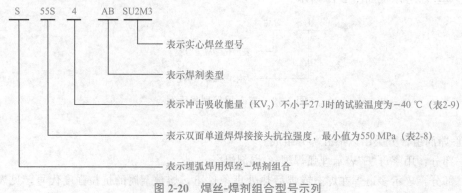

图2-20 焊丝-焊剂组合型号示列

(2)埋弧焊用热强钢实心焊丝、药芯焊丝和焊丝-焊剂组合分类要求及型号表示与埋弧焊用非合金钢及细晶粒钢实心焊丝、药芯焊丝和焊丝-焊剂组合类似，可根据需要扫码学习。

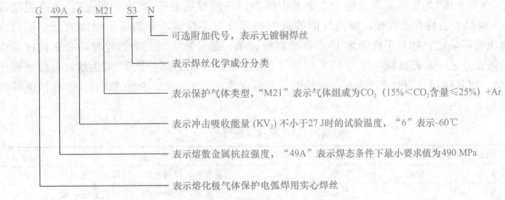

埋弧焊用热强钢实心焊丝、药芯焊丝和焊丝-焊剂组合分类要求

(3)气体保护电焊用碳钢、低合金钢焊丝。

型号划分：焊丝型号按熔敷金属力学性能、焊后状态、保护气体类型和焊丝化学成分等进行划分。

型号编制方法：焊丝型号由五部分组成。

第一部分：用字母"G"表示熔化极气体保护电弧焊用实心焊丝。

第二部分：表示在焊态、焊后热处理条件下，熔敷金属的抗拉强度代号。

第三部分：表示冲击吸收能量（KV_2）不小于 27 J 时的试验温度代号。

第四部分：表示保护气体类型代号，保护气体类型代号按《焊接与切割用保护气体》（GB/T 39255—2020）的规定。

第五部分：表示焊丝化学成分分类。

焊丝型号示例如图 2-21 所示。

G 49A 6 M21 S3 N

— 可选附加代号，表示无镀铜焊丝

— 表示焊丝化学成分分类

— 表示保护气体类型，"M21"表示气体组成为 CO_2（15%＜CO_2含量≤25%）+Ar

— 表示冲击吸收能量（KV_2）不小于27J时的试验温度，"6"表示-60℃

— 表示熔敷金属抗拉强度，"49A"表示焊态条件下最小要求值为490 MPa

— 表示熔化极气体保护电弧焊用实心焊丝

图 2-21　熔化极气体保护电弧焊用实心焊丝

3. 焊条型号与母材匹配原则

(1)手工电弧焊焊条、自动埋弧焊焊丝和焊剂、气体保护焊焊丝的性能应与构件钢材性能匹配，其熔敷金属的力学性能不应低于母材的性能。当两种强度级别的钢材焊接时，宜选用与强度较低钢材匹配的焊接材料。

(2)焊条的材质和性能应符合现行国家标准《非合金钢及细晶粒钢焊条》（GB/T 5117—2012）、《热强钢焊条》（GB/T 5118—2012）的有关规定。框架梁、柱节点和抗侧力支撑连接节点等重要连接或拼接节点的焊缝宜采用低氢型焊条。

4. 焊接材料的选用

在一般情况下，焊接材料的屈服强度要比母材高出较多。为了使焊缝具有较好的延性，在满足承载力要求的前提下，宜尽量选用屈服强度较低的焊接材料。也就是说，在满足熔敷金属抗拉强度不低于母材抗拉强度的前提下，应尽可能选用低强度的焊接材料。

钢材母材抗拉强度最小值、焊接材料熔敷金属抗拉强度最小值分别见表 2-10 和表 2-11。

表 2-10　钢材母材抗拉强度最小值　　　　　　　　　　　　　　　　MPa

Q235	Q355	Q390	Q420	Q460
370	470	490	520	559

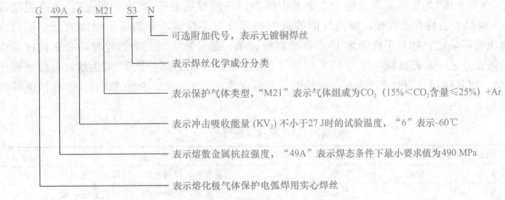

表 2-11　焊接材料熔敷金属抗拉强度最小值　　　　　　　　　　MPa

E43××	E50××	E55××	E57××	S43××	S49××	S55××	S57××
430	500	550	570	430	490	550	570
G43××	G49××	G55××	G57××				
430	490	550	570				

根据表 2-10 和表 2-11 将钢材母材抗拉强度最小值、焊接材料熔敷金属抗拉强度最小值从低到高排列，"在满足熔敷金属抗拉强度不小于母材抗拉强度的前提下，应尽可能选用低强度的焊接材料"，例如：Q235 钢宜选用 E43××、S43××、G43××；Q355 钢宜选用 E50××、S49××、G49××；Q390 钢宜选用 E50××、S49××、G49××。

三、螺栓连接材料

螺栓按照性能可分为 4.6、4.8、5.6、6.8、8.8、9.8、10.9、12.9 八个等级。其中，8.8 级以上（含 8.8 级）螺栓材质为低碳合金钢或中碳钢，并经过热处理（淬火、回火），为高强度螺栓；8.8 级以下通称普通螺栓。螺栓性能等级由两部分数字组成，分别表示螺栓的公称抗拉强度和材质的屈强比，如对于性能为 10.9 级的螺栓，第一部分数字"10"为螺栓材质公称抗拉强度（MPa）的百分之一，即抗拉强度为 $10 \times 100 = 1\,000$（MPa），第二部分数字"9"为螺栓材质屈强比的 10 倍，即其屈强比为 0.9，因此，螺栓的屈服强度为 $0.9 \times 1\,000 = 900$（MPa）。螺栓性能等级见表 2-12。

表 2-12　螺栓性能等级

性能等级	抗拉强度/MPa	屈强比	性能
4.6	400	0.6	强度低，延伸性好，破坏前征兆明显
4.8	400	0.8	强度低，延伸性中，破坏前征兆一般
5.6	500	0.6	强度低，延伸性好，破坏前征兆明显
8.8	800	0.8	强度中，延伸性中，破坏前征兆一般
10.9	1 000	0.9	强度高，延伸性差，破坏前征兆不明显
12.9	1 200	0.9	强度高，延伸性差，破坏前征兆不明显

1. 普通螺栓

建筑钢结构中常用的普通螺栓由 Q235 钢制造，极少采用其他牌号的钢制作。其标记通常为 M$d \times L$，其中"d"为螺栓杆直径，L 为螺栓杆公称长度，通用规格为 M5、M10、M12、M16、M18、M20、M24、M30、M36、M42、M48、M56 和 M64 等。其螺栓头的形式有六角头螺栓、双头螺栓、沉头螺栓等（图 2-22）。其中，六角头螺栓最为常用。

(a)　　　　　　　　　　(b)　　　　　　　　　　(c)

图 2-22　螺栓头形式

(a)六角头螺栓；(b)双头螺栓；(c)沉头螺栓

普通螺栓直径应与被连接件厚度匹配，具体见表 2-13。

表 2-13　螺栓直径与被连接件厚度的匹配关系　　　　　　　　mm

被连接件厚度	4～6	5～8	7～11	10～14	13～20
推荐螺栓直径	12	16	20	24	27

普通螺栓按照制作精度可分为 A、B、C 三个等级。

(1)A、B 级螺栓为精制螺栓，螺栓表面须在车床上加工而成，螺栓直径应与螺栓孔径一样，并且不允许在组装的螺栓孔中有"错位"现象，螺杆直径与螺孔直径相同，配 I 类孔(要求连接板组装时，精确对准，孔壁平滑，孔轴线与板面垂直)，A 级用于 $d \leqslant 24$ mm 和 $L \leqslant 10d$ 或 $L \leqslant 150$ mm(按较小值)的螺栓，B 级用于 $d > 24$ mm 和 $L > 10d$ 或 $L > 150$ mm(按较小值)的螺栓。由于 A、B 级螺栓抗剪强度较高，所以适用于拆装结构或连接部位需传递较大剪力重要结构的安装，但其制造安装费工，价格较高，很少在钢结构中使用。

(2)C 级螺栓通称粗制螺栓，由未经加工的圆钢压制而成，配 II 类孔(安装质量达不到 I 类要求的均为 II 类孔)，通常螺孔直径较螺杆直径大 1.5～3.0 mm，故 C 级螺栓的抗剪性能差，但安装方便，常用在钢结构的受拉连接或一些次要连接，也多用在安装中做临时固定之用。在重要连接中，采用粗制螺栓连接时须加特殊支托(牛腿或剪力板)来承受剪力。

2. 高强度螺栓的规格

高强度螺栓是用优质碳素钢或低合金钢制成的一种特殊螺栓。高强度螺栓从外形上可分为大六角头(图 2-23)和扭剪型(图 2-24)两种，按性能等级可分为 8.8 级、10.9 级两种。目前，我国使用的大六角头高强度螺栓连接副由一个螺栓、一个螺母、两个垫圈(螺头和螺母两侧各一个垫圈)组成。扭剪型高强度螺栓连接副由一个螺栓、一个螺母、一个垫圈组成。螺栓、螺母、垫圈在组成连接副时，其性能等级要相互匹配，见表 2-14 和表 2-15。

图 2-23　大六角头高强度螺栓　　　　　　图 2-24　扭剪型高强度螺栓

表 2-14　大六角头高强度螺栓连接副组合

螺栓	螺母	垫圈
8.8 级	8H	35～45HRC
10.9 级	10H	35～45HRC

表 2-15　扭剪型高强度螺栓连接副组合

类别	性能等级	推荐材料
螺栓	10.9 级	20MnTiB
螺母	10H	45 钢、35 钢
		15MnVB
垫圈		45 钢、35 钢

注意：使用高强度螺栓时不允许存在任何淬火裂纹，表面要进行发黑处理。

工作流程

钢结构连接任务工作流程如图 2-25 所示。

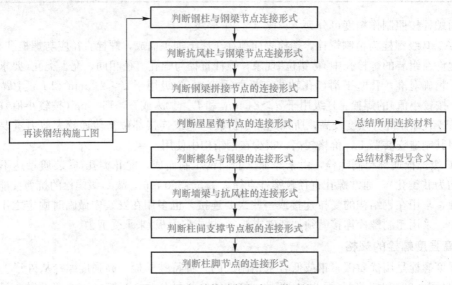

图 2-25　钢结构连接任务工作流程

工作步骤

(1)再读钢结构施工图，根据图纸，小组讨论并按顺序完成表 2-5 中节点的连接形式的详细描述，见表 2-16。

(2)总结各连接所用连接材料见表 2-16。

(3)写出所用材料型号的含义见表 2-16。

表 2-16　附图 1 中钢结构主要节点连接形式

序号	连接节点	连接形式	所用材料	材料型号的含义
1	钢柱与钢梁节点	栓接(柱翼缘与梁拼接端板栓接；拼接端板与梁焊接)	10.9 S 大六角头摩擦型高强度螺栓 ER50(CO_2 气体保护焊)	10.9 级高强度螺栓表示，抗拉强度为 1 000 MPa；屈强比为 0.9。 ER50：气体保护焊焊丝，"50"表示熔敷金属的最低抗拉强度 500 MPa 以上
2	钢梁拼接节点	栓接(梁拼接端板栓接；拼接端板与梁焊接)	10.9 S 大六角头摩擦型高强度螺栓 ER50(CO_2 气体保护焊)	
3	屋脊节点	钢梁拼接	10.9 S 大六角头摩擦型高强度螺栓 ER50(CO_2 气体保护焊)	
4	抗风柱与钢梁节点	栓接＋焊接(拼接板与抗风柱焊接，与钢梁栓接)	C 级普通螺栓 ER50(CO_2 气体保护焊)	普通螺栓质量等级为 C 级。 ER50 含义同上

序号	连接节点	连接形式	所用材料	材料型号的含义
5	檩条与钢梁节点	栓接＋焊接(檩托和钢梁焊接，檩条和檩托栓接)	C级普通螺栓 E43(手工电弧焊)	普通螺栓质量等级为C级。E43："E"表示焊条，"43"表示熔敷金属抗拉强度不低于420 MPa
6	墙梁与抗风柱节点	栓接＋焊接(檩托和抗风柱焊接，墙梁和檩托栓接)	C级普通螺栓 E43(手工电弧焊)	
7	柱间支撑节点板	栓接＋焊接(节点板和柱焊接，支撑和节点板栓接)	C级普通螺栓 E43(手工电弧焊)	
8	柱脚节点	焊接(钢柱和底板焊接，柱脚与基础短柱用地脚螺栓连接)	ER50(CO_2 气体保护焊)	ER50含义同上

(4)小组代表对所选节点的连接情况进行阐述。

工作结果检查

根据学生对所选节点的连接情况的阐述的详尽程度和对表 2-5 完成的正确程度进行检查。

任务三　认识钢结构用辅助材料

工作任务

钢结构涂装一般分为防腐涂装和防火涂装，请根据附图 1，指出本工程防腐涂装采用的涂料名称和漆膜厚度，防火涂装采用防火涂料的类型、厚度和耐火极限，并指出防腐和防火涂装的作用。

任务思考

(1)钢结构为什么要涂装防腐材料?

_____

(2)防火涂料有哪些种类?

_____

(3)防火涂料选用时的注意事项有哪些?

_____

工作准备

一、钢结构防腐涂料

金属长期暴露在空气和潮湿环境会由于化学变化、电化学变化或物理溶解而产生破坏，称为腐蚀。钢材的锈蚀一般属于电化学腐蚀，主要表现在比较活泼的金属失去电子而被氧化。钢材腐蚀后产生的铁锈及氧化皮[主要成分为 $Fe_2O_3 \cdot nH_2O$ 或 $FeO(OH)$、$Fe(OH)$]材质疏散，易剥落，无承载能力，无法再次利用。

钢材的一些局部腐蚀可能引起突发事故，造成意外危险。设备和管道因腐蚀而泄漏，有毒有害物质进入大气、土壤和水源，则会污染环境，也会造成设备、管道内原料的浪费，甚至可能引起火灾、爆炸等事故。腐蚀使钢材变成无法回收利用的氧化物碎屑，会极大地消耗资源，每年有 40% 左右的钢铁被腐蚀，而腐蚀后完全变成铁锈不能再利用的约为 10%。我国每年被完全腐蚀掉的钢铁达 1 000 多万吨，经济损失巨大。

为了减轻或防止结构的腐蚀，目前国内外通用的做法是在钢结构表面进行涂装防护。

1. 防腐涂料的作用和种类

(1)防腐涂料的作用。涂料涂覆在构件的表面形成涂膜，其主要作用是保护钢材在大气环境、浸泡环境或一些特殊的腐蚀环境中免受侵蚀，延长使用寿命。对于特殊用途的涂料，要通过添加一些特殊成分，使之具有耐酸、耐碱、耐油、耐火、耐水等功能。同时，不同颜色、不同光泽和不同质感的涂膜，还可以调节建筑物外观色彩，起到美化环境的作用。此外，一些特别设计的涂料还可以起到防止墙面露菌的生长、防止船舶的船体水下部位的海生物的生长、减小长距离输油输气管道内壁的阻力、防止火灾的发生等作用。

(2)建筑钢结构防腐蚀材料。钢结构常用涂料主要有底层涂料、中间层涂料、面层涂料，见表 2-17。

表 2-17　钢结构常用的涂料

底层涂料	中间层涂料	面层涂料
醇酸底涂料、环氧铁红底涂料、富锌底涂料等	环氧云铁中间涂料	醇酸面涂料、氯化橡胶、高氯化聚乙烯、氯磺化聚乙烯、环氧、聚氨酯、丙烯酸环氧、丙烯酸聚氨酯等面涂料等

2. 防腐涂料的选用

(1)防腐底涂料的选用。

1)锌、铝和含锌、铝金属层的钢材，其底涂料应采用锌黄类，不得采用红丹类。

2)在有机富锌或无机富锌底涂料上，宜选用环氧云铁或环氧铁红的涂料，不得采用醇酸涂料。

(2)钢材基层上防腐面涂料的选用。

1)用于酸性介质环境时，宜选用聚氨、环氧树脂、丙烯酸聚氨酯、氯化橡胶、聚氯乙烯萤丹、高氯化聚乙烯类涂料；用于弱酸性介质环境时，可选用醇酸涂料。

2)用于碱性介质环境时，宜选用环氧树脂涂料，不得选用醇酸涂料。

3)用于室外环境时，可选用氟碳、聚硅氧烷、脂肪族聚氨酯、丙烯酸聚氨酯、丙烯酸环氧、氯化橡胶、聚氯乙烯萤丹、高氯化聚乙烯和醇酸等涂料，不应选用环氧、环沥青、聚氨沥青和芳香族聚氨等涂料及过氯乙烯涂料、氯乙烯醋酸乙烯共聚涂料、聚苯乙烯涂料与沥青涂料。

二、钢结构防火涂料

钢结构虽是不燃烧体，但它导热性好，怕火烧，普通建筑钢材的热导率为 67.63 W/(m·K)。试验表明，未加防火保护的钢结构在火灾温度的作用下，只需 10 min，自身温度就可以达到 540 ℃以上，钢材的机械力学性能，如屈服点、抗压强度、弹性模量及承载能力都迅速下降；

温度达到 600 ℃时，强度几乎为零。因此，在火灾作用下，钢结构不可避免地扭曲变形，最终导致垮塌毁坏，所需时间仅为 15 min 左右。因此，钢结构建筑一定要采取防火保护措施。

《建筑设计防火规范(2018 年版)》(GB 50016—2014)规定，防火技术最基本的参数之一是耐火等级，它要求建筑物在火灾高温的持续作用下，墙、柱、梁、板、楼梯等基本构件能在一定的时间内不破坏，且不传播火灾，从而起到延缓或阻止火势蔓延的作用。在我国，各建筑物的耐火等级可分为一级、二级、三级、四级。

根据《建筑设计防火规范(2018 年版)》(GB 50016—2014)对各类建筑构件的燃烧性能和耐火极限的要求，结构构件的耐火极限不应低于表 2-18 的规定。一般柱间支撑的设计耐火极限应与柱相同，楼盖支撑的设计耐火极限应与梁相同，屋盖支撑、系杆的设计耐火极限应与屋顶承重构件相同。钢结构节点的防火保护应与被连接构件中防火保护要求最高者相同。

表 2-18　各类建筑的防火等级及耐火极限

构件名称	耐火等级			
	一级	二级	三级	四级
柱	不燃性 3.00	不燃性 2.50	不燃性 2.00	难燃性 0.50
梁	不燃性 2.00	不燃性 1.50	不燃性 1.00	难燃性 0.50
楼板	不燃性 1.50	不燃性 1.00	不燃性 0.50	可燃性
屋顶承重构件	不燃性 1.50	不燃性 1.00	可燃性 0.50	可燃性
疏散楼梯	不燃性 1.50	难燃性 1.00	难燃性 0.50	可燃性
注：建筑结构构件耐火极限的定义：构件受标准升温火灾条件下，失去稳定性、完整性或绝热性所用的时间，一般以小时(h)计				

钢结构的防火保护主要是通过设置屏障来阻隔火焰或高温，以免其接触钢构件；或通过吸热材料转移传递给钢材的热量；或用绝热材料保护钢构件，阻断外界的热量传递。而在基材表面喷涂(或涂刷)防火涂料，能形成耐火隔热保护层，可以降低被涂材料表面的可燃性，阻滞火灾的迅速蔓延，是提高被涂材料耐火极限的一种重要措施。

1. 防火涂料分类

根据高温下涂层的变化情况可将防火涂料分为膨胀型和非膨胀型两大类。

(1)膨胀型防火涂料。膨胀型防火涂料又称为薄型防火涂料，涂层厚度一般为 1～7 mm，涂层厚度小于 3 mm 的称为超薄膨胀型防火涂料，涂层厚度大于 3 mm 且小于或等于 7 mm 的称为薄型钢结构防火涂料，耐火极限可达 0.5～2.0 h。膨胀型防火涂料的基料为有机树脂，配方中还含有发泡剂、碳化剂等成分，遇火后自身会发泡膨胀，形成比原涂层厚约 10 倍的多孔碳质层。多孔碳质层隔热性能极佳，可阻挡外部热源对基材的传热，构成绝热屏障，保护钢构件不受火灾的损毁。膨胀型防火涂料具有涂层薄、质量小、抗震性好、装饰性好等优点；其缺点是施工时气味较大，涂层易老化，若处于吸湿受潮状态会失去膨胀性。

(2)非膨胀型防火涂料。非膨胀型防火涂料又称为厚型防火涂料，涂层厚度一般为 7～50 mm，耐火极限可达 0.5～3.0 h。其主要成分为无机绝热材料，遇火不膨胀，自身具有良好的隔热性。非膨胀型防火涂料，利用涂层固有的、良好的绝热性，以及在高温下部分成分的蒸发和分解等烧蚀反应而产生的吸热作用，来阻隔和消耗火灾热量向基材的传递，从而延长钢构件达到临界温度的时间。非膨胀型防火涂料一般不燃、无毒、耐老化，耐久性较可靠，适用于永久性建筑。

非膨胀型防火涂料可分为两类：一类以矿物纤维为骨料采用干法喷涂施工；另一类以膨胀蛭

石、膨胀珍珠岩等颗粒材料为骨料,采用湿法喷涂施工。采用干法喷涂纤维材料和湿法喷涂颗粒材料相比,涂层密度轻,但施工时易散发细微纤维粉尘,给施工环境和工人带来一定的问题,另外,表面疏松只适用于完全封闭的隐蔽工程。两种类型厚型防火涂料的性能比较见表 2-19。

表 2-19　两种类型厚型防火涂料的性能比较

涂料类型	颗粒型	纤维型(矿棉)
主要原料	蛭石、珍珠岩、微珠等	石棉、矿棉、硅酸铝纤维
密度/$(kg \cdot m^{-3})$	350～450	250～350
抗震性	一般	良
吸声系数(0.5～2 K)	≤0.5	≥0.7
导热系数/$[W \cdot (m \cdot K)^{-1}]$	0.1 左右	≤0.06
施工工艺	湿法机喷或手抹	干法机喷
一次喷涂厚度/cm	0.5～1.2	2～3
外观	光滑平整	粗糙
劳动条件	基本无粉尘	粉尘多
修补难易程度	易	难

2. 防火涂料选用

(1)防火涂料的选用原则。钢结构防火涂料的选用应考虑结构类型、耐火极限的要求、工作环境等,选用原则如下。

1)钢结构建筑的室内隐蔽构件,当规定耐火极限在 1.5 h 以上时,应选用厚型防火涂料。

2)室内裸露钢结构、轻型屋盖钢结构及有装饰要求的钢结构,当规定其耐火极限在 1.5 h 及以下时,应选用薄型防火涂料。

3)钢结构耐火极限在 2.5 h 及以上时,室外钢结构不宜选用薄型防火涂料。

4)薄型防火涂料的保护层厚度必须以实际构件的耐火试验确定。

(2)选用防火涂料时,应注意下列问题。

1)不要把技术性能仅能满足室内的涂料用于室外。室外使用环境要比室内严酷得多,涂料在室外要经受日晒雨淋,风吹冰冻,应选用耐水、耐冻融、耐老化、强度高的防火涂料。

一般非膨胀型防火涂料比膨胀型防火涂料耐候性好,而非膨胀型中蛭石、珍珠岩颗粒型厚型涂料并采用水泥为黏接剂要比采用水玻璃为黏接剂的要好,特别是水泥用量较多,密度较大的更适宜用于室外。

2)不要把饰面型防火涂料用于保护钢结构。饰面型防火涂料用于木结构和可燃基材,一般厚度小于 1 mm,薄薄的涂膜对于可燃材料能起到有效地阻燃和防止火焰蔓延的作用,但其隔热性能一般达不到大幅度提高钢结构耐火极限的目的。

3)不要把膨胀型防火涂料用于保护耐火极限在 2 h 以上的钢结构。

3. 防火涂层厚度要求

钢结构防火涂层厚度应按结构耐火承载力极限状态进行耐火验算和防火设计,其计算过程较为复杂,此处不再赘述,可参照《建筑钢结构防火技术规范》(GB 51249—2017)的相关要求进行设计。

防火涂层设计时,对保护层厚度的确定应以安全为第一,耐火极限应留有余地,涂层应适当厚些。如某种薄型钢结构防火涂料,进行标准耐火试验时,涂层厚度为 5.5 mm 刚好达到 1.5 h 的耐火极限,采用该涂料喷涂保护耐火等级为一级的建筑,喷涂厚度宜不小于 6 mm。

《钢结构防火涂料应用技术规程》(T/CECS 24—2020)规定膨胀型钢结构防火涂料的涂层厚度不小于1.5 mm，非膨胀型钢结构防火涂料涂层厚度不小于15 mm，对超薄型钢结构防火涂料厚度没有详细作出规定。而在实际工程中使用防火涂料时，厚度一般根据厂家的产品报告确定。综合规范要求及各厂家规定，钢结构防火涂料涂层厚度可参考表2-20。

表 2-20　钢结构防火涂料涂层厚度

耐火极限/h	超薄型钢结构防火涂料/mm	薄型钢结构防火涂料/mm	厚型钢结构防火涂料/mm
0.5	≥1.0	≥1.5	—
1.0	≥2.0	≥2.5	—
1.5	≥2.5	≥3.5	—
2.0	—	≥4.5	≥18
2.5	—	≥6.5	≥22
3.0	—	—	≥25

工作流程

认识涂料任务工作流程如图 2-26 所示。

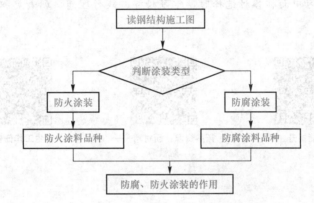

图 2-26　认识涂料任务工作流程

工作步骤

(1)翻阅图纸，在钢结构设计说明中找出本工程涂装分为防腐涂装和防火涂装。

(2)防腐涂装。根据钢结构设计说明二、第十二条第4款，钢结构防腐涂装底层涂料采用环氧富锌底漆，厚度为 70 μm；中间漆为环氧云铁中间漆，厚度为 60 μm；面漆为聚氨酯面漆，厚度为 70 μm。

(3)防火涂装。根据钢结构设计说明二、第十二条第7款，钢柱和柱间支撑采用非膨胀型防火涂料，耐火极限为 2 h，涂料厚度为 33 mm。钢梁、屋面支撑、屋面系杆、檩条采用膨胀型防火涂料，其中钢梁、屋面支撑、屋面系杆的耐火极限为 1.5 h，檩条杆的耐火极限为 1.0 h。膨胀型防火涂料涂层厚度不小于1.5 mm。

(4)防腐涂装的作用是避免钢结构由于锈蚀引起构件截面变小而降低承载力，避免危险事故的发生。防火涂装的作用是避免钢结构在火灾作用下过早发生坍塌，保护人民生命财产的安全。

根据学生对工作任务的完成情况的正确性进行检查。

素质拓展

在钢结构工程建设中必须了解工程的特点，掌握钢构件的种类和数量，再根据钢材市场的具体供应情况、价格区间，合理地从众多的钢板、钢带，还有各类型、各规格的型钢产品中选择适合本工程的钢材。

这就像在 5 000 年的历史中，我们选择崇拜霍去病、班超、岳飞、文天祥等战斗英雄，他们一腔豪情、铁血担当，为民族、为国家开疆拓土（收复国土）披肝沥胆，是真男儿本色；我们选择崇拜孔孟、杜甫、范仲淹等大家，他们满腹学识，先天下之忧而忧，为人间疾苦向上发声；我们选择崇拜墨子、祖冲之、宋应星等科学家，他们一生钻研、成就斐然，将我国的科技推到了当时国外根本无法企及的高度……

我们选择的英雄、偶像是我们前行的榜样，他们必将在精神上引领我们前行。让我们在今后的工作、生活和学习中面临各种选择时，学习榜样、践行理想，朝着更积极、更高尚、更美好的方向迈进。

技能提升

拓展资源：新材料——
耐候钢

学生工作任务单

项目三　钢结构连接

知识目标

1. 掌握焊缝连接的形式和构造。
2. 掌握焊缝连接的受力特征和基本计算方法。
3. 掌握螺栓连接的形式和构造。
4. 掌握螺栓连接的受力特征和基本计算方法。

能力目标

1. 能够进行钢结构焊缝连接的验算。
2. 能够进行钢结构螺栓连接的验算。

素质目标

1. 培养学生严格遵守国家规范的意识。
2. 针对钢结构连接的计算，培养学生严谨认真、一丝不苟的精神。

学习重点

1. 焊缝连接的构造要求。
2. 螺栓连接的构造要求。

学习难点

1. 焊缝连接的计算方法。
2. 螺栓连接的计算方法。

任务一　焊缝连接基本知识

工作任务

焊缝连接是钢结构工程中常见的一种连接方式。钢结构连接质量的好坏，特别是重要部位节点的连接，直接关系到工程的安全性，因此学习钢结构连接非常重要。

请根据附图1中的门式刚架详图(GJ1)，找出所采用焊缝连接的种类和焊缝的符号，并能说出常见的焊缝缺陷、焊缝缺陷的防治措施和质量检查方法。

任务思考

(1)焊缝的种类有哪些?

_____

_____

(2)对接焊缝和角焊缝是如何表示的?

_____

_____

_____

工作准备

钢结构是由各种钢构件通过一定的连接方法而形成的整体结构。常见的连接方法有焊缝连接、螺栓连接和铆钉连接。一般焊缝连接在钢结构加工厂进行，螺栓连接在现场施工安装时使用，在实际工程中栓焊相接的连接也较多，因此施工现场焊接也较多。

一、焊缝连接

钢结构常用的焊接方法为电弧焊，包括手工电弧焊、自动或半自动埋弧焊、气体保护焊等。

1. 手工电弧焊

手工电弧焊是利用手工操纵焊条进行焊接的电弧焊方法(图3-1)。其由焊件、焊条、焊钳、电焊机和导线组成电路，以焊条和焊件作为两个电极，被焊金属称为焊件或母材。施焊时，首先使分接电焊机焊条和焊件瞬间短路打火，然后迅速将焊条提起少许，此时强大的电流即通过焊条端部与焊件之间的空隙，使空气离子化引发出电弧，其温度高达3 000 ℃左右，从而使焊条和焊件迅速熔化。熔化的焊条金属与焊件金属结合成为焊缝金属。焊条药皮形成的气体和熔渣覆盖在熔池上，起着保护电弧使其稳定并隔绝空气中的氧、氮等有害气体与液体金属接触的作用，以避免形成脆性易裂化合物，随着熔池中金属的冷却、结晶，即形成焊缝，将焊件连接成整体。焊接时，因电弧的高温使焊件局部熔化，在被焊金属上形成一个椭圆形充满液体金属的凹坑，这个凹坑称为熔池。随着焊条的移动，熔池冷却凝固后形成焊缝。焊缝表面覆盖的一层渣壳称为熔渣。焊条熔化末端到熔池表面的距离称为电弧长度。从焊件表面至熔池底部的距离称为熔透深度。

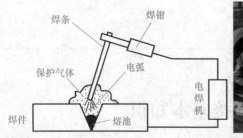

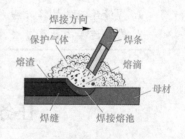

图3-1　手工电弧焊

手工电弧焊的优点是设备简单，操作灵活方便，能进行全位置焊接，适合焊接多种材料；其缺点是质量不易保证，生产效率低，劳动强度高。

2. 自动或半自动埋弧焊

通电后电弧发生在由转盘转下的焊丝与焊件母材之间，因电弧不外露，是埋在焊剂层内发生的，故名埋弧焊。图 3-2 所示为自动埋弧焊，焊机前方有一装有颗粒状焊剂的漏斗，沿焊接方向不断在母材拟焊接处铺上焊剂，部分焊剂在焊后熔化为焊渣，多余的焊剂由吸管吸回再用。焊渣较轻，浮在焊缝金属的表面，使焊缝不与空气相接触，同时焊剂又可对焊缝金属补充必要的合金成分以改善焊缝的质量。自动电焊机以一定的速度向前移动，同时焊丝的熔化从转盘自动补给。自动埋弧焊与半自动埋弧焊的差别在于半自动焊的电动机靠人工移动。

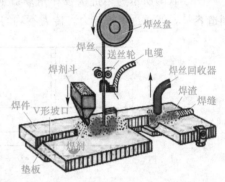

图 3-2　自动埋弧焊

自动埋弧焊的电弧热量集中，熔深较大，适用于厚板的焊接，同时，由于采用了自动化操作，焊接工艺条件好，焊缝质量稳定，焊缝内部缺陷少，故质量比手工电弧焊好。但自动埋弧焊只适用于焊接较长的直线焊缝。半自动埋弧焊的质量介于手动电弧焊和自动埋弧焊的质量之间，因由工人操作，故适合焊接曲线或任意形状的焊缝。另外，自动或半自动埋弧焊的焊接速度快，生产率较高，成本低，劳动条件好。自动埋弧焊的缺点是适应能力差，只能在水平位置焊接长直焊缝或大直径的环状焊缝。

3. 气体保护焊

气体保护焊是利用二氧化碳气体或其他惰性气体作为保护介质的一种方法。它依靠保护气体在电弧周围造成局部保护层，以防止有害气体的侵入熔化金属，并保证焊接过程的稳定性。由于焊接时没有焊剂产生的熔渣，故便于观察焊缝成型过程，但操作时须在室内避风处，在工地则须搭设防风棚。气体保护焊电弧加热集中，焊接速度快，熔深大，故焊缝强度比手工电弧焊的高，且塑性和抗腐蚀性好，很适合厚钢板或特厚钢板（$t>100$ mm）的焊接。

二、焊缝种类和焊接形式

(一)焊缝种类

焊缝按截面形状可分为对接焊缝和角焊缝，如图 3-3 所示。

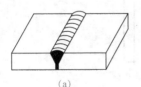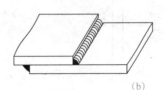

(a)　　　　　　　　　　　　　(b)

图 3-3　焊缝种类

(a)对接焊缝；(b)角焊缝

(二)焊接形式

焊接形式按被连接件的相互位置可分为平接连接、搭接连接、T形连接和角接四种。

1. 平接连接

图 3-4(a)所示为用对接焊缝的平接连接，其用料省，传力简捷，受力性能好，构造简单，可全厚度焊透，焊接质量达到一二级时，可与母材达到等强，但焊件边缘需开坡口且尺寸要求精度高，制造较费工。

图 3-4(b)所示为用拼接板和角焊缝的平接连接，其易于拼接，对焊件边缘尺寸要求较低，制造容易，但通过盖板传力，传力不均匀，应力集中严重，疲劳强度低，且用料较多。

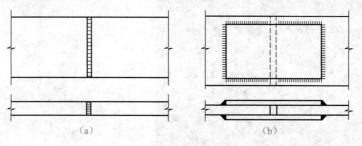

图 3-4 平接连接

(a)用对接焊缝的平接连接；(b)用拼接板和角焊缝的平接连接

2. 搭接连接

图 3-5 所示为用角焊缝的搭接连接，易于拼接，焊缝有应力集中现象，传力不均匀，搭接时接头处易产生偏心弯矩，用料较费。

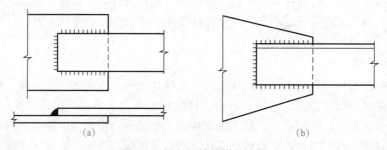

图 3-5 用角焊缝的搭接连接

3. T形连接

图 3-6(a)所示为用角焊缝的 T 形连接，其构造简单，受力性能较差，不宜用于受拉或承受动力荷载的连接；图 3-6(b)所示为焊透的 T 形连接焊缝，其性能和对接焊缝相同。

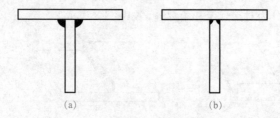

图 3-6 T形连接

(a)用角焊缝的 T 形连接；(b)焊透的 T 形连接焊缝

4. 角接

角接用角焊缝或对接焊缝(坡口焊缝)(图 3-7)。

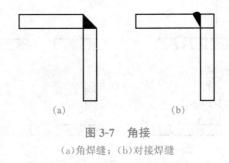

图 3-7 角接
(a)角焊缝；(b)对接焊缝

另外，焊缝按施焊位置可分为平焊、横焊、立焊及仰焊(图 3-8)。

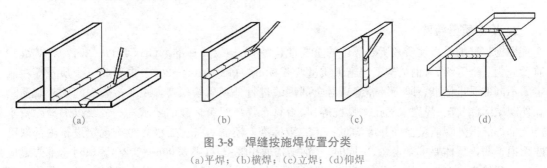

图 3-8 焊缝按施焊位置分类
(a)平焊；(b)横焊；(c)立焊；(d)仰焊

三、焊缝缺陷及焊缝质量检验

1. 焊缝缺陷

焊接接头的不完整性称为焊接缺陷，主要有裂纹、焊瘤、烧穿、弧坑、气孔、夹渣、咬边、未熔合、未焊透等(图 3-9)，以及焊缝尺寸不符合要求、焊缝成型不良等。这些缺陷会减小焊缝截面面积，降低承载能力，产生应力集中，引起裂纹，降低疲劳强度，易引起焊件破裂导致脆断，其中危害最大的是焊接裂纹和未熔合。焊缝缺陷具体如下。

(1)裂纹。裂纹是焊缝中最危险的缺陷。在焊接应力及其他致脆因素的共同作用下，焊接接头局部地区的金属原子结合力遭到破坏而形成的新界面所产生的缝隙叫作焊接裂纹。

(2)焊瘤。焊接过程中熔化金属流淌到焊缝之外未熔化的母材上所形成的金属瘤叫作焊瘤。

(3)烧穿。焊接时熔化金属自焊缝背面流出并脱离焊道形成穿孔的现象叫作烧穿。

(4)弧坑。由于收弧和断弧不当在焊道末端形成的低洼部分叫作弧坑。

(5)气孔。气孔是指焊接时，熔池中的气体未在金属凝固前逸出，残存于焊缝之中所形成的空穴。其气体可能是熔池从外界吸收的，也可能是焊接冶金过程中反应生成的。

(6)夹渣。夹渣是指焊后熔渣残存在焊缝中的现象。

(7)咬边。由于焊接参数选择不当或操作工艺不正确，沿焊趾的母材部位产生的沟槽或凹陷叫作咬边。

(8)未熔合。未熔合是指焊缝金属与母材金属或焊缝金属之间未熔化而结合在一起的缺陷。按其所在部位，未熔合分为坡口未熔合、层间未熔合、根部未熔合三种。

(9)未焊透。未焊透是指母材金属未熔化，焊缝金属没有进入接头根部的现象。

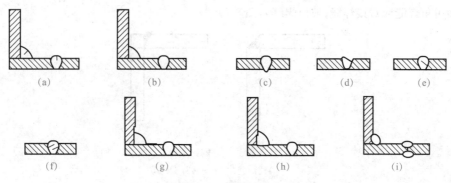

图 3-9　焊缝缺陷

(a)裂纹；(b)焊瘤；(c)烧穿；(d)弧坑；(e)气孔；(f)夹渣；(g)咬边；(h)未熔合；(i)未焊透

2. 焊缝质量检验

根据焊缝的受力性质和所处部位的重要性，《钢结构设计标准》(GB 50017—2017)将焊缝的质量分为三个等级，《钢结构工程施工质量验收标准》(GB 50205—2020)也对此三个质量等级制定了不同的质量标准，即三级焊缝只对全部焊缝进行外观质量检查，主要检查焊缝的外观质量和外观缺陷(裂纹、焊瘤、气孔、弧坑等)是否符合焊缝三级标准的要求；一、二级焊缝除要求对全部焊缝做外观质量检查并应满足一、二级标准，还需对一、二级焊缝按规定进行内部缺陷的无损检测，具体要求见表 3-1。同时，《钢结构通用规范》(GB 55006—2021)要求对全部焊缝应进行外观检查，对焊透的一级、二级焊缝应进行内部无损检测，一级焊缝探伤比例应为 100%，二级焊缝探伤比例应不低于 20%。

焊缝的质量等级应根据结构的重要性、荷载特性、焊缝形式、工作环境及应力状态等情况进行选择。

表 3-1　一级、二级焊缝质量等级及无损检测要求

焊缝质量等级		一级	二级
内部缺陷 超声波探伤	缺陷评定等级	Ⅱ	Ⅲ
	检验等级	B 级	B 级
	检测比例/%	100	20
内部缺陷 射线探伤	缺陷评定等级	Ⅱ	Ⅲ
	检验等级	B 级	B 级
	检测比例/%	100	20
注：二级焊缝检测比例的计算方法应按以下原则确定：工厂制作焊缝按照焊缝长度计算百分比，且探伤长度不小于 200 mm；当焊缝长度小于 200 mm 时，应对整条焊缝探伤；现场安装焊缝应按照同一类型、同一施焊条件的焊缝条数计算百分比，且不应少于 3 条焊缝			

3. 焊缝代号

焊缝代号用于钢结构施工图上对焊缝进行标注，标明焊缝形式、尺寸和辅助要求。常用焊缝代号和标注方法见表 3-2。

表 3-2　常用焊缝代号和标注方法

形式	角焊缝				对接焊缝	塞焊缝	三面围焊
	单面焊缝	双面焊缝	安装焊缝	相同焊缝			
标注方法							

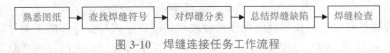

工作流程

焊缝连接任务工作流程如图 3-10 所示。

熟悉图纸 → 查找焊缝符号 → 对焊缝分类 → 总结焊缝缺陷 → 焊缝检查

图 3-10　焊缝连接任务工作流程

工作步骤

(1)查看附图 1 门式刚架详图(GJ1),找出图纸当中焊缝的符号。

(2)将焊缝的符号分类,得出附图 1 所采用的焊缝有对接焊缝和角焊缝两类。

(3)根据所学知识总结出常见的焊缝缺陷,并写出防止焊缝缺陷的措施。

(4)写出角焊缝、对接焊缝质量的检查方法。

工作结果检查

根据学生对工作任务完成的全面性和正确性进行检查。

任务二　对接焊缝连接

工作任务

某工程钢板采用对接焊缝拼接连接(图 3-11),承受轴心力设计值 $N=800$ kN,钢材采用 Q235B,焊条为 E43 型,手工焊,焊缝质量等级为三级,焊接时未采用引弧板。钢板的宽度 $l=400$ mm,厚度 $t=12$ mm,试验算该焊缝的强度是否满足要求。

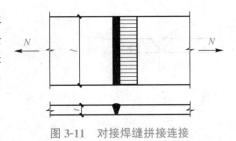

图 3-11　对接焊缝拼接连接

(1)对接焊缝在施工图上是如何标识的？

_____

_____

(2)对接焊缝在轴心力作用下的受力特点是什么？

_____

_____

(3)对接焊缝一般在什么时候采用？

_____

_____

工作准备

一、对接焊缝的构造

(1)对接焊缝的符号。对接焊缝的焊件常做坡口，坡口形式与板厚和施工条件有关。

1)当 $t<6$ mm(手工焊)，$t<10$ mm(埋弧焊)时，可不做坡口，采用直边缝即Ⅰ形坡口。

2)当 $t=6\sim20$ mm(手工焊)，$t=10\sim20$ mm(埋弧焊)时，宜采用单边 V 形和 V 形坡口或单边 U 形坡口。

3)当 $t>16$ mm(手工焊)，$t>20$ mm(埋弧焊)时，宜采用 U 形、K 形、X 形坡口。

图 3-12 中 p 为钝边(手工焊 $0\sim3$ mm，埋弧焊 $2\sim6$ mm)，可起托起熔化金属的作用，c 为间隙(手工焊为 $0\sim3$ mm，埋弧焊一般为 0 mm)，可使焊缝有收缩余地且可与斜坡口组成一个施焊空间，使焊条得以运转，焊缝能够焊透。V 形和 U 形坡口焊主要为正面焊，但对反面焊根应清根补焊，以达到焊透。若不具备这种条件，或因装配条件限制间隙过大，则应在坡口下设置垫板(图 3-13)，以阻止熔化金属流淌和使根部焊透。K 形和 X 形坡口均应清根并双面施焊。

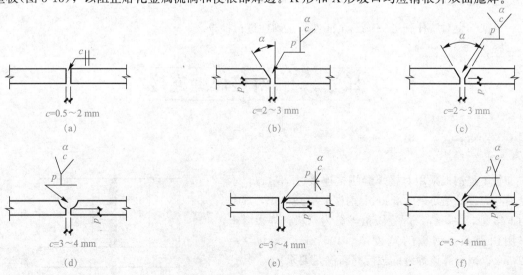

图 3-12　对接焊缝的坡口形式

(a)直边缝；(b)单边 V 形坡口；(c)V 形坡口；(d)U 形坡口；(e)K 形坡口；(f)X 形坡口

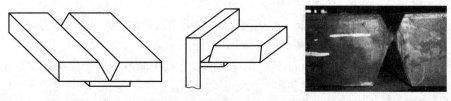

图 3-13　加垫板的坡口焊

（2）当对接焊缝拼接的焊件宽度不同或厚度在一侧相差 4 mm 以上时，应分别在宽度方向或厚度方向，从一侧或两侧做成坡度不大于 1∶2.5 的斜角（图 3-14），目的是使传力平缓，减小应力集中；若板厚相差不大于 4 mm，可不做斜坡。当焊件厚度不同时，焊缝的计算厚度取较薄板件的厚度。

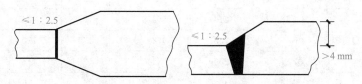

图 3-14　不同宽度或厚度钢板拼接

（3）引弧板、引出板。为了避免引弧时焊接热量不足引起焊接裂纹，或熄弧时产生焊缝收缩和裂纹，消除焊接时可能产生的未熔透焊口和弧坑的影响，施焊时应在焊缝的两端设置焊缝引弧板、引出板，焊接时将焊缝的起点和终点延伸至引弧板上（图 3-15），焊接后将引弧板切除，并用砂轮将表面磨平。注意引弧板、引出板的材质和坡口应与焊件一致，焊缝的引出长度：埋弧焊应大于 80 mm，手工电弧焊及气体保护焊应大于 25 mm。

图 3-15　用引弧板和引出板焊接

对受静力荷载的结构设置引弧板的引出板有困难时，允许不设置，此时可令焊缝计算长度等于实际长度减去 $2t$（t 为较薄焊件厚度）。

二、对接焊缝连接的受力与计算

1. 对接焊缝在轴心力作用下的计算

对接焊缝的应力分布情况基本与焊件的受力情况相同，焊缝均匀受力，对接焊缝受垂直于焊缝的轴心拉力或轴心压力作用时（图 3-11），其焊缝强度应按下式计算：

$$\sigma = \frac{N}{l_w h_e} \leqslant f_t^w \ \text{或} \ f_c^w \tag{3-1}$$

式中　N——轴心拉力或压力设计值(N)；

l_w——焊缝的计算长度(mm)，当未采用引弧板和引出板施焊时，取实际长度减去 $2t$，当采用引弧板和引出板施焊时，取焊缝的实际长度；

h_e——对接焊缝的计算厚度(mm)，在对接连接节点中取连接件的较小厚度，在 T 形连接节点中取腹板厚度；

f_t^w，f_c^w——对接焊缝的抗拉、抗压强度设计值(N/mm^2)，按表 3-3 选用。

表 3-3　焊缝的强度设计值

焊接方法和焊条型号	构件钢材			对接焊缝				角焊缝
	牌号	厚度或直径 /mm	抗压 f_c^w /(N·mm^{-2})	焊接质量为下列等级时，抗拉 f_t^w/(N·mm^{-2})		抗剪 f_v^w /(N·mm^{-2})		抗拉、抗压和抗剪 f_t^w /(N·mm^{-2})
				一级、二级	三级			
自动焊、半自动焊和 E43 型焊条的手工焊	Q235	≤16	215	215	185	125		160
		>16，≤40	205	205	175	120		
		>40，≤100	200	200	170	115		
自动焊、半自动焊和 E50 型焊条的手工焊	Q345	≤16	305	305	260	175		200
		>16，≤40	295	295	250	170		
		>40，≤63	290	290	245	165		
注：表中厚度是指计算点的钢材厚度，对轴心受拉和轴心受压构件是指截面中较厚板件的厚度								

表 3-3 和表 1-4 比较可见，对接焊缝的抗压和抗剪强度设计值与钢材相同，而抗拉强度设计值也只在焊缝质量等级为三级时才较低。因此，一、二级的对接焊缝(有引弧板和引出板)不须计算即可用于构件的任何部位，因为此时焊缝的强度和母材相同，只有三级焊缝且受拉力作用时才须按式(3-1)计算。

2. 弯矩和剪力共同作用的对接焊缝

图 3-16(a)所示为钢板对接接头受到弯矩 M 和剪力 V 的共同作用。焊缝截面是矩形，其受力情况为焊缝最上和最下边缘承受最大的压应力与拉应力，而剪应力为零；在焊缝中和轴部位正应力为零，而剪应力最大，因此，在弯矩和剪力的共同作用下，矩形截面对接接头易在焊缝截面最外侧边缘或中部达到承载力而发生破坏。

图 3-16(b)所示为工字形截面梁的对接接头。最大正应力和最大剪应力发生位置与矩形截面一样，可能在焊缝截面最外侧边缘或中部达到承载力而发生破坏。但是，工字形截面翼缘与腹板的交接点"1"点处同时受到较大正应力和较大剪应力，受力较为复杂，也可能达到极限承载力而发生破坏，在工程中要尤为关注。

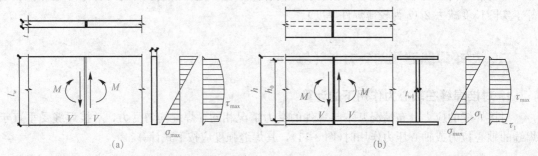

图 3-16　弯矩和剪力共同作用时的对接焊缝

对接焊缝计算任务工作流程如图 3-17 所示。

确定焊缝抗拉强度设计值 → 确定焊缝的计算长度 → 计算对接焊缝的强度

图 3-17　对接焊缝计算任务工作流程

🔅 **工作步骤**

(1)确定焊缝抗拉强度设计值。对接焊缝且焊缝质量等级为三级，查表 3-3 得 $f_t^w = 185$ N/mm^2。

(2)计算对接焊缝的计算长度。因为焊接时未采用引弧板，所以焊缝的计算长度为

$$l_w = 400 - 12 \times 2 = 376 \text{(mm)}$$

(3)计算对接焊缝在轴心拉力 N 作用下的强度：

$$\sigma = \frac{N}{l_w h_e} = \frac{800 \times 1\,000}{376 \times 12} = 177.30 \text{(N/mm}^2\text{)} < 185 \text{ N/mm}^2$$

🔅 **工作结果检查**

经验算，该钢板对接焊缝拼接的连接强度满足要求。

任务三　角焊缝连接

✳️ **工作任务**

试设计用拼接盖板角焊缝的对接连接(图 3-18)。已知钢板宽度 $B = 270$ mm，厚度 $t_1 = 28$ mm，拼接盖板厚度 $t_2 = 16$ mm。该连接承受轴心拉力设计值 $N = 1\,400$ kN(静力荷载)，钢材为 Q235-B，手工焊，焊条为 E43 型。

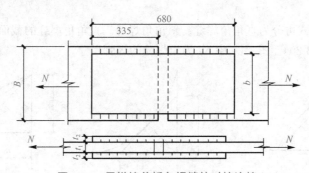

图 3-18　用拼接盖板角焊缝的对接连接

⚓ **任务思考**

(1)角焊缝在施工图上是如何标识的？

_____

_____

(2)角焊缝的高度和长度如何确定？

_____

(3)角焊缝常见的缺陷有哪些？如何检查？

_____

(4)角焊缝和对接焊缝的区别是什么？

_____

工作准备

一、角焊缝的分类、构造要求和受力

1. 角焊缝的分类

角焊缝按焊缝长度和外力作用方向的不同可分为平行于力作用方向的侧面角焊缝[图 3-19(a)]、垂直于力作用方向的正面角焊缝[图 3-19(b)]和与力作用方向成斜角的斜向角焊缝。

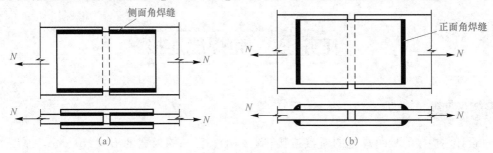

图 3-19　角焊缝的形式
(a)侧面角焊缝；(b)正面角焊缝

角焊缝按截面形式可分为直角角焊缝、斜角角焊缝。直角角焊缝的截面形式可分为普通型、凹面型和平坦型(图 3-20)。图 3-20 中 h_f 为角焊缝的焊脚尺寸。

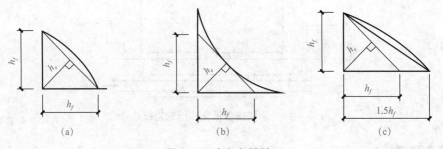

图 3-20　直角角焊缝
(a)普通型；(b)凹面型；(c)平坦型

钢结构一般采用表面微凸的普通型截面，两焊脚尺寸的比例为 1∶1，近似于等腰直角三角形，应力线弯折较多，应力集中严重。对于直角承受动力荷载的结构，为了使传力平缓，正面角焊缝宜采用两焊脚尺寸比例为 1∶1.5 的平坦型(长边顺内力方向),侧面角焊缝宜采用比例为 1∶1 的凹面型。

2. 角焊缝的构造要求

(1)最小焊脚尺寸 $h_{f\min}$。角焊缝的焊角尺寸不能过小,当焊件较厚而焊脚尺寸过小时,焊缝金属冷却过快而产生淬硬组织,容易形成裂纹。因此,角焊缝的最小焊脚尺寸 $h_{f\min}$ 应满足表 3-4 的规定。承受动力荷载时,角焊缝焊脚尺寸不宜小于 5 mm。采用角焊缝焊接连接时,不宜将厚板焊接到薄板上。

表 3-4　角焊缝最小焊脚尺寸　　　　　　　　　　　　　　　　　mm

母材厚度	角焊缝最小焊脚尺寸 $h_{f\min}$
$t \leqslant 6$	3
$6 < t \leqslant 12$	5
$12 < t \leqslant 20$	6
$t > 20$	8

(2)最大焊脚尺寸 $h_{f\max}$。对于搭接焊缝沿母材棱边的焊脚尺寸(图 3-21),施焊时一般难以焊满整个厚度,且容易产生咬边现象,$h_{f\max}$ 应比焊件厚度稍小;对于薄板件一般用较细的焊条施焊,焊接电流小,操作容易掌握,故 $h_{f\max}$ 可与焊件等厚。因此,搭接焊缝沿母材棱边的最大焊脚尺寸,当板厚不大于 6 mm 时,应为母材厚度;当板厚大于 6 mm 时,应为母材厚度减去 1~2 mm,即

当 $t_1 > 6$ mm 时:　　　　　　　　　$h_{f\max} \leqslant t_1 - (1\sim2)\text{mm}$　　　　　　　　　(3-2)

当 $t_1 \leqslant 6$ mm 时:　　　　　　　　　　$h_{f\max} \leqslant t_1$　　　　　　　　　　　(3-3)

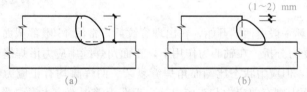

图 3-21　搭接焊缝沿母材棱边的最大焊脚尺寸
(a)母材厚度小于等于 6 mm 时;(b)母材厚度大于 6 mm 时

(3)侧面角焊缝的最大计算长度 $l_{w\max}$。侧面角焊缝沿长度方向的剪应力分布很不均匀,两端大中间小,当焊缝过长时,两端应力可能达到极限而出现裂纹,而此时中部焊缝却未充分发挥其承载力。因此,侧面角焊缝的计算长度 $l_{w\max} \leqslant 60h_f$。当计算长度大于上述限值时,其超过部分在计算中可以不予考虑,也可以对全长的焊缝承载力进行折减,以考虑焊缝内力分布不均匀的影响,但有效的焊缝计算长度不超过 $180h_f$,若内力沿侧面焊缝全长分布时,其计算长度不受此限制,如工字形截面梁或柱的翼缘与腹板连接焊缝。

(4)角焊缝的最小计算长度 $l_{w\min}$。为了避免角焊缝长度过短、应力集中较大和起落弧弧坑太近可能产生不利的影响,受力焊缝的计算长度不得小于 $8h_f$ 和 40 mm,当小于 $8h_f$ 或 40 mm 时不应用作受力焊缝,受力焊缝的计算长度应为扣除起落弧弧坑长度后的长度。

(5)搭接连接的构造要求。只采用纵向角焊缝连接型钢杆件端部时,型钢杆件的宽度不应大于 200 mm,当宽度大于 200 mm 时,应加横向角焊缝或中间塞焊;型钢杆件每一侧纵向角焊缝的长度不应小于型钢杆件的宽度,以免焊缝横向收缩引起板件拱曲(图 3-22)。

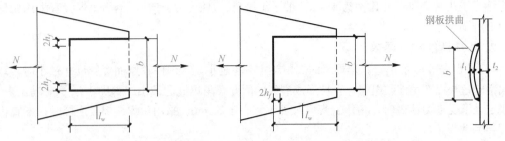

图 3-22 角焊缝的绕角焊和侧面角焊缝引起焊件拱曲

当角焊缝的端部在构件转角处时，为了避免起落弧的缺陷发生在此应力集中较大部位，宜做长度为 $2h_f$ 的绕角焊(图 3-22)，且转角处必须连续施焊，不能断弧。

在搭接连接中，搭接长度不得小于较薄焊件厚度的 5 倍，且不得小于 25 mm，以减小焊缝收缩产生的残余应力及因偏心产生的附加弯矩(图 3-23)。

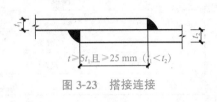

图 3-23 搭接连接

3. 角焊缝连接的受力

(1)侧面角焊缝受力：在轴心力 N 作用下，侧面角焊缝主要承受平行于焊缝长度方向的剪应力，由于构件的内力传递集中到侧面，力线产生弯折，故在弹性阶段，剪应力沿焊缝长度方向分布不均匀，两端大，中间小，且焊缝越长剪应力分布越不均匀。但侧面角焊缝塑性较好，在长度适当的情况下，应力经重新分布可趋于均匀(图 3-24)。

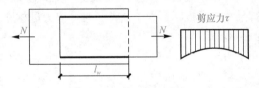

图 3-24 侧面角焊缝应力线布情况

侧面角焊缝的破坏一般由两端开始，在出现裂纹后，常沿 45°喉部截面迅速断裂。

(2)正面角焊缝受力分析。在轴心力作用下，正面角焊缝中应力沿焊缝长度方向分布比较均匀，两端比中间略低，但应力状态比侧面角焊缝复杂。两焊脚均有正应力和剪应力，且分布不均匀，在 45°喉部截面上则有剪应力和正应力。由于在焊缝根部应力集中严重，故裂纹首先在此处产生，随即整条焊缝断裂，破坏面不太规则，除 45°喉部外，也可能沿焊缝的两熔合边破坏。正面角焊缝刚度大，塑性较差，破坏时变形小，但强度较高，其平均破坏强度为侧面角焊缝的 1.35～1.55 倍。正面角焊缝的破坏形式如图 3-25 所示。

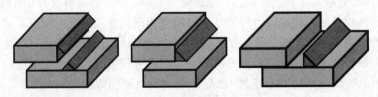

图 3-25 正面角焊缝的破坏形式

二、角焊缝连接的计算

(1)角焊缝强度的基本表达式。当角焊缝承受垂直于焊缝长度方向的轴向力和平行于焊缝长度方向的轴向力时，其焊缝截面上产生的应力既有正应力，也有剪应力，因此，直角角焊缝在正应力和剪应力作用下的计算式为

$$\sqrt{\left(\frac{\sigma_f}{\beta_f}\right)^2 + \tau_f^2} \leqslant f_f^w \tag{3-4}$$

式中　σ_f——按焊缝有效截面($h_e l_w$)计算，垂直于焊缝长度方向的正应力(N/mm^2)；

　　　τ_f——按焊缝有效截面($h_e l_w$)计算，沿焊缝长度方向的剪应力(N/mm^2)；

　　　β_f——正面角焊缝的强度设计值增大系数，对承受静力荷载和间接承受动力荷载的结构，$\beta_f = 1.22$，对直接承受动力荷载的结构，$\beta_f = 1.0$；

　　　f_f^w——角焊缝的抗拉、抗剪和抗压强度设计值(N/mm^2)，按表 3-3 选用。

（2）正面角焊缝——只受垂直于焊缝长度方向的轴心力，此时 $\tau_f = 0$。

当作用力通过焊缝群的形心时，可认为焊缝的应力均匀分布，即 σ_f 均匀分布。

$$\sigma_f = \frac{N}{h_e \sum l_w} \leqslant \beta_f f_f^w \tag{3-5}$$

式中　h_e——直角角焊缝的计算厚度(mm)，当两焊件间隙 $b \leqslant 1.5$ mm 时，$h_e = 0.7 h_f$，当 $1.5 < b \leqslant 5$ mm 时，$h_e = 0.7(h_f - b)$，h_f 为焊脚尺寸(图 3-20)；

　　　l_w——角焊缝的计算长度(mm)，对每条角焊缝取实际长度减去 $2h_f$。

（3）侧面角焊缝——只受平行于焊缝长度方向的轴心力，此时 $\sigma_f = 0$，τ_f 均匀分布。

$$\tau_f = \frac{N}{h_e \sum l_w} \leqslant f_f^w \tag{3-6}$$

（4）弯矩和剪力共同作用下用角焊缝连接的牛腿。图 3-26 所示为工字钢梁(或牛腿)与钢柱翼缘的角焊缝连接，在承受弯矩 M 和剪力 V 的共同作用下，其受力和工字形截面梁的对接接头类似。

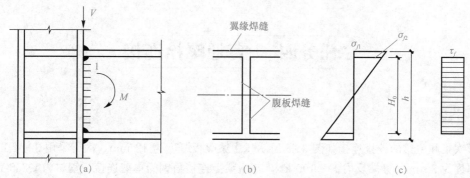

图 3-26　工字钢梁(或牛腿)的角焊缝连接

假设：①剪力由腹板焊缝承担；②弯矩由全部焊缝承担

工作流程

角焊缝计算任务工作流程如图 3-27 所示。

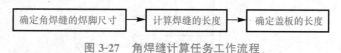

图 3-27　角焊缝计算任务工作流程

工作步骤

（1）确定焊脚尺寸。

角焊缝的焊脚尺寸 h_f 应根据板件厚度确定：

$$h_{f\max}=t-(1\sim2)=16-(1\sim2)=14\sim15(\text{mm})$$

$$h_{f\min}=1.5\sqrt{t_1}=1.5\sqrt{28}=7.9(\text{mm})$$

取 $h_f=10$ mm，查表 3-3 得角焊缝强度设计值 $f_f^w=160$ N/mm²。

(2)计算焊缝的长度。

采用两面侧焊时，焊缝总长度：

$$\sum l_w=\frac{N}{h_e f_f^w}=\frac{1\,400\times10^3}{0.7\times10\times160}=1\,250\ (\text{mm})$$

一条焊缝的实际长度：

$$l'_w=\frac{\sum l_w}{4}+2h_f=\frac{1\,250}{4}+20=333(\text{mm})<60h_f=60\times10=600(\text{mm})，不需要折减。$$

(3)确定盖板的长度。

盖板长度：$L=2l'_w+10=2\times333+10=676(\text{mm})$，取 680 mm。

选定拼接盖板宽度 $b=240$ mm，则

$A'=240\times2\times16=7\,680(\text{mm}^2)>A=270\times28=7\,560(\text{mm}^2)$，满足强度要求。

根据构造要求可知：$b=240$ mm$<l_w=313$ mm，且 $b<16t=16\times16=256$ (mm)，满足要求，故选定拼接盖板尺寸为 680 mm×240 mm×16 mm。

工作结果检查

经验算，采用角焊缝的该双盖板的拼接连接满足要求。

任务四　　普通螺栓连接

工作任务

某次梁和主梁的铰接连接如图 3-28 所示。主梁腹板厚度为 12 mm，次梁采用 32 号工字钢，腹板厚度为 8 mm，梁端反力 $R=100$ kN，与主梁上连接角钢为单剪连接，钢材为 Q235AF，采用 C 级普通螺栓连接，试设计该连接。

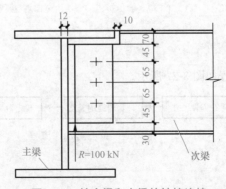

图 3-28　某次梁和主梁的铰接连接

(1)螺栓的符号如何表示？螺栓如何排列？

_____

_____

(2)普通螺栓受剪连接的破坏形式有哪些？

_____

_____

(3)普通螺栓受拉连接的破坏形式有哪些？

_____

_____

工作准备

一、普通螺栓连接的构造

1. 螺栓的规格和图例

钢结构采用的普通螺栓形式为六角头型，粗牙普通螺纹，其代号用字母 M 与公称直径表示，常用 M12、M16、M18、M20、M24、M27、M30、M36、M42、M48、M56 等。螺栓的孔径 d_0 比螺栓栓杆的直径 d 大 $1.5 \sim 3.0$ mm，具体如下：M12、M16 为 1.5 mm；M18、M20、M24 为 2.0 mm；M18、M27、M30 等为 3.0 mm。钢结构施工图中的螺栓及其孔的图例见表 3-5。

表 3-5　螺栓及其孔的图例

名称	永久螺栓	高强度螺栓	安装螺栓	圆形螺栓孔	长圆形螺栓孔
图例	◇	◆	◇	＋	▭

2. 螺栓的排列

螺栓的排列通常可分为并列、错列两种形式(图 3-29)。螺栓在构件上的排列要满足以下三个方面的要求。

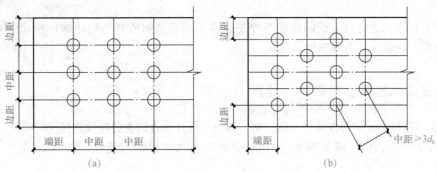

图 3-29　钢板的螺栓(铆钉)排列

(a)并列；(b)错列

（1）受力要求。螺栓任意方向的中距、边距和端距均不应过小，以免构件在受拉力作用时，加剧孔壁周围的应力集中和防止钢板过度削弱而承载力过低，造成沿孔与孔或孔与边间拉断或剪断。当构件受压力作用时，顺压力方向中距不应过大，否则螺栓间钢板可能因失稳而形成鼓曲。

（2）构造要求。螺栓的中距不应过大，否则连接钢板不能紧密贴合，外排螺栓的中距及边距和端距更不应过大，以防止潮气侵入缝隙引起锈蚀。

（3）施工要求。螺栓间应有足够的距离方便转动扳手，拧紧螺母。

《钢结构设计标准》（GB 50017—2017）根据上述要求制定出螺栓排列最大、最小容许距离（表3-6），排列螺栓时宜按最小容许距离取用，且宜取5 mm 的倍数，并按等距离布置，以减小连接的尺寸。最大容许距离一般只在起连系作用的构造连接中采用。

型钢上排列螺栓的
线距和最大孔径要求

在型钢上排列的螺栓还应符合各自线距和最大孔径的要求，以使螺栓大小和位置适当并便于拧紧。角钢、普通工字钢、槽钢截面上排列螺栓的线距要求可扫码查看。

表 3-6　螺栓或铆钉的最大、最小容许距离

名称			位置和方向	最大容许距离（取两者较少者）	最少容许距离
中心间距	外排（垂直内力方向或顺内力方向）			$8d_0$ 或 $12t$	$3d_0$
	中间排	垂直内力方向		$16d_0$ 或 $24t$	
		顺内力方向	压力	$12d_0$ 或 $18t$	
			拉力	$16d_0$ 或 $24t$	
	沿对角线方向			—	
中心至构件边缘距离	垂直内力方向	顺内力方向			$2d_0$
		剪切边或手工气割边		$4d_0$ 或 $8t$	$1.5d_0$
		轧制边自动精密气割或锯割边	高强度螺栓		
			其他螺栓或铆钉		$1.2d_0$

3. 螺栓连接的构造要求

（1）为了使连接可靠，每一杆件在节点上及拼接接头的一端，永久性螺栓数不宜少于两个。

（2）对于直接承受动力荷载的普通螺栓连接应采用双螺帽或其他防止螺帽松动的有效措施（设弹簧垫圈、将螺纹打毛或螺母焊死）。

二、普通螺栓连接的受力与计算

普通螺栓连接按其传力方式可分为三类，即力与栓杆垂直的受剪螺栓连接[图 3-30(a)]、力与栓杆平行的受拉螺栓连接[图 3-30(b)]、同时受剪和受拉的拉剪螺栓连接[图 3-30(c)]。

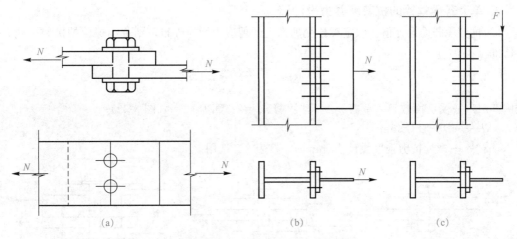

图 3-30 普通螺栓连接按传力方式分类

(a)受剪螺栓连接；(b)受拉螺栓连接；(c)拉剪螺栓连接

(一)受剪螺栓连接

1. 受剪螺栓连接的破坏形式

受剪螺栓连接达到极限承载力时，可能出现以下 5 种破坏形式，如图 3-31 所示。

(1)栓杆被剪断——当螺栓直径较小而钢板相对较厚时发生[图 3-31(a)]。

(2)钢板孔壁被挤压破坏——当螺栓直径较大而被连接钢材相对较薄时可能发生[图 3-31(b)]。

(3)钢板被拉断——当钢板因螺孔削弱过多时可能发生[图 3-31(c)]。

(4)端部钢板被剪断——当顺受力方向端距过小时可能发生[图 3-31(d)]。

(5)栓杆受弯破坏——当螺栓过长(被连接钢材总厚度较大)时可能发生[图 3-31(e)]。

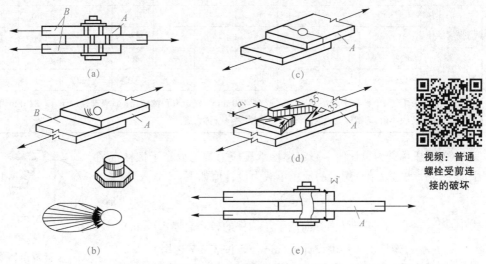

视频：普通
螺栓受剪连
接的破坏

图 3-31 受剪螺栓连接的破坏形式

以上破坏形式，应采取以下措施防止。

(1)前三种破坏形式通过计算来防止。

(2)第四种破坏形式要求螺栓端距$\geqslant 2d_0$，以避免端部钢板被剪坏。

(3)第五种破坏形式要求螺栓的夹紧长度不超过螺栓 4～6 倍螺栓直径。

2. 单个普通螺栓的抗剪承载力设计值

(1)抗剪承载力设计值。假定螺栓受剪面上的剪应力均匀分布，则单个螺栓的抗剪承载力设计值如下：

$$N_v^b = n_v \frac{\pi d^2}{4} f_v^b \qquad (3-7)$$

式中　n_v——受剪面数目，单剪 $n_v=1$，双剪 $n_v=2$，四剪 $n_v=4$(图 3-32)；

　　　d——螺杆直径(mm)；

　　　f_v^b——螺栓抗剪强度设计值(mm^2)，按表 3-7 选用。

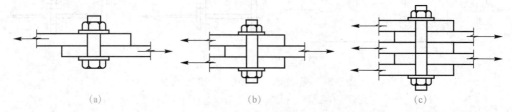

图 3-32　受剪螺栓连接的受剪面数

(a)单剪；(b)双剪；(c)四剪

表 3-7　螺栓连接的强度设计值　　　　　　　　　　N/mm²

螺栓的性能等级、锚栓和构件钢材的牌号		普通螺栓					锚栓	承压型连接高强度螺栓		
		C 级螺栓			A 级、B 级螺栓					
		抗拉 f_t^b	抗剪 f_v^b	承压 f_c^b	抗拉 f_t^b	抗剪 f_v^b	承压 f_c^b	抗拉 f_t^b	抗拉 f_t^b	抗剪 f_v^b	承压 f_c^b
普通螺栓	4.6 级、4.8 级	170	140	—	—	—	—	—	—	—	—
承压型连接高强度螺栓	8.8 级	—	—	—	—	—	—	—	400	250	—
	10.9 级	—	—	—	—	—	—	—	500	310	—
构件	Q235 钢	—	—	305	—	—	405	—	—	—	470
	Q345 钢	—	—	385	—	—	510	—	—	—	590

注：A 级螺栓用于 $d \leqslant 24$ mm 和 $l \leqslant 10d$ 或 $l \leqslant 150$ mm(按较小值)的螺栓；B 级螺栓用于 $d > 24$ mm 和 $l > 10d$ 或 $l > 150$ mm(按较小值)的螺栓。d 为公称直径，l 为螺杆公称长度

(2)承压承载力设计值。假定螺栓承压应力均匀分布于螺栓直径平面上(图 3-33)，单个螺栓的承压承载力设计值如下：

$$N_c^b = d \sum t f_c^b \qquad (3-8)$$

式中　$\sum t$——在同一受力方向的承压构件的较小总厚度(mm)；

　　　f_c^b——螺栓承压强度设计值(mm^2)，按表 3-7 选用。

(3)单个受剪螺栓的承载力设计值如下：

$$N_{min}^b = \min\{N_v^b, N_c^b\} \qquad (3-9)$$

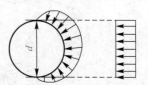

图 3-33　螺栓承压的计算承压面积

3. 普通螺栓群受剪连接计算

(1)连接所需螺栓的数目。图 3-34 所示为一轴心力 N 作用的螺栓连接双盖板对接接头，尽管 N 通过螺栓群形心，但试验证明，各螺栓在弹性工作阶段受力并

不相等，两端大中间小，但在进入弹塑性工作阶段后，由于内力重分布，各螺栓受力将逐渐趋于相等，故可按平均受力计算。

连接长度 $l_1 > 15d_0$ 螺栓数量的计算

在构件的节点处或拼接接头的一端，当螺栓沿受力方向的连接长度 $l_1 > 15d_0$ 时，需考虑剪力不均匀分布影响，螺栓数量确定，可扫码学习。

当连接长度 $l_1 \leqslant 15d_0$（d_0 为螺栓孔直径）时，连接一侧所需的螺栓数为

$$n \geqslant \frac{N}{N_{\min}^b} \tag{3-10}$$

式中　$N_{\min}^b$——单个螺栓抗剪承载力设计值与承压承载力设计值的较小值。

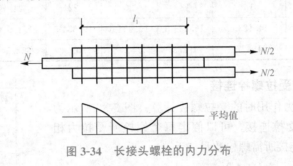

图 3-34　长接头螺栓的内力分布

（2）净截面强度的验算。为了防止构件或连接板因开孔削弱截面而拉（或压）断，还须验算连接开孔截面的净截面强度：

$$\sigma = \frac{N}{A_n} \leqslant 0.7 f_u \tag{3-11}$$

$$\sigma = \frac{N}{A} \leqslant f \tag{3-12}$$

式中　A，A_n——构件或连接板的毛截面面积和净截面面积（mm^2）；

　　　f，f_u——钢材的抗拉或抗压强度设计值和钢材抗拉强度最小值（N/mm^2），按表 1-4 选用。

净截面面积计算方法

（二）受拉螺栓连接

1. 受拉螺栓连接的受力

螺栓所受拉力的大小与被连接板件的刚度有关，刚度大，连接板件无变形。受拉螺栓连接的破坏形式是栓杆被拉断，拉断部位多在被螺纹削弱的截面处。图 3-35 所示为螺栓 T 形连接受力示意。

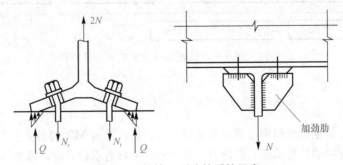

图 3-35　螺栓 T 形连接受拉示意

2. 单个普通螺栓的抗拉承载力设计值

假定拉应力在螺栓螺纹处截面上均匀分布，因此，单个螺栓的抗拉承载力设计值如下：

$$N_t^b = \frac{\pi d_e^2}{4} f_t^b = A_e f_t^b \tag{3-13}$$

式中　d_e，A_e——螺栓螺纹处有效直径和有效截面面积(mm^2)，按表 3-8 选用；

　　　f_t^b——螺栓的抗拉强度设计值(mm^2)，按表 3-7 选用。

表 3-8　螺栓螺纹处的有效截面面积

公称直径/mm	16	18	20	22	24	27	30
螺栓有效直径 d_e/mm	14.123 6	15.654 5	17.654 5	19.654 5	21.185 4	24.185 4	26.716 3
有效截面面积/mm^2	156.7	192.5	244.8	303.4	352.5	459.4	560.6

3. 普通螺栓群的受拉螺栓连接

(1)螺栓群受轴心力作用时的受拉螺栓计算。图 3-36 所示为螺栓群在轴心力下的受拉连接，可以假定每个螺栓所受拉力相等，即平均受力，则连接所需螺栓数目如下：

$$n \geqslant \frac{N}{N_t^b} \tag{3-14}$$

(2)螺栓群承受弯矩和偏心力时的设计方法，可扫码学习。

(三)拉剪螺栓连接

拉剪螺栓连接是同时承受剪力和杆轴方向拉力的普通螺栓连接。其承载力应符合下式的要求：

$$\sqrt{\left(\frac{N_v}{N_v^b}\right)^2 + \left(\frac{N_t}{N_t^b}\right)^2} \leqslant 1 \tag{3-15}$$

且

$$N_v \leqslant N_c^b \tag{3-16}$$

式中　N_v^b，N_c^b，N_t^b——单个普通螺栓的抗剪、抗拉和承压承载力设计值。

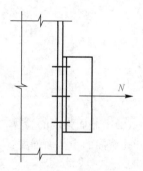

图 3-36　螺栓群承受轴心拉力

螺栓群受弯矩和偏心力的计算

工作流程

普通螺栓抗剪连接计算工作任务流程如图 3-37 所示。

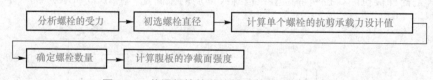

图 3-37　普通螺栓抗剪连接计算工作任务流程

工作步骤

(1)初选螺栓。根据螺栓的构造要求及受力，可以初步试选 M20 螺栓，孔径 $d_0 = 21.5$ mm。

(2)计算单个螺栓的抗剪承载力设计值。单个螺栓的抗剪承载力设计值为

$$N_v^b = n_v \frac{\pi d^2}{4} f_v^b = 1 \times \frac{\pi \times 20^2}{4} \times 140 \times 10^{-3} = 43.9(kN)$$

螺栓对次梁的承压承载力设计值为

$$N_c^b = d \sum t f_c^b = 20 \times 9.5 \times 305 \times 10^{-3} = 57.95 \text{(kN)}$$

单个螺栓的抗剪承载力设计值为

$$N_{\min}^b = \min\{N_v^b, \ N_c^b\} = 43.9 \text{(kN)}$$

(3)确定螺栓的个数。轴心受力，螺栓的个数为

$$n = \frac{R}{N_{\min}^b} = \frac{100}{43.9} = 2.3 \text{(个)}，\text{取} \ n = 3 \text{个}。$$

(4)验算腹板的净截面抗剪强度。

$$\tau = \frac{1.5R}{A_{wn}} = \frac{1.5 \times 100 \times 10^3}{9.5 \times (320 - 70 - 3 \times 21.5)} = 85.12 \text{(MPa)} < 125 \text{ MPa}，满足要求。$$

考虑次梁端部上翼缘切槽，故按近似矩形截面验算腹板的抗剪强度，考虑次梁翼缘的削弱，故 R 乘以系数 1.5。

🔹 工作结果检查

该工作任务为主次梁的腹板通过普通螺栓连接，翼缘没有连接，故为铰接节点，选择 3 个直径为 20 mm 的普通螺栓，经过验算满足要求。

任务五　高强度螺栓连接

✴ 工作任务

图 3-38 所示为某钢框架结构，主梁采用 H596×199×10×15，次梁采用 H300×150×6.5×9，次梁简支在主梁上，钢材为 Q355B，采用 8.8 级高强度螺栓摩擦型连接，表面处理方法为喷砂，请回答以下问题。

(1)摩擦型高强度螺栓和承压型高强度螺栓的区别是什么？

(2)该连接采用高强度螺栓的强度等级是什么？其含义是什么？

(3)为什么要对连接节点接触面进行喷砂处理？

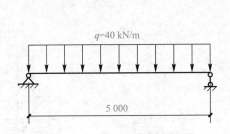
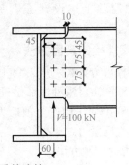

图 3-38　主次梁摩擦型高强度螺栓受剪连接

⚙ 任务思考

(1)图纸上高强度螺栓的符号和普通螺栓的符号有何区别？

(2)高强度螺栓的类型有哪些?

_____

(3)摩擦型高强度螺栓连接和承压型高强度螺栓连接的区别是什么?

_____

_____

工作准备

一、高强度螺栓连接的分类与紧固方法

1. 高强度螺栓连接的分类

(1)高强度螺栓连接副的形式。高强度螺栓从外形上可分为高强度大六角头螺栓连接副、扭剪型高强度螺栓连接副。高强度大六角头螺栓有 8.8S 和 10.9S 两种性能等级。其中,小数点前的 8,10 表示螺栓材料经热加工后的最低抗拉强度为 800 N/mm²,1 000 N/mm²;小数点后的 0.8,0.9 表示屈强比。扭剪型高强度螺栓性能等级多为 10.9S。

(2)高强度螺栓连接根据受力特性不同可分为高强度螺栓摩擦型连接和高强度螺栓承压型连接两种。

1)高强度螺栓摩擦型连接。摩擦型连接受剪高强度螺栓以摩擦阻力刚被克服、连接即将产生相对滑移作为承载能力极限状态。由于连接弹性性能好,在相对滑移前承载力高且剪切变形小、耐疲劳,所以适用于重型钢结构、承受动力荷载和需要验算疲劳的结构,其孔径有标准孔、扩大孔、长圆孔等。

2)高强度螺栓承压型连接。承压型高强度螺栓连接受剪时,允许接触面滑动并以连接达到破坏的极限状态作为承载能力设计状态。承压型高强度螺栓连接受剪时,以荷载标准值作用下,连接板件出现滑移作为正常使用极限状态,以荷载设计值作用下,连接破坏(螺栓剪切破坏或板件挤压破坏)作为其承载能力极限状态。其计算方法和构造要求与普通螺栓基本相同,可用于允许产生少量滑移的静载结构或间接承受动力荷载的构件。

这两种螺栓除上述设计准则等有所不同外,在材料、预拉力、施工要求等方面均无差别。

2. 高强度螺栓的紧固方法

高强度螺栓可分为大六角头型[图 3-39(a)]和扭剪型[图 3-39(b)]两种,都是通过拧紧螺帽,使螺杆受到拉伸作用产生预拉力,而被连接板件之间产生压紧力。

(1)预拉力的控制方法。

1)扭矩法。初拧后,使用一种能直接显示所施加扭矩大小的定扭扳手,终拧扭矩由试验测定。

2)转角法。初拧后,使用电动或风动扳手继续拧螺母 1/3～2/3 圈,终拧角度与板叠厚度和螺栓直径等有关,可测定。

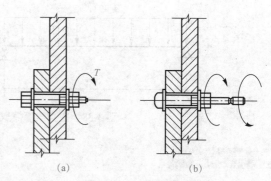

(a)   (b)

图 3-39 高强度螺栓

(a)大六角头型;(b)扭剪型

3)扭断螺栓尾部法。该方法适用于扭剪型高强度螺栓。用特制电动扳手的两个套筒分别套住螺母和螺栓尾部(正转、反转),由于螺栓尾部槽口深度按拧断和预拉力之间的关系确定,故所得预拉力值能得到保证。

(2)预拉力的确定。高强度螺栓的紧固程度主要依靠螺栓对板叠强大的法向压力,即紧固预拉力,因此控制预拉力是保证连接质量的一个关键性因素。《钢结构设计标准》(GB 50017—2017)规定的预拉力设计值 P 见表 3-9。

表 3-9 单个高强度螺栓的预拉力设计值

预拉力设计值 /kN	螺栓公称直径/mm					
	M16	M20	M22	M24	M27	M30
螺栓性能等级 为 8.8 级时	80	125	150	175	230	280
螺栓性能等级 为 10.9 级时	100	155	190	225	290	355

高强度螺栓连接的构件的接触面即摩擦面一般均需处理,以达到一定的粗糙度,摩擦面的粗糙程度用摩擦面抗滑移系数表示,摩擦面的抗滑移系数 μ 见表 3-10。

表 3-10 摩擦面的抗滑移系数 μ

在连接处构件接触面的处理方法	构件的钢号		
	Q235 钢	Q345 钢、Q390 钢	Q420 钢、Q460 钢
喷砂(抛丸)	0.40	0.40	0.40
喷硬质石英砂或铸钢棱角砂	0.45	0.45	0.45
钢丝刷清除浮锈或未经处理的干净轧制面	0.30	0.35	—
注:钢丝刷除锈方向应与受力方向垂直;两种不同钢材牌号时,应按较低强度者取值			

二、高强度螺栓连接的受力与计算

1. 摩擦型高强度螺栓连接

(1)单个摩擦型高强度螺栓抗剪承载力设计值。在受剪连接中,每个高强度螺栓的承载力设计值按下式计算:

$$N_v^b = 0.9kn_f\mu P \tag{3-17}$$

式中　N_v^b——单个高强度螺栓抗剪承载力设计值(N);

　　　k——孔型系数,标准孔取 1.0,大圆孔取 0.85,内力与槽孔长向垂直时取 0.7,内力与槽孔长向平行时取 0.6;

　　　n_f——传力摩擦面数目,单剪时,$n_f=1$,双剪时,$n_f=2$;

　　　P——单个高强度螺栓的预拉力设计值(N),按表 3-9 采用;

　　　μ——摩擦面的抗滑移系数,按表 3-10 采用。

(2)单个摩擦型高强度螺栓抗拉承载力设计值。高强度螺栓摩擦型连接的受力特点是依靠预拉力使被连接件压紧传力,当连接件沿杆轴方向承受拉力,外拉力 N_t 过大时,螺栓将发生松弛现象，为了避免螺栓松弛并保留一定的预留量，在螺栓杆轴方向受拉的连接中，每个高强度螺栓抗拉承载力设计值应按下式计算：

$$N_t^b = 0.8P \tag{3-18}$$

式中　N_t^b——单个高强度螺栓抗拉承载力设计值(kN)；

　　　P——单个高强度螺栓预拉力设计值(kN)，按表3-9采用。

2. 承压型高强度螺栓连接

承压型高强度螺栓的预拉力和摩擦型相同，但对连接处构件接触面处理只需清除油污与浮锈即可，不必进一步处理。承压型连接受剪在后期的受力特性，即产生滑移后由栓杆受剪和孔壁承压直至破坏达到承载能力极限状态，均与普通螺栓连接相同。承压型连接的受拉高强度螺栓的受力和普通螺栓连接的受力也相同。

🏛 **工作流程**

次梁简支在主梁上，次梁支点在主梁的中心线上，连接采用摩擦型高强度螺栓。按照任务要求分别完成。

🏛 **工作步骤**

(1)摩擦型高强度螺栓和承压型高强度螺栓的区别。

摩擦型受剪高强度螺栓以摩擦阻力刚被克服、连接即将产生相对滑移作为承载能力极限状态。承压型高强度螺栓受剪时，允许接触面滑动并以连接达到破坏的极限状态作为承载能力设计状态。

(2)该连接采用高强度螺栓的强度等级是什么？其含义是什么？

该连接采用高强度螺栓的强度等级为8.8S，其中小数点前的8表示螺栓栓杆的最低抗拉强度为800 N/mm²；小数点后的0.8表示屈强比。

(3)为什么要对连接节点接触面进行喷砂处理？

提高接触面的粗糙程度，增大接触面的抗滑移系数，提高螺栓的抗剪承载力设计值。

🏛 **工作结果检查**

根据学生对工作任务完成正确性进行检查。

素质拓展

螺丝钉精神——"榜样之光照亮前路，雷锋精神鼓励人心。"

1960年1月12日，雷锋在日记中写到螺丝钉虽然小，若缺了它机器就无法运转；一枚小螺丝钉没拧紧，一个小齿轮略有破损，机器就无法运转。1962年4月7日，雷锋再次提到一个人的作用对于革命事业来说，就如一架机器上的一颗螺丝钉，螺丝钉虽小，但其作用是不可估量的。在伟大的革命事业中，雷锋把自己当作一颗永不生锈的螺丝钉，拧在哪里，就在那里闪闪发光。

钢结构连接用的螺栓，在整个结构中虽然看起来渺小、平凡，但螺栓连接是否安全可靠关系到结构本身的安全性，特别是梁柱节点的高强度螺栓连接，一旦破坏将影响整个结构的安全，因此连接用的螺栓必须严格按照国家规范要求进行紧固。同样，在工作中无论身处哪个平凡的岗位，我们都应认真负责、一丝不苟，做一颗永不生锈的螺丝钉，保持韧劲、锲而不舍，把工作做到极致。

"在新时代新征程，我们要不断发扬雷锋精神，在中国现代化建设中，甘当螺丝钉，甘当孺子牛。"

技能提升

拓展资源：螺栓连接
常见的缺陷

学生工作任务单

项目四　钢结构构件

知识目标

1. 掌握受弯构件和轴心受力构件的受力特征。
2. 掌握受弯构件和轴心受力构件的强度、刚度和稳定性验算。
3. 掌握受弯构件和轴心受力构件加劲肋设置要求。

能力目标

1. 能够进行受弯构件强度、刚度和稳定性验算。
2. 能够进行轴心受力构件强度、刚度和稳定性验算。

素质目标

1. 针对钢构件的设计验算培养学生严谨认真、一丝不苟的精神。
2. 严格遵守钢结构设计标准，养成遵守国家规范标准的意识。

学习重点

1. 受弯构件和轴心受力构件的受力特征。
2. 受弯构件和轴心受力构件的稳定性验算。
3. 受弯构件和轴心受力构件的加劲肋设置。

学习难点

1. 受弯构件的稳定性验算。
2. 轴心受力构件的稳定性验算。

任务一　受弯构件(梁)

工作任务

钢结构设计的目的是充分满足各种预定功能的要求，并做到技术先进、经济合理、安全可靠。因此，钢梁的设计应严格遵循《钢结构设计标准》(GB 50017—2017)的相关规定，确保梁安全可靠。

　　某框架结构次梁为图 4-1 所示的简支梁，使用 Q355 钢，密铺板牢固连接于梁上翼缘，承受均布恒荷载标准值为 20 kN/m(已包括自重)，均布活荷载标准值为 30 kN/m。要求验算该简支梁的强度、刚度、稳定性是否满足要求。

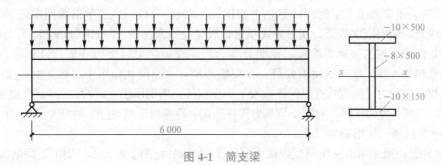

图 4-1　简支梁

任务思考

(1)钢梁承受哪些荷载，其内力有哪些?

_____

(2)当梁的抗弯强度和抗剪强度不足时，应采取什么措施?

_____

(3)钢梁满足承载能力极限状态需要计算哪些指标?

_____

(4)钢梁满足正常使用极限状态需要计算哪些指标?

_____

(5)梁在什么情况下设加劲肋? 设何种加劲肋?

_____

工作准备

一、受弯构件(梁)的种类及应用

(一)受弯构件(梁)的种类

　　受弯构件是指主要承受横向荷载作用的构件，即只受弯矩作用或承受弯矩和剪力共同作用的构件，俗称梁。

　　(1)梁按照使用功能，可分为楼盖梁、平台梁、吊车梁、屋面檩条、墙面檩条(墙梁)等。

　　(2)梁按照支撑情况，可分为简支梁、连续梁、悬臂梁、框架梁等。简支梁耗钢量较高，但是制作、安装简单，支座沉降和温度变化不产生附加内力，应用广泛。

(3)梁按照荷载作用的情况，可分为只在一个主平面内受弯的单向受弯构件和在两个主平面内同时受弯的双向受弯构件。

(二)梁的截面形式和应用

梁的截面形式有型钢梁和组合梁两类。

(1)型钢梁通常采用工字钢、H型钢、槽钢[图4-2(a)～(c)]。工字钢截面窄而高，材料较集中于翼缘处，侧向刚度较低，相对来说稳定性较差；窄翼缘的H型钢(HN型)截面虽然也窄而高，但截面翼缘较工字钢翼缘宽，截面分布合理，较适合梁的受力需要，且翼缘内外平行，方便与其他构件连接；槽钢截面因其剪心在腹板外侧，故当荷载作用于翼缘上时，梁不仅受弯还同时受扭，应用时应注意构造上保证截面不产生扭转；槽钢用于双向弯曲的构件(檩条、墙梁)比较理想，因其一侧为平面，故便于与其他构件连接。冷弯薄壁型钢[图4-2(d)～(f)]作为檩条和墙架横梁比较经济，应用非常广泛。

(2)组合梁一般采用由三块钢板焊接而成的工字形截面[图4-2(g)]，或由T型钢(H型钢剖分而成)中间加板的焊接截面[图4-2(h)]。当焊接组合梁翼缘需要很厚时，可采用两层翼缘板的截面[图4-2(i)]。受动力荷载的梁如钢材质量不能满足焊接结构的要求，可采用高强度螺栓或铆钉连接而成的工字型截面[图4-2(j)]。当荷载或跨度很大而高度受到限制或抗扭要求较高时，可采用箱形截面[图4-2(k)]。

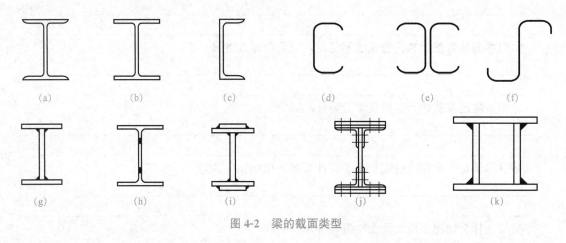

图4-2 梁的截面类型

总体而言，型钢梁加工简单，造价相对较低，宜优先选用；当荷载或跨度较大时，则采用组合梁。

二、梁的强度和刚度

梁的设计应考虑两种极限状态：对承载能力极限状态，需做强度和稳定的计算，对重级工作制吊车梁还需进行疲劳计算；对正常使用极限状态，需做刚度(挠度)计算。

(一)梁的强度

梁的强度主要包括抗弯强度、抗剪强度、局部承压强度、在复杂应力作用下的强度。

1. 梁的抗弯强度

梁在弯矩作用下，当弯矩M_x由零逐渐增加时，截面上的弯曲正应力发展可分为三个阶段(图4-3)。

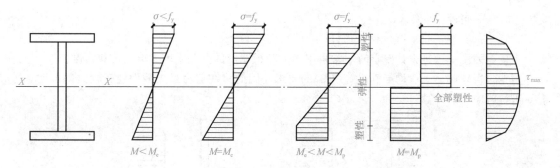

图 4-3 钢梁受弯时各阶段正应力的分布情况

(1)弹性工作阶段。当作用于梁上的弯矩 M_x 较小,即截面边缘纤维应力 $\sigma < f_y$ 时,梁截面正应力为三角形分布(图 4-3),梁处于弹性工作阶段。当 $\sigma = f_y$ 时为梁的弹性工作阶段的极限状态。

(2)弹塑性工作阶段。当弯矩 M_x 继续增加时,截面边缘部分应力达到钢材的屈服点,即进入塑性,但中间部分仍处于弹性工作阶段状态。

(3)塑性工作阶段。当弯矩 M_x 再继续增加时,梁截面的塑性区发展至全截面,形成塑性铰,梁产生相对转动,变形量增大,梁的承载能力达到极限。

因此,计算梁的抗弯强度时既要考虑具有一定的经济效益,也要考虑梁的截面塑性过分发展导致梁的挠度过大,而且可能对梁的稳定等不利。因此,《钢结构设计标准》(GB 50017—2017)规定,用定值的截面塑性发展系数 γ 进行控制,使截面塑性发展深度不致过大,即只考虑部分截面发展塑性。梁的抗弯强度按下列规定计算。

单向受弯时,在弯矩 M_x 作用下:

$$\frac{M_x}{\gamma_x W_{nx}} \leqslant f \tag{4-1}$$

双向受弯时,在弯矩 M_x 和 M_y 作用下:

$$\frac{M_x}{\gamma_x W_{nx}} + \frac{M_y}{\gamma_y W_{ny}} \leqslant f \tag{4-2}$$

式中 M_x,M_y——绕 x 轴和 y 轴的弯矩(N·mm)(对工字形和 H 形截面,x 轴为强轴,y 轴为弱轴);

W_{nx},W_{ny}——梁对 x 轴和 y 轴的净截面模量(mm³);

γ_x,γ_y——对主轴 x,y 的截面塑性发展系数,可扫码查询;

f——钢材的抗弯强度设计值(表 1-4)。

截面塑性发展系数 γ_x、γ_y

当梁的抗弯强度不够时,可增大梁截面尺寸,但以增加梁高最为有效。

2. 梁的抗剪强度

在一般情况下,梁既承受弯矩,又承受剪力。工字形和槽形截面梁腹板上的剪应力分布如图 4-4 所示,截面上的最大剪应力发生在腹板中和轴处。因此,在主平面受弯的实腹构件,其抗剪强度应按下式计算:

$$\tau_{\max} = \frac{V \cdot S}{I \cdot t_w} \leqslant f_v \tag{4-3}$$

式中 V——计算截面沿腹板平面作用的剪力设计值(N);

S——中和轴以上毛截面对中和轴的面积矩(mm³);

I——毛截面惯性矩(mm⁴);

t_w——腹板厚度(mm);

f_v——钢材的抗剪强度设计值(N/mm²)(表1-4)。

当抗剪强度不满足设计要求时,常采用加大腹板厚度的办法来增大梁的抗剪强度。

型钢腹板较厚,一般均能满足式(4-3)的要求,因此只在剪力最大截面处有较大削弱时,才需要进行剪应力的计算。

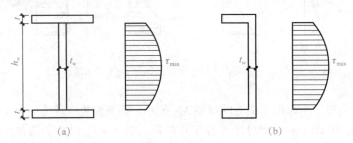

图4-4 腹板剪应力

3. 梁的局部承压强度

当梁上翼缘受有沿腹板平面作用的集中荷载(包括支座反力)且该荷载处又未设置支承加劲肋时,或受有移动的集中荷载(如起重机的轮压)时,应验算腹板计算高度边缘的局部承压强度。

梁的局部承压强度可按下式计算:

$$\sigma_c = \frac{\psi F}{t_w l_z} \leqslant f \tag{4-4}$$

式中 F——集中荷载(N),对动力荷载应考虑动力系数;

ψ——集中荷载增大系数:对重级工作制吊车轮压 $\psi=1.35$,对其他荷载 $\psi=1.0$;

l_z——集中荷载在腹板计算高度边缘的假定分布长度(mm)。

梁局部承压强度的详细计算可扫码学习。

梁局部承压
强度计算

当计算不能满足时,在固定集中荷载处(包括支座处),应对腹板用支承加劲肋予以加强(图4-5);对移动集中荷载,则只能修改梁截面,加大腹板厚度。

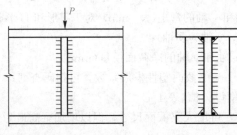

图4-5 腹板的加强

4. 梁在复杂应力作用下的强度

在梁(主要是组合梁)的腹板计算高度边缘处,当同时受到较大的正应力、剪应力和局部压应力时,或同时受到较大的正应力和剪应力时(如连续梁的支座处或梁的翼缘截面改变处等),应按下式验算该处的折算应力:

$$\sqrt{\sigma^2 + \sigma_c^2 - \sigma \cdot \sigma_c + 3\tau^2} \leqslant \beta_1 f \tag{4-5}$$

式中 σ, τ, σ_c——腹板计算高度边缘同一点上的弯曲正应力、剪应力和局部压应力(N/mm²),σ 按下式计算:

$$\sigma = \frac{M}{I_n} y_1 \tag{4-6}$$

式中　I_n——净截面惯性矩（mm^4）；

　　　y_1——计算点至中和轴的距离（mm）；

　　　β_1——折算应力的强度设计值增大系数，当 σ、σ_c 异号时取 $\beta_1 = 1.2$，当 σ，σ_c 同号或 $\sigma_c = 0$ 时取 $\beta_1 = 1.1$。

(二)梁的刚度

梁还需要满足正常使用极限状态，即梁应具有一定的刚度，以保证正常使用和观感。梁的刚度可用荷载作用下的挠度来衡量，梁刚度不足会使梁挠度过大，给人不安全或不舒服的感觉，同时，梁挠度过大会使附着物（如顶棚抹灰）脱落。吊车梁挠度过大，轨道将随之变形，可能影响起重机的正常运转和引起过大的振动。梁挠度的验算条件如下：

$$\upsilon \leqslant [\upsilon] \text{或} \frac{\upsilon}{l} \leqslant \frac{[\upsilon]}{l} \tag{4-7}$$

式中　υ——梁的最大挠度，按荷载标准值计算；

　　　$[\upsilon]$——受弯构件挠度容许值，可扫码查询。

受弯构件挠
度容许值

三、梁的稳定性

(一)梁整体稳定性的概念

为了提高梁的抗弯强度，有效地利用材料，梁一般做成高而窄且壁厚较薄的开口截面，此时梁的抗扭和侧向抗弯能力较差。当在最大刚度平面内受弯时，若弯矩较小，则梁仅在弯矩作用平面内弯曲，无侧向位移。即使此时外界有偶然的侧向力干扰，产生一定的侧向位移和扭转，但当干扰力消失后，梁仍能恢复原来的稳定平衡状态，这种现象称为梁的整体稳定性。然而，当弯矩逐渐增加使梁受压翼缘的最大弯曲应力达到某一数值时，此时梁在偶然的、很小的侧向干扰力作用下会突然向刚度较小的侧向弯曲，并伴随扭转。此时若除去侧向干扰力，侧向弯扭变形也不再消失。若弯矩再略增加，则扭转变形将迅速增大，梁也随之失去承载能力，这种现象称为梁丧失整体稳定性（图 4-6）。可见梁的失稳是从稳定的平衡状态转变为不稳定的平衡状态，并产生侧向扭转屈曲。

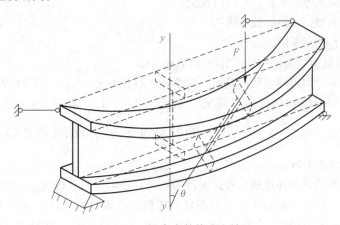

图 4-6　梁丧失整体稳定性

如前所述，梁的整体失稳是突然发生的，且发生在强度未充分发挥之前，事先没有明显的征兆，故在设计和施工时要特别注意保证梁的整体稳定性。

(二)梁整体稳定性的计算方法

1. 梁整体稳定性的保证

当铺板密铺在梁的受压翼缘上并与其牢固相连，能阻止梁受压翼缘侧向位移时，可不计算梁的整体稳定性。

箱形截面简支梁，当其截面尺寸(图 4-7)满足 $h/b_0 \leqslant 6$，且 $l_1/b_0 \leqslant 95\varepsilon_k^2$ 时(l_1 为受压翼缘侧向支撑点间的距离)，可不计算梁整体稳定性。

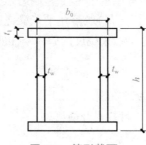

图 4-7　箱形截面

2. 梁整体稳定性的计算

当不满足上述条件时，在最大刚度主平面内的受弯构件，梁整体稳定性按下式计算：

$$\frac{M_x}{\varphi_b W_x} \leqslant f \tag{4-8}$$

式中　M_x——绕强轴作用的最大弯矩设计值(N·mm)；

　　　W_x——按受压最大纤维确定的梁毛截面模量(mm³)；

　　　φ_b——梁的整体稳定系数。

此处介绍焊接工字形等截面简支梁整体稳定系数的计算公式。

$$\varphi_b = \beta_b \frac{4\,320}{\lambda_y^2} \cdot \frac{Ah}{W_x} \left[\sqrt{1 + \left(\frac{\lambda_y t_1}{4.4h}\right)^2} + \eta_b \right] \varepsilon_k^2 \tag{4-9}$$

式中　β_b——等效临界弯矩系数，可扫码查询；

　　　λ_y——梁对弱轴(y 轴)的长细比；

　　　A——梁的毛截面面积(mm²)；

　　　h，t_1——梁截面的高度和受压翼缘厚度(mm)；

工字形截面简
支梁等效临界
弯矩系数 β_b

　　　η_b——截面不对称影响系数，其中，双轴对称截面的 $\eta_b = 0$，单轴对称工字形截面的加强受压翼缘 $\eta_b = 0.8 \times (2a_b - 1)$，加强受拉翼缘

　　　　$\eta_b = 2a_b - 1$，$a_b = \dfrac{I_1}{I_1 + I_2}$，$I_1$ 和 I_2 分别为受压翼缘和受拉翼缘对 y 轴的惯性矩；

　　　ε_k——钢号修正系数，$\varepsilon_k = \sqrt{235/f_y}$。

上述整体稳定系数是按弹性稳定理论求得的。研究证明，当求得的 φ_b 大于 0.6 时，梁已进入非弹性工作阶段，整体稳定临界应力有明显的降低，必须对 φ_b 进行修正。根据《钢结构设计标准》(GB 50017—2017)的规定，当 $\varphi_b > 0.6$ 时，应用下式求得的 φ_b' 代替 φ_b 进行梁的整体稳定性计算，φ_b' 可按下式计算：

$$\varphi_b' = 1.07 - 0.282/\varphi_b \leqslant 1.0 \tag{4-10}$$

由上式可以看出，影响受弯构件整体稳定性的因素主要有荷载类型和沿梁跨分布的情况；荷载作用点在截面上的位置；梁的截面形式和其尺寸比例；梁受压翼缘与侧向支撑点间的距离；端部支承条件；初始变形、加载偏心和残余应力等初始缺陷；钢材强度。

(三)梁的局部稳定

组合梁一般由翼缘和腹板等板件组成。如果将这些板件不适当地减薄加宽，板中压应力或剪应力达到某一数值后，腹板或受压翼缘有可能偏离其平面位置，出现波形鼓曲，这种现象称为梁局部失稳(图4-8)。

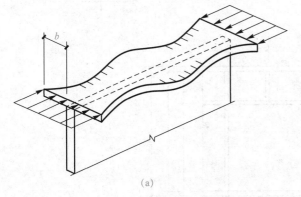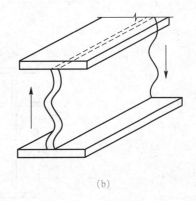

图4-8　梁局部失稳

(a)翼缘；(b)腹板

梁的翼缘或腹板出现局部失稳时，虽然不会使梁立即失去承载能力，但是板的局部屈曲部分退出工作后，将使梁的刚度减小，强度和整体稳定性降低。

热轧型钢由于轧制条件，其板件宽厚比较小，都能满足局部稳定要求，不需要计算。

1. 焊接截面梁受压翼缘的局部稳定

在实际工程中，一般采用限制宽厚比的办法保证梁受压翼缘板的稳定性。工字形截面梁，其受压翼缘自由外伸宽度 b 与其厚度 t 之比应符合表4-1的规定。

表4-1　受弯构件的截面板件宽厚板比等级及限值

构件	截面板件宽厚比等级		S1 级	S2 级	S3 级	S4 级	S5 级
受弯构件 (梁)	工字形截面	翼缘 b/t	$9\varepsilon_k$	$11\varepsilon_k$	$13\varepsilon_k$	$15\varepsilon_k$	20
		腹板 h_0/t_w	$65\varepsilon_k$	$72\varepsilon_k$	$93\varepsilon_k$	$124\varepsilon_k$	250
	箱形截面	壁板(腹板)间翼缘 b_0/t	$25\varepsilon_k$	$32\varepsilon_k$	$37\varepsilon_k$	$42\varepsilon_k$	—
注：ε_k——为钢号修正系数，$\varepsilon_k = \sqrt{235/f_y}$							

2. 焊接截面梁腹板的局部稳定

在工程中，为了提高梁的承载力，往往增大梁高；而腹板厚度一般又较薄，同时腹板一般承受正应力、剪应力、局部压应力的共同作用，且在各区域的分部和大小不尽相同，腹板的面积又较大，如果采用高厚比限值，则在腹板高度一定的情况下，增加腹板的厚度显然是不经济的。若在腹板上设置一些横向的或纵向的加劲肋，即将腹板分割成若干小尺寸的矩形区格，这样，各区格的四周由翼缘和加劲肋构成支承，就能有效地提高腹板的临界应力，从而使腹板的局部稳定得到保证。腹板加劲肋的设置如图4-9所示。

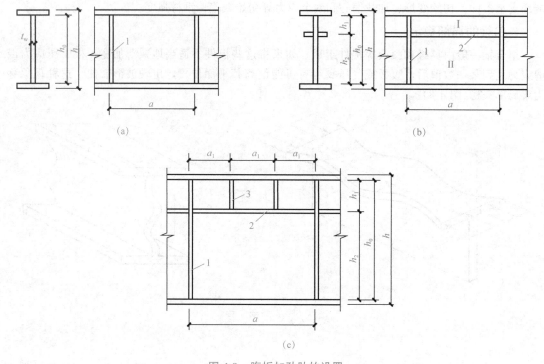

图 4-9　腹板加劲肋的设置
1—横向加劲肋；2—纵向加劲肋；3—短加劲肋

　　横向加劲肋能提高腹板的剪切临界应力，并作为纵向加劲肋的支承；纵向加劲肋对提高腹板的弯曲临界应力特别有效，设置时应靠近受压翼缘；短加劲肋常用于局部压应力较大的情况。

　　焊接截面梁腹板配置加劲肋应符合以下规定。

　　(1)当 $h_0/t_w \leqslant 80\varepsilon_k$ 时，对有局部压应力的梁，宜按构造配置横向加劲肋，但对 $\sigma_c = 0$ 的梁，可不配置加劲肋。

　　(2)当 $h_0/t_w > 80\varepsilon_k$ 时，应按计算配置横向加劲肋。

　　(3)当 $h_0/t_w > 170\varepsilon_k$(受压翼缘扭转受到约束，如连有刚性铺板、制动板或焊有钢轨时)或 $h_0/t_w > 150\varepsilon_k$(受压翼缘扭转未受到约束时)或按计算需要时，应在弯矩较大区格的受压区增加配置纵向加劲肋。局部压应力很大的梁宜在受压区配置短加劲肋。但在任何情况下，h_0/t_w 均不应超过250。

　　(4)梁的支座处和上翼缘受有较大固定集中荷载处宜设置支承加劲肋。

3. 加劲肋的构造和截面尺寸

　　加劲肋按其作用可分为两种：一种是将腹板分隔成几个区格，以提高腹板的局部稳定性，称为间隔加劲肋；另一种是除上述的作用外，还有传递固定集中荷载或支座反力的作用，称为支承加劲肋。

　　加劲肋宜在腹板两侧成对配置，也可单侧配置，但支承加劲肋和重级工作值吊车梁的加劲肋不应单侧配置。加劲肋可采用钢板或型钢。加劲肋的设置应符合表4-2的规定。

表 4-2　加劲肋的设置

加劲肋名称	加劲肋设置间距
横向加劲肋的间距 a	$0.5h_0 \leqslant a \leqslant 2h_0$（对 $\sigma_c = 0$ 的梁，$h_0/t_w \leqslant 100$ 时，可采用 $2.5h_0$）
纵向加劲肋至腹板计算高度受压边缘的距离 h_1	$h_c/2.5 \leqslant h_1 \leqslant h_c/2$（$h_c$ 梁腹板弯曲受压区的高度）

在腹板两侧对称布置的钢板横向加劲肋的截面尺寸应符合表 4-3 的规定。

表 4-3　横向加劲肋的截面尺寸

外伸宽度		$b_s \geqslant \dfrac{h_0}{30} + 40(\text{mm})$
厚度	承压加劲肋	$t_s \geqslant \dfrac{b_s}{15}(\text{mm})$
	不受力加劲肋	$t_s \geqslant \dfrac{b_s}{19}(\text{mm})$

工作流程

钢结构受弯构件根据其受力特征，一般按图 4-10 所示的流程分析计算。

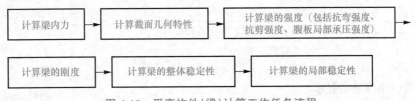

图 4-10　受弯构件(梁)计算工作任务流程

工作步骤

(1)计算梁的内力。

钢材的弹性模量：$E = 206 \times 10^3 \text{ N/mm}^2$。

简支梁最大弯矩是发生在跨中，因此应计算跨中截面受拉或受压边缘纤维处的强度。

承载能力极限状态下钢梁上的荷载效应组合：

$$q = 1.3 \times 20 + 1.5 \times 30 = 71(\text{kN/mm}^2)$$

梁的跨中最大弯矩为

$$M = \frac{1}{8}ql^2 = \frac{1}{8} \times 71 \times 6^2 = 319.5(\text{kN} \cdot \text{m})$$

梁支座截面处的剪力设计值为

$$V_{\max} = \frac{1}{2}ql = \frac{1}{2} \times 71 \times 6 = 213(\text{N})$$

(2)计算截面的几何特性。

对强轴 x 轴的惯性矩：

$$I_x = 2 \times \frac{1}{12} \times 15 \times 1.0^3 + 2 \times 15 \times 1.0 \times 25.5^2 + \frac{1}{12} \times 0.8 \times 50^3 = 27\,843(\text{cm}^4)$$

对强轴 x 轴的截面抵抗矩：

$$W_x = \frac{2.0 \times I_x}{h} = \frac{2 \times 27\ 843}{26} = 2\ 142 (\text{cm}^3)$$

梁支座截面中性轴以上（或以下）毛截面对中和轴的面积矩：

$$S_x = 1.0 \times 15 \times 25.5 + 0.8 \times 25 \times 12.5 = 632.5 (\text{mm}^3)$$

（3）计算梁的强度。

1）梁的抗弯强度。

$$\sigma_{\max} = \frac{M}{\gamma_x W_{nx}} = \frac{319.5 \times 10^6}{1.05 \times 2\ 142 \times 10^3} = 142.06 (\text{N/mm}^2) < 310\ \text{N/mm}^2$$

因此，梁的抗弯强度满足要求。

2）梁支座截面的抗剪强度计算。梁支座截面中性轴处剪应力：

$$\tau_{\max} = \frac{V_{\max} S_x}{I_x t_w} = \frac{213 \times 10^3 \times 632.5 \times 10^3}{27\ 843 \times 10^4 \times 8} = 60.48 (\text{N/mm}^2) < f_v = 180\ \text{N/mm}^2$$

因此，梁的抗剪强度满足要求。

3）腹板局部承压强度。由于在支座反力作用处设置了支承加劲肋，所以不必验算腹板局部承压强度。

（4）计算梁的刚度。

正常使用极限状态下钢梁上的荷载效应组合：

$$q_k = 20 + 30 = 50 (\text{kN/m})$$

梁跨中的最大挠度：

$$\upsilon_T = \frac{5}{384} \cdot \frac{q_k l^4}{EI_x} = \frac{5 \times 50 \times 6\ 000^4}{384 \times 206 \times 10^3 \times 27\ 843 \times 10^4} = 14.7 (\text{mm}) < [\upsilon_T] = \frac{l}{250} = 24\ \text{mm}$$

$$\upsilon_Q = \frac{5}{384} \cdot \frac{q_k l^4}{EI_x} = \frac{5 \times 30 \times 6\ 000^4}{384 \times 206 \times 10^3 \times 27\ 843 \times 10^4} = 8.8 (\text{mm}) < [\upsilon_Q] = \frac{l}{300} = 20\ \text{mm}$$

因此，梁的刚度满足要求。

（5）计算梁的整体稳定性。由于密铺板牢固连接于梁上翼缘，所以不需要验算钢梁的整体稳定性。

（6）计算梁的局部稳定性。一般框架结构截面宽厚比等级为 S3 级。

翼缘的宽厚比为

$$\frac{b}{t} = \frac{(150 - 8) \div 2}{10} = 7.1 < 13\sqrt{\frac{235}{355}} = 10.577$$

腹板的高厚比为

$$\frac{h_0}{t_w} = \frac{500}{8} = 62.5 < 93\sqrt{\frac{235}{355}} = 75.66$$

因此，梁的局部稳定性满足要求。

🔺 工作结果检查

通过以上分析，梁的抗弯强度、抗剪强度、局部承压强度、刚度和稳定性均满足要求。

任务二　轴心受力构件

工作任务

某工业厂房柱截面如图 4-11 所示，钢材采用 Q235 钢，厂房的跨度为 15 m，柱距为 6 m，长度为 72 m，柱近似按轴心受压柱考虑，轴心压力设计值 $N = 850$ kN，$l_{0x} = 500$ cm，$l_{0y} = 250$ cm，钢柱采用焊接工字形截面，翼缘板为轧制边，且截面无孔眼削弱，试验算此轴心受压柱是否满足要求。

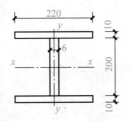

图 4-11　某工业厂房柱截面

任务思考

(1)实腹式轴心受力钢柱满足承载能力极限状态需要计算哪些指标？

_____

_____

(2)实腹式轴心受力钢柱满足正常使用极限状态需要计算哪些指标？

_____

_____

工作准备

一、轴心受力构件的应用及截面形式

(一)轴心受力构件的应用

轴心受力构件是指只承受通过构件截面形心的轴向力作用的构件，可分为轴心受拉构件和轴心受压构件。若构件在轴心受拉或受压的同时，还承受横向力产生的弯矩或端弯矩的作用，则称为拉弯或压弯构件。偏心受拉或偏心受压构件也是拉弯构件或压弯构件。

在钢结构中，轴心受力构件多应用于桁架、屋架、塔架、网架等(图 4-12)，这些结构由杆件组成，一般都将节点假设为铰接，若荷载作用在节点上，则所有杆件均可作为轴心受拉构件或轴心受压构件。

轴心受压构件经常用作工业建筑的工作平台柱，由柱头、柱身和柱脚三部分组成(图 4-13)。柱头支撑上部结构并将上部结构传来的荷载传递给柱身；柱脚将压力传递给基础，并与基础形成一个统一的整体来共同支撑上部结构。

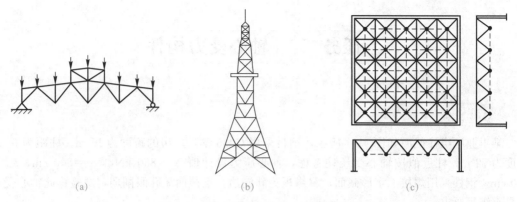

图 4-12　轴心受力构件在工程中的应用

(a)桁架；(b)塔架；(c)网架

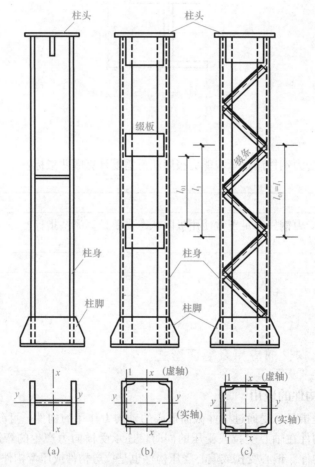

图 4-13　柱的组成

(a)型钢柱；(b)缀板柱；(c)缀条柱

(二)轴心受力构件的截面形式

轴心受力构件的截面形式很多，按其生产制作情况可分为型钢截面和组合截面两种。其中，组合截面又可分为实腹式组合截面和格构式组合截面(图 4-14)。

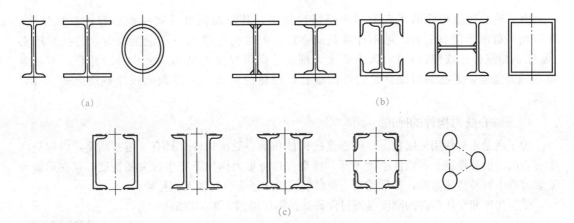

图 4-14 柱的组成
(a)型钢截面；(b)实腹式组合截面；(c)格构式组合截面

　　型钢截面由于制作简单，省时省工，可有效地节约制作成本，所以在受力较小的轴心受力构件中应用较多。

　　实腹式组合截面和格构式组合截面的形状与几何尺寸几乎不受限制，可根据受力性质和力的大小选用合适的截面，使构件截面有较大的回转半径，从而增大截面的惯性矩，提高构件刚度，节约钢材，但组合截面制作费工，在荷载较大或构件较高时广泛使用。

二、轴心受力构件的强度和刚度

　　与受弯构件一样，轴心受力构件也需要满足承载能力与正常使用两种极限状态的要求。对承载能力极限状态，轴心受拉构件只有强度问题，而轴心受压构件则同时具有强度和稳定的问题。对正常使用极限状态，轴心受拉构件和轴心受压构件都要具有一定的刚度。

(一)轴心受力构件的强度

　　轴心受力构件，当端部连接及中部拼接处组成截面的各板件都有连接件直接传力时，其截面强度按下列公式计算。

毛截面屈服：

$$\sigma = \frac{N}{A} \leqslant f \qquad (4-11)$$

净截面断裂：

$$\sigma = \frac{N}{A_n} \leqslant 0.7f_u \qquad (4-12)$$

式中　N——所计算截面处的轴心拉力设计值(N)；

　　　A——构件的毛截面面积(mm^2)；

　　　f——钢材的抗拉强度设计值(N/mm^2)(表1-4)；

　　　A_n——构件的净截面面积，当构件的多个截面有孔时，取最不利的截面(mm^2)；

　　　f_u——钢材的抗拉强度最小值(N/mm^2)(表1-4)。

　　高强度螺栓摩擦型连接处的构件，其毛截面强度按式(4-11)计算，净截面断裂按下式计算：

$$\sigma = \left(1 - 0.5\frac{n_1}{n}\right)\frac{N}{A_n} \leqslant 0.7f_u \qquad (4-13)$$

由于轴心受压构件的承载力多由稳定性控制，其截面强度计算一般不起控制性作用，所以构件截面若没有削弱，可不计算截面强度。但当构件截面有孔洞削弱时，若孔洞压实（实孔，如螺栓孔或铆钉孔），认为截面无削弱，则可仅按毛截面公式(4-11)计算，不必验算净截面强度；若孔洞为没有紧固件的虚孔，则还应对孔心所在截面按净截面公式(4-13)计算。

(二)轴心受力构件的刚度

为了满足正常使用极限状态，轴心受拉构件和轴心受压构件应具有一定的刚度，以避免产生过大的变形和振动。若构件刚度不足，则会在自身重力作用下产生过大的挠度，且在运输和安装过程中容易造成弯曲，在承受动力荷载的结构中还会引起较大的晃动。

受拉构件和受压构件的刚度是通过保证其长细比限值 λ 来实现的。

$$\lambda = \frac{l_0}{i} \leqslant [\lambda] \tag{4-14}$$

受拉、受压构件
的容许长细比

式中　λ——构件最不利方向的计算长细比，一般为两主轴方向长细比的较大值；

l_0——构件相应方向的构件计算长度(mm)；

i——构件截面相应方向的回转半径(mm)；

$[\lambda]$——受拉构件或受压构件的容许长细比，可扫码查看。

三、轴心受压构件的稳定性

(一)轴心受压构件稳定性的概念

稳定问题是钢结构最突出的问题。在实际工程中，工程技术人员往往注重于强度概念，而稳定的概念往往容易被忽略，导致强度重视偏重于稳定，在大量钢结构失稳事故中付出了血的代价，受到了严重的教训。因此，在工程中要尤为关注钢结构的稳定性。

当轴心受压构件的长细比较大而截面又没有较大削弱时，在一般情况下强度不起控制作用，不必进行强度计算，而整体稳定性则成为确定构件截面的控制因素。

(二)轴心受压构件的整体稳定性验算

1. 理想轴心受压构件的屈曲形式

理想轴心受力构件的截面为等截面理想直杆；压力作用线与杆件形心线重合；材质均匀、各向同性且无限弹性，符合胡克定律。理想轴心受压构件可能以三种屈曲形式丧失稳定(图4-15)，哪种杆件会产生哪种形式的屈曲与杆件截面的形式和尺寸、杆件的长度及杆件端部的支撑情况有关。

(1)弯曲失稳——只发生弯曲变形，截面只绕一个主轴旋转，杆纵轴由直线变为曲线，是双轴对称截面常见的失稳形式。

(2)扭转失稳——失稳时除杆件的支撑端外，各截面均绕纵轴扭转，是某些双轴对称截面(如薄壁十字线截面)可能发生的失稳形式。

视频：实腹式
理想轴心受压
构件的屈曲

(3)弯扭失稳——单轴对称截面绕对称轴屈曲时，截面形心和剪心不重合，杆件绕截面对称轴弯曲的同时必然伴随着扭转变形，产生弯扭屈曲，但若绕截面的非对称轴屈曲，则仍为弯曲屈曲。

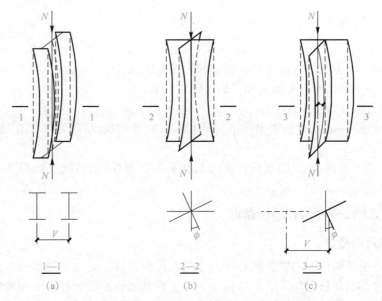

图 4-15　三种不同形式的屈曲

(a)弯曲屈曲；(b)扭转屈曲；(c)弯扭屈曲

2. 实际轴心受压构件的稳定承载力

在实际工作中，理想的轴心受压构件是不存在的，实际工程中的构件不可避免地存在初弯曲、荷载初偏心和残余应力等初始缺陷。这样，在压力作用下，杆件的侧向挠度从开始加载就会不断地增加。因此，杆件除受轴向力外，实际上还存在因杆件挠曲而产生的弯矩，从而降低了构件的稳定承载力。

考虑上述情况，《钢结构设计标准》(GB 50017—2017)取具有一定初弯曲和残余应力的杆件，用弹塑性分析的方法来计算稳定承载力，得出轴心受压构件的稳定承载力计算公式为

$$\frac{N}{\varphi A} \leqslant f \tag{4-15}$$

式中　N——轴心受压构件的压力设计值(N)；

　　　φ——轴心受压构件的稳定系数(取截面两主轴稳定系数中的较小值)；

　　　f——钢材的抗压强度设计值(N/mm^2)(表 1-4)。

轴心受压构件稳定极限承载力受多种因素的影响，研究发现不同截面、不同尺寸、不同加工条件的截面形式，其构件的稳定性是不同的，构件的长细比和所采用的钢种不同，构件的稳定性也是不同的，因此，构件的稳定性主要与截面类型、构件长细比 λ、所用钢种有关。确定稳定系数 φ 的具体步骤如下。

轴心受压构件
的截面分类

(1)确定截面类型。可扫码查看轴心受压构件的截面分类(板厚 $t < 40$ mm)。

(2)根据钢种确定 $\varepsilon_k = \sqrt{235/f_y}$。

(3)计算构件两个方向的长细比 λ_x，λ_y。

1)截面为双轴对称或极对称的构件：

$$\lambda_x = \frac{l_{0x}}{i_x} \tag{4-16}$$

$$\lambda_y = \frac{l_{0y}}{i_y} \tag{4-17}$$

$$l_{0x} = \mu l_x, \quad l_{0y} = \mu l_y \tag{4-18}$$

式中　l_{0x}，l_{0y}——分别为杆件对主轴 x 和 y 的计算长度（mm）；

　　　　i_x，i_y——杆件截面对主轴 x 和 y 的回转半径（mm）；

　　　　μ——杆件的计算长度系数。

2）截面力单轴对称的构件长细比计算。具体可参考《钢结构设计标准》（GB 50017—2017）的相关规定。

(4)确定 φ 值。计算 λ/ε_k 的数值，然后根据截面类型查《钢结构设计标准》（GB 50017—2017)附录 D 查得 φ_x，φ_y 值，取 $\varphi = \varphi_{\min}(\varphi_x, \varphi_y)$。

(三)实腹式轴心受压构件局部稳定

1. 局部稳定的概念

实腹式轴心受压构件因主要受轴心压力作用，腹板和翼缘是均匀受压板，故应按均匀受压板计算其板件的局部稳定性。图 4-16 所示是一工形截面轴心受压杆翼缘和腹板的受力屈曲情况，它与工字形截面梁受压翼缘相似，构件丧失局部稳定后还可能继续维持整体的平衡状态，但部分板件屈曲后退出工作，使构件的有效截面减小，会加速构件整体失稳而丧失承载能力。

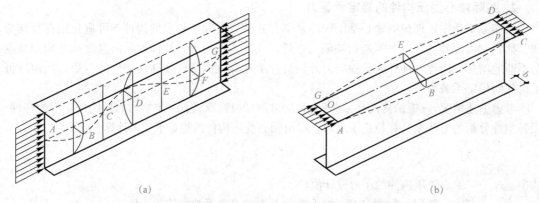

(a)   (b)

图 4-16　轴心受压构件的局部失稳

2. 板件局部稳定的宽(高)厚比限值

实腹式轴心受压构件要求不出现局部失稳者，其板件的宽(高)厚比应符合表 4-4 的规定。

表 4-4　轴心受压构件组成板件的宽厚比限值

截面形式		容许宽(高)厚	说明
	翼缘板外伸肢	$\dfrac{b}{t} \leqslant (10 + 0.1\lambda)\varepsilon_k$	H 型截面
	腹板	$h_0/t_w \leqslant (25 + 0.5\lambda)\varepsilon_k$	

截面形式		容许宽(高)厚	说明
	翼缘	$b/t \leqslant 40\varepsilon_k$	与长细比 λ 无关
	腹板	$b_0/t \leqslant 40\varepsilon_k$	
	翼缘板外伸肢	$\dfrac{b}{t} \leqslant (10+0.1\lambda)\varepsilon_k$	—
	腹板	$h_0/t_w \leqslant (15+0.2\lambda)\varepsilon_k$	热轧剖分 T 型钢
		$h_0/t_w \leqslant (13+0.17\lambda)\varepsilon_k$	焊接 T 型钢
	圆管截面	外径和壁厚之比 $D/t \leqslant 100\varepsilon_k^2$	D—外径 t—壁厚

注：b，t——翼缘自由外伸宽度和厚度，对于焊接构件，取腹板边至翼缘板边的距离；

h_0，t_w——腹板高度和厚度；

λ——构件两方向长细比的较大值，当 $\lambda < 30$ 时取 $\lambda = 30$，当 >100 时取 $\lambda = 100$；

ε_k——钢号修正系数 $\varepsilon_k = \sqrt{235/f_y}$。

(四)构造要求

实腹式柱除满足强度、刚度、稳定性之外，还应满足一定的构造要求，具体见表 4-5～表 4-7，图 4-17 所示为实腹式柱的横向加劲肋。

表 4-5　实腹柱横向加劲肋的设置

实腹柱	腹板的高厚比 $h_0/t_w > 80$ 时	应双侧设置横向加劲肋，横向加劲肋的间距 $\leqslant 3h_0$	为了防止腹板在施工和运输过程中发生变形，提高柱的抗扭刚度

注：加劲肋的外伸宽度 b_s 应不小于 $(h_0/30+40)$mm，厚度 t_s 应大于外伸宽度的 1/15。

表 4-6　H 形或箱形截面柱翼缘宽厚比和腹板高厚比不满足要求时的处理方法

H 形或箱形截面柱	翼缘自由外伸宽厚比不满足要求时	可采用增大翼缘板厚的方法
	腹板高厚比不满足时	常沿腹板中部两侧对称设置沿轴向的加劲肋，称为纵向加劲肋。设置纵向加劲肋后，应根据新的腹板高度重新验算腹板的高厚比

表 4-7　大型实腹式柱横隔的设置

大型实腹式柱	在受有较大水平力处，以及运输单元的端部应设置横隔(图 4-17)	为了增加其抗扭刚度和传递集中力
	构件较长时应设置中间横隔，横隔间距一般不大于柱截面较大宽度的 9 倍或 8 m	

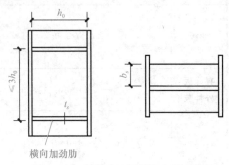

图 4-17　实腹式柱的横向加劲肋

实腹式轴心受压柱的纵向焊缝(腹板与翼缘之间的连接焊缝)主要起连接作用，受力很小，一般不做强度验算，可按构造要求确定焊缝尺寸。

格构式轴心受压构件设计计算较为复杂，读者可以根据自身需求扫码学习。

格构式轴心
受压构件计算

工作流程

轴心受压构件计算工作任务流程如图 4-18 所示。

图 4-18　轴心受压构件计算工作任务流程

工作步骤

(1)计算截面的几何特性。

毛截面面积：

$$A = 2 \times 22 \times 1 + 20 \times 0.6 = 56 (\text{cm}^2)$$

截面惯性矩：

$$I_x = (22 \times 22^3 - 21.4 \times 20^3) \div 12 = 5\,254.7 (\text{cm}^4)$$
$$I_y = 2 \times (1 \times 22^3 / 12) + 20 \times 0.6^3 / 12 = 1\,775 (\text{cm}^4)$$

截面回转半径：

$$i_x = \sqrt{\frac{I_x}{A}} = 9.69 (\text{cm})$$

$$i_y = \sqrt{\frac{I_y}{A}} = 5.63 (\text{cm})$$

(2)计算强度。构件截面无削弱，强度不起控制作用，无须进行强度验算。

(3)计算刚度。

$$\lambda_x = \frac{l_{0x}}{i_x} = \frac{500}{9.69} = 51.6 < [\lambda] = 150$$

$$\lambda_y = \frac{l_{0y}}{i_x} = \frac{250}{5.63} = 44.4 < [\lambda] = 150$$

(4)计算整体稳定性。

查截面分类表可知,翼缘为轧制边,对强轴是 b 类截面,对弱轴是 c 类截面。

对强轴屈曲是 b 类截面,按 $\lambda_x = 51.6$,查《钢结构设计标准》(GB 50017—2017)附录表 D.0.2 得 $\varphi_x = 0.852 - (0.852 - 0.847) \times 0.6 = 0.849$。

对弱轴屈曲是 c 类截面,按 $\lambda_y = 44.4$ 查《钢结构设计标准》(GB 50017—2017)附录表 D.0.3 得 $\varphi_y = 0.814 - (0.814 - 0.807) \times 0.4 = 0.811$。

二者取较小值,即 $\varphi_{\min}$,则

$$\frac{N}{\varphi A} = \frac{850 \times 10^3}{0.811 \times 56 \times 10^2} = 187.16 (\text{N/mm}^2) < 215 \text{ N/mm}^2$$

经验算可知,此截面满足整体稳定和刚度要求,因为截面无削弱,所以不需要进行强度验算。

(5)计算局部稳定性。

腹板高厚比:

$$\frac{h_0}{t_w} = \frac{200}{6} = 33.33 < (25 + 0.5\lambda)\sqrt{\frac{235}{f_y}} = (25 + 0.5 \times 51.6)\sqrt{\frac{235}{235}} = 50.8$$

翼缘自由外伸段宽厚比:

$$\frac{b_1}{t} = \frac{(220-6)/2}{10} = 10.7 < (10 + 0.1\lambda)\sqrt{\frac{235}{f_y}} = (10 + 0.1 \times 51.6)\sqrt{\frac{235}{235}} = 15.2$$

局部稳定满足要求。

🔖 工作结果检查

经验算,钢柱的强度、刚度、整体稳定性、局部稳定性均满足要求。

素质拓展

2001 年上半年,在历经了短短 6 个月的建设时间后,一幢 24 层高、建筑面积为 5.7 万 m² 的钢结构建筑在杭州西子湖畔旁拔地而起,这就是由杭州市城建设计研究院设计,浙江杭萧钢构股份有限公司承担钢结构制作和安装,国内第一座自行设计、制造、安装,全部采用国产化材料建成的高层钢结构建筑——瑞丰国际商务大厦。

瑞丰国际商务大厦由裙房和东楼、西楼三部分组成,总建筑面积为 51 095 m²。地下 2 层、地上 24 层,其中裙房为 5 层,东楼为 15 层,西楼为 24 层。它是国内首次全部采用矩形钢管混凝土结构的高层钢结构建筑,结构为框架-筒体结构体系,采用矩形钢管混凝土柱、钢-混凝土组合梁、压型钢板组合楼板和钢筋混凝土核心筒。其中地下室 1 层楼盖的钢梁采用外包混凝土,楼板为现浇钢筋混凝土。钢柱截面为 600 mm×600 mm、500 mm×500 mm 两种,材质为 Q345B 钢,板厚最大为 28 mm,最小为 16 mm,柱节最长为 13 200 mm,单节柱最重为 45 t(不包含核心混凝土质量)。组合梁钢梁截面:主梁为 H500 mm×300 mm×8 mm×20 mm,次梁为 H400 mm×200 mm×8 mm×14 mm。柱-柱连接为焊接,柱-梁和梁-梁连接为栓焊混合连接。箱形柱内浇灌强度等级分别为 C40、C50、C55 的混凝土。在安装施工中采用栓钉焊接和管

内混凝土浇筑技术，积累了矩形钢管混凝土高层钢结构工程的施工经验。

　　瑞丰国际商务大厦全部采用国产建筑材料，可以看出我国建筑材料在自主创新和独立研发上有巨大的飞跃，为中国科技发展迎来更加灿烂辉煌的未来，同时创新性地首次使用矩形钢管混凝土结构，体现了我国建筑业有了长足的发展，这也是我国综合国力提高的表现。

技能提升

拓展资源：加拿大魁北克大桥倒塌事故分析

学生工作任务单

下 篇

施 工 篇

项目五　基于 BIM 的钢结构识图

知识目标

1. 掌握钢结构识图的基本知识。
2. 掌握门式刚架结构的基本知识。
3. 掌握钢框架结构的基本知识。

能力目标

1. 能够正确识读门式刚架结构施工图。
2. 能够正确识读钢框架结构施工图。
3. 能够根据钢结构施工图正确绘制施工详图。

素质目标

1. 培养学生遵守规范意识和法律意识。
2. 培养学生科学严谨的态度，认真细致的工作作风。
3. 培养学生的空间思维能力。

学习重点

1. 门式刚架结构施工图的识读。
2. 钢框架结构施工图的识读。

学习难点

1. 门式刚架结构施工图的识读。
2. 钢框架结构施工图的识读。

任务一　认识钢结构施工图

工作任务

结构施工图是结构设计者设计意图的体现，可称为结构设计工程师的"语言"，是结构设计者根据国家标准通过一系列的符号和图示方法表达自己设计理念的一种方法。结构设计者通过结构施工图与工程建设施工者进行工程建设过程中的交流。

想要理解结构设计者的意图，并指导施工，就需要学会识读结构施工图。那么，对于本书中给定的门式刚架、钢框架结构施工图，在识读结构施工图前需要掌握哪些识图"语言"呢？

任务思考

(1)钢结构施工图有哪些分类？

_____

(2)识读钢结构施工图时需要用到哪些学过的基本知识？

_____

(3)识读钢结构施工图时还需要学习哪些钢结构的相关知识？

_____

(4)钢结构施工图中一些特有的符号和图示有什么含义？

_____

(5)阅读钢结构施工图的识图方法有哪些？

_____

工作准备

一、钢结构制图基本规定

1. 图纸幅面规格

钢结构的图纸幅面规格应按照《房屋建筑制图统一标准》(GB/T 50001—2017)、《建筑结构制图标准》(GB/T 50105—2010)执行。图纸的幅面、图框尺寸、图纸线型规定、图纸比例、剖切符号、索引符号和详图符号、对称符号、连接符号、引出线与其他结构相同的部分本文不再赘述。本书着重阐述钢结构施工图中常见的尺寸标注内容。

2. 尺寸标注

(1)尺寸的简化标注。桁架简图、杆件的长度等可直接将尺寸数字沿杆件一侧注写；连续排列的等长尺寸，可用"个数×等长尺寸＝总长"的形式标注，如图 5-1 所示。

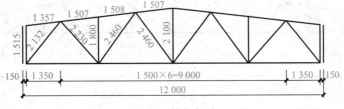

图 5-1　简化标注

构配件内的构造因素(如孔、槽等)如相同，可仅标注其中的一个要素的尺寸，如图 5-2 所示。

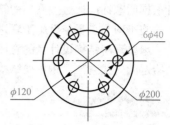

图 5-2　相同要素尺寸标注方法

对称构配件采用对称省略画法时，该对称构配件的尺寸线应略超过对称符号。仅在尺寸线的一端画尺寸起止符号，尺寸数字应按整体全尺寸注写，其注写位置宜与对称符号对齐，如图 5-3 所示。对于两个构配件，如个别尺寸数字不同，可在同一图样中将其中一个构配件的不同尺寸数字注写在括号内，该构配件的名称也应注写在相应的括号内，如图 5-4 所示。对于数个构配件，如仅某些尺寸不同，这些有变化的尺寸数字，可用拉丁字母注写在同一图样中，另列表格写明其具体尺寸，如图 5-5 所示。

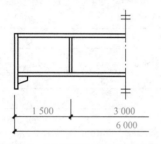

图 5-3　对称构件尺寸标注方法

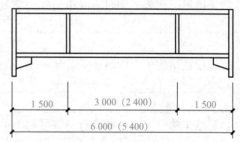

图 5-4　相似构件尺寸标注方法

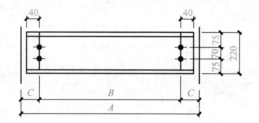

构件编号	A	B	C
L—1	6 000	5 600	200
L—2	5 400	5 000	200
L—3	5 000	4 500	250

图 5-5　相似构件尺寸表格标注方法

(2)桁架标注。结构施工图中桁架结构的几何尺寸用单线图表示，杆件的轴线长度尺寸标注在构件的上方(图 5-6)。当桁架结构杆件布置和受力均为对称时，在桁架简图的左半部分标注杆件的几何轴线尺寸，右半部分标注杆件的内力值和反力值。当桁架结构杆件布置和受力非对称时，在桁架简图的上方标注杆件的几何轴线尺寸，在下方标注杆件的内力值和反力值。竖杆的几何轴线尺寸标注在左侧，内力值标注在右侧。

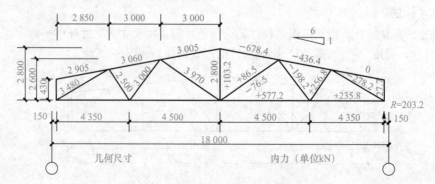

图 5-6　桁架尺寸标注和内力标注方法

(3)构件尺寸标注。

1)当两构件的两条重心线很接近时,在交汇处将其各自向外错开,如图5-7所示。

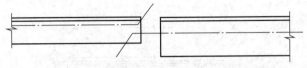

图 5-7　两构件重心线不重合时的表示方法

2)弯曲构件的尺寸应沿其弧度的曲线标注弧的轴线长度,如图5-8所示。

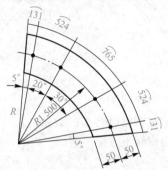

图 5-8　弯曲构件尺寸标注方法

3)切割板材应标注各线段的长度及位置,如图5-9所示。

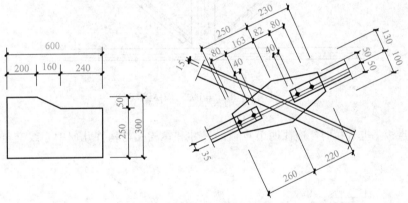

图 5-9　切割板材尺寸标注方法

4)不等边角钢的构件,必须标注角钢一肢的尺寸,如图5-10所示;当构件由等边角钢组成时,可不必标注。

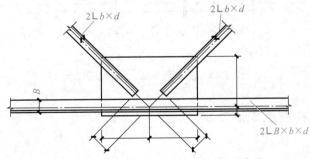

图 5-10　节点尺寸及不等边角钢标注方法

5)节点尺寸应注明节点板的尺寸和各杆件螺栓孔中心或中心距,以及杆件端部至几何中心线交点的距离,如图 5-11 所示。

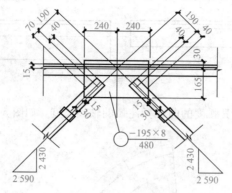

图 5-11　节点板尺寸标注方法

6)双型钢组合截面的构件,应注明缀(填)板的数量及尺寸(图 5-12),引出横线上方标注缀(填)板的数量、宽度和厚度,引出横线下方标注缀(填)板的长度尺寸。

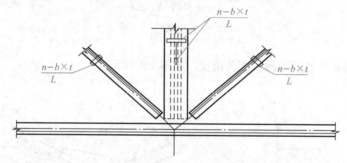

图 5-12　缀(填)板的表示方法

7)当节点板为非焊接时,应注明节点板的尺寸和螺栓孔与构件几何中心线交点的距离,如图 5-13 所示。

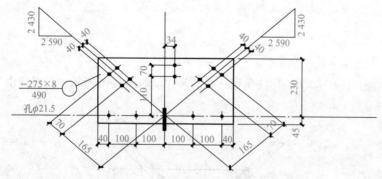

图 5-13　连接节点板尺寸标注方法

二、建筑钢结构图纸表达规定

1. 构件名称代号

构件名称可用代号来表示,一般用汉字拼音的第一个字母。当材料为钢材时,前面加"G",

代号后标注的阿拉伯数字为该构件的型号或编号,或构件的顺序号。构件的顺序号可采用不带角标的阿拉伯数字连续编排,如 GWJ—1 表示编号为 1 的钢屋架。常用构件代号见表 5-1。

表 5-1　常用构件代号

序号	名称	代号	序号	名称	代号	序号	名称	代号
1	板	B	15	基础梁	JL	29	连系梁	LL
2	屋面板	WB	16	楼梯梁	TL	30	柱间支撑	ZC
3	楼梯板	TB	17	框架梁	KL	31	垂直支撑	CC
4	盖板或沟盖板	GB	18	框支梁	KZL	32	水平支撑	SC
5	挡雨板或檐口板	YB	19	屋面框架梁	WKL	33	预埋件	M
6	吊车安全走道板	DB	20	檩条	LT	34	梯	T
7	墙板	QB	21	屋架	WJ	35	雨篷	YP
8	天沟板	TGB	22	托架	TJ	36	阳台	YT
9	梁	L	23	天窗架	CJ	37	梁垫	LD
10	屋面梁	WL	24	框架	KJ	38	地沟	DG
11	吊车梁	DL	25	刚架	GJ	39	承台	CT
12	单轨吊车梁	DDL	26	支架	ZJ	40	设备基础	SJ
13	轨道连接	DGL	27	柱	Z	41	桩	ZH
14	车挡	CD	28	框架柱	KZ	42	基础	J

2. 型钢表示方法

型钢的表示方法见项目二任务一中钢结构常用的型材。

3. 螺栓、孔的表示方法

螺栓、孔的表示方法见表 3-5。

4. 焊缝表示方法

焊缝的表示方法见表 3-2 和图 3-12。

三、钢结构施工图

1. 钢结构施工图的组成

根据住房和城乡建设部文件《建筑工程设计文件编制深度规定》的要求,钢结构工程施工图可分为钢结构设计图及钢结构施工详图两个阶段。钢结构施工详图又称为钢结构加工制作图,简称钢结构施工。钢结构设计图是由设计单位编制的作为工程施工依据的技术图纸,施工详图是依据钢结构设计图绘制的用于直接指导钢结构构件制作和安装的细化技术图纸。

钢结构设计图应由具有相应设计资质级别的设计单位设计完成;施工详图由具有相应设计资质级别的钢结构加工制造企业或委托设计单位完成。近年来由于钢结构项目增多和设计院钢结构工程师缺乏的矛盾,有设计能力的钢结构公司参与设计图编制的情况很普遍,在加工厂进行详图设计,其优点是能够结合工厂条件和施工习惯,便于采用先进的技术,经济效益较高。当编制施工详图时,应根据已经批准的设计文件结合制造单位实际情况进行构件详图设计。

由于工厂详图的编制工作较为琐细、费工(其图纸量为设计图图纸量的 2.5~3 倍),且需要一定的设计周期,故建设及承包单位都应了解这一钢结构工程特有的设计分工特点,在编制施工计划中予以考虑。同时，作为一门基本功，钢结构加工厂的设计人员也应对施工详图设计有较深入的了解与掌握。

2. 钢结构设计图和施工详图的区别

设计图是制造厂编制施工详图的依据。因此，设计图首先在其深度及内容方面应以满足编制施工详图的要求为原则，完整但不冗余；施工详图编制必须遵照设计图的技术条件和内容要求进行，深度须能满足车间直接制造加工，空间复杂构件或铸钢节点的施工详图宜附加以三维图形表示。不完全相同的构件单元须单独绘制表达，并应附有详尽的材料表。设计图与施工详图的区别见表5-2。

表5-2　设计图与施工详图的区别

项目	设计图	施工详图
设计依据	根据工艺、建筑要求及初步设计等，并经施工设计方案与计算等工作而编制的较高阶段施工设计图	直接根据工厂设计图编制的工厂施工及安装详图（可含有少量连接、构造与计算），只对深化设计负责
设计要求	目的、深度及内容均仅为编制施工详图提供依据	直接供制作、加工及安装的施工用图
编制单位	设计单位	制造厂或施工单位编制，也可委托设计单位
内容及深度	图纸表示简明，图纸量较少；其内容一般包括设计总说明与布置图、构件图、节点图、钢材订货表等	图纸表示详细，数量多，内容包括构件安装布置图及构件详图

3. 钢结构施工详图的作用

钢结构施工详图的作用主要体现在以下几个方面。

（1）钢结构施工详图是结构设计与构件加工制作的联系桥梁，是指导现场安装的工具。

（2）钢结构施工详图将设计图进一步细化，方便了工厂车间工人加工，施工详图提供的各种表格给技术管理人员提供了很好的资料依据，大大缩短了构件加工制作工期。

（3）钢结构施工详图在现场安装的过程中也起到了指导和依据的作用，并且在深化过程中深化工程师也想到了制作与安装各自方便的构件制作安装方法，在有必要时还做了现场安装顺序图。

4. 钢结构施工图的比例

钢结构施工图的特点是在一个投影图上可以使用不同的比例。较大的钢结构在画图时都要按比例缩小，但是钢板厚度和型材断面的尺寸较小，若统一按图面比例同样缩小则难以表达清楚，因此，在画钢板厚度、型钢断面等小尺寸图形时，可在同一图面使用不同比例画出；要注意构件的中心线和重心线，在确定零件之间的相互位置、形状尺寸时，要以构件的中心线为基准计算，如果以图样的投影关系为依据或随便以某一端面为基准来计算尺寸，很可能得出错误结论；桁架类构件一般由型钢构成，型钢的重心线是绘图的基准，也是放样画线的依据。看图时，首先要弄清楚中心线、重心线及各线之间的关系，计算尺寸时要力求精确；当图面标注尺寸与标题栏中尺寸不相符时，应以图面尺寸为准，标题栏中尺寸仅作为参考。

5. 钢结构施工图的内容

（1）钢结构设计图的内容。钢结构设计图的内容一般包括图纸目录，设计总说明，柱脚锚栓布置图，纵、横、立面图，构件布置图，节点详图，构件图，钢材及高强度螺栓估算表等。

1)设计总说明。其中含有设计依据、设计荷载资料、设计简介、材料的选用、制作安装要求、需要试验的特殊说明等内容。

2)柱脚锚栓布置图。首先按照一定比例绘制出柱网平面布置图。在该图上标注出各个钢柱柱脚锚栓的位置，即相对于纵横轴线的位置尺寸，并在基础剖面图上标注出锚栓空间位置标高，标明锚栓规格数量及埋置深度。

3)纵、横、立面图。当房屋钢结构比较高大或平面布置比较复杂，柱网不太规则，或立面高低错落时，为表达清楚整个结构体系的全貌，宜绘制纵、横、立面图，主要表达结构的外形轮廓、相关尺寸和标高、纵横轴线编号及跨度尺寸和高度尺寸，剖面宜选择具有代表性的或需要特殊表示清楚的地方。

4)构件布置图。构件布置图主要表达各个构件在平面中所处的位置，并对各种构件选用的截面进行编号。

①屋盖平面布置图中包括屋架布置图(或刚架布置图)、屋盖檩条布置图和屋盖支撑布置图。屋盖檩条布置图主要表明檩条间距和编号及檩条之间设置的直拉条、斜拉条布置和编号；屋盖支撑布置图主要表示屋盖水平支撑、纵向刚性支撑、屋面梁的隅撑等的布置及编号。

②柱子平面布置图主要表示钢柱(或门式刚架)和山墙柱的布置及编号，其纵剖面表示柱间支撑及墙梁布置与编号，包括墙梁的直拉条和斜拉条布置与编号、柱支撑布置与编号，横剖面重点表示山墙柱间支撑、墙梁及拉条面布置与编号。

③吊车梁平面布置表示吊车梁、车挡及其支撑布置与编号。

④高层钢结构的结构布置图比较复杂，需要注意以下内容。

a. 在高层钢结构的结构布置图中，高层钢结构的各层平面应分别绘制结构平面布置图。若有标准层则可合并绘制，对于平面布置较为复杂的楼层，必要时可增加剖面以便表示清楚各构件关系。

b. 当高层结构采用钢与混凝土组合的混合结构或部分混合结构时，则可仅表示型钢部分及其连接，而混凝土结构部分另行出图与其配合使用(包括构件截面与编号，两种材料转换处宜画节点详图)。

5)节点详图。节点详图在设计阶段应表示清楚各构件之间的相互连接关系及其构造特点，节点上应标明在整个结构物上的相关位置，即应标出轴线编号、相关尺寸、主要控制标高、构件编号或截面规格、节点板厚度及加劲肋做法。构件与节点板采用焊接连接时，应标明焊脚尺寸及焊缝符号。构件采用螺栓连接时，应标明螺栓类型、直径、数量。设计阶段的节点详图具体构造做法必须交代清楚。

6)构件图。格构式构件、平面桁架和立体桁架及截面较为复杂的组合构件等需要绘制构件图，门式刚架由于采用变截面，故也要绘制构件图以便通过构件图表达构件外形、几何尺寸及构件中杆件(或板件)的截面尺寸，以方便绘制施工详图。

(2)钢结构施工详图的内容。钢结构施工详图的内容包括图纸目录、总说明、基础图、柱脚平面布置图、结构平面布置图、墙面结构布置图、屋盖支撑布置图、屋面檩条布置图、构件布置图、构件详图、节点详图等部分。

1)总说明。总说明是对加工制造和安装人员要强调的技术条件与提出施工安装的要求。具体内容主要包括图纸的设计依据、工程概况、结构选用钢材的材质和牌号要求；焊接材料的材质和牌号要求、螺栓连接的性能等级和精度类别要求；结构构件在加工制作过程中的技术要求和注意事项；结构安装过程中的技术要求和注意事项；对构件质量检验的手段、等级要求及检验的依据；构件的分段要求及注意事项；钢结构的除锈和防腐及防火要求；其他方面的特殊要求与说明。

2)基础图。基础图包括基础平面布置图和基础详图。基础平面布置图主要表示基础的平面位置(即基础与轴线的关系),以及基础梁、基础其他构件与基础之间的关系。基础平面布置图中应标注清楚基础、柱、基础梁等有关构件的编号,并在说明中明确对地基持力层、基础混凝土等级和钢材强度等级等有关方面的要求。而基础详图则主要表示基础的各个细部的尺寸,如基底平面尺寸、基础高度、底板配筋、基底标高和基础所在轴线号等;基础梁详图则主要表示梁的断面尺寸、配筋和标高等。

3)柱脚平面布置图。柱脚平面布置图主要标明柱脚的轴线位置及柱脚的编号。柱脚详图用来标明柱脚的各细部尺寸、锚栓位置及柱脚二次灌浆的位置和要求等内容。

4)结构平面布置图。结构平面布置图主要表示结构构件在平面上与轴线的相互关系和各个构件之间的相互位置及构件的编号。如刚架、框架或主次梁、楼板的编号及它们与轴线之间的位置关系等。

5)墙面结构布置图。墙面结构布置图是指墙面檩条布置图或柱间支撑布置图。墙面檩条布置图主要表示墙面檩条的位置、间距及檩条的型号,同时,也表示隅撑、拉条、撑杆的布置位置和所选用的钢材型号,以及墙面其他构件的相互关系,如门窗位置、轴线编号、墙面标高等;柱间支撑布置图表示柱间支撑的位置和支撑杆件的型号。

6)屋盖支撑布置图。屋盖支撑布置图用来表示屋盖支撑系统的布置情况。屋面的水平横向支撑通常由交叉圆杆组成,设置在与柱间支撑相同的柱间;屋面的两端和屋脊处设有刚性系杆,刚性系杆通常是圆钢管或角钢,其他为柔性系杆,可采用圆钢。

7)屋面檩条布置图。屋面檩条布置图主要表示屋面檩条的布置位置、间距和型号,以及拉条、撑杆、隅撑的布置位置和所选用的型号。

8)构件布置图。构件布置图可以表示框架图、刚架图,也可以表示单根构件。如刚架图主要表示刚架的各个细部的尺寸、梁和柱的变截面位置,刚架与屋面檩条、墙面檩条的相互关系;刚架轴线尺寸、编号及刚架纵向高度、标高;刚架梁、柱的编号、尺寸及刚架节点详图索引编号等内容。

9)构件详图。构件详图应根据布置图的构件编号按类别顺序绘制。详图中应标注加工尺寸线、装配尺寸线和安装尺寸线;为了减少绘图工作量,应尽量将图形相同和相反的构件合并画在一个图上,若构件本身存在对称关系,可以绘制构件的一半。

对构件详图中的零件应按照从左到右、自上而下的顺序进行编号。先对主材编号,后对其他零件编号,先型材,后板材、钢管等,先大后小,先厚后薄。若两个零件的截面、长度都相同,但经加工后呈轴对称现象,以其中一个为正,则另一个为反。如图5-14所示,角钢杆件的规格和长度都相同,但图5-14(a)中螺栓孔位置不同,此两个角钢应编以两个零件号;图5-14(b)中两个角钢的钻孔位置使两角钢"镜像相同",则可编为一个号,注明其一为正,另一为反;图5-14(c)所示两角钢虽然位置不同但可互换,应编为同一号。

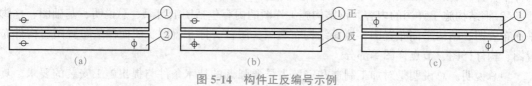

图5-14 构件正反编号示例

在每一张构件详图中,应当编制材料表,对该图中构件所用全部材料进行汇总,具体包括构件编号、零件编号、截面尺寸、零件数量、重量计算等内容。

10)节点详图。节点详图是用来表示某些在构件图上无法清楚表达的复杂节点的细部构造图。如刚架端部和屋脊的节点,它清楚地表达了连接节点的螺栓个数、螺栓直径、螺栓等级、螺栓位置、螺栓孔直径、节点板尺寸、加劲肋位置、加劲肋尺寸,以及连接焊缝尺寸等细部构造情况。

工作流程

对于一套完整的施工图,在详细看图前,可先将全套图样翻一翻,大致了解这套图样包括多少构件系统,每个系统有几张,每张有什么内容。然后,按照设计总说明、构件布置图、构件详图、节点详图的图纸识读流程(图 5-15)顺序进行读图。

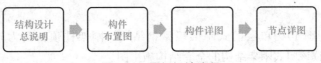

图 5-15 图纸识读流程

工作步骤

由看图经验总结,钢结构施工图识图步骤为:从上往下看、从左往右看、由外往里看、由大到小看、由粗到细看,图样与说明对照看,布置详图结合看。必要时,还要把设备图拿来参照看,这样才能得到较好的看图效果。但是,由于图面上的各种线条纵横交错,各种图例、符号繁多,对初学者来说,开始看图时必须要有耐心,认真细致,并要花费较长的时间才能把图看明白。只有掌握了正确的看图方法,读懂每张施工图,做到心中有数,方可明确设计内容,领会设计意图,才便于组织施工、指导施工和实施施工计划。

正式识图时,要先看总图后看部件图,先看全貌后看零件图;有剖视图的要结合剖视图再弄清大致结构,然后按投影规律逐个零件阅读,先看零件明细表,确定是钢板还是型钢,然后看图,弄清每个零件的材料、尺寸及形状,还要看清各零件连接方法、焊缝尺寸、坡口形状是否有焊后加工的孔洞、平面等。

从布置图中可了解到构件的类型及定位等情况,构件的类型由构件代号、编号表示,定位主要由轴线及标高确定。节点详图主要表示了构件与构件各个连接节点的情况,如墙梁与柱连接节点、系杆与柱的连接、支撑的连接等。用这些详图反映节点连接的方式及细部尺寸等。

详读时一般按以下顺序进行:首先阅读标题栏,了解产品名称、材料、质量、设计单位等。核对一下各个零部件的图号、名称、数量、材料等,确定哪些为外购件或库领件,哪些为锻件、铸件或机械加工件;然后阅读技术要求和工艺文件(工艺规程、工艺工装说明等)。

工作结果检查

识读钢结构施工图后进行结果检查,主要从以下六个方面进行检查。

(1)检查图纸齐全性:按照图纸目录检查各类图纸是否齐全,图纸编号与图名是否符合。

(2)理解比例尺和符号:熟悉和掌握建筑结构制图标准及相关规定中的常用专业符号。

(3)逐步识读图纸:核对是否按照结构设计总说明、构件布置图、构件详图、节点详图的图纸识读流程进行图纸识读。

(4)关注文字说明:在图纸的文字说明中核对技术要求和施工注意事项。

(5)分析构造细节:对图中的构造进行详细分析,如节点、焊缝、螺栓连接等关键部位的详细表示方法是否已特别关注。

(6)实际对比:如果可能,将识读后的结果与实际工程情况进行对比,确保识读结果的准确性和可行性。

通过以上步骤，可以系统地进行钢结构施工图的识读结果检查，确保施工图纸的正确理解和应用。

任务二　识读门式刚架施工图

工作任务

某工业厂房（附图1）为单层门式刚架轻型钢结构，刚架柱顶标高为 6.00 m，刚架跨度为 30.00 m。试识读该门式刚架结构的全套结构施工图。

任务思考

(1)结构设计说明中包括哪些内容？
_____
_____

(2)识读平面布置图时需要注意哪些问题？
_____
_____

(3)试说明该结构基础形式、平面尺寸、高度及配筋情况。
_____
_____

(4)该门式刚架主刚架采用什么截面？各杆件的截面尺寸是多少？
_____
_____

(5)刚架的主要节点是采用何种连接方法？
_____
_____

(6)柱间支撑、屋面支撑是如何布置的？
_____
_____

工作准备

认识门式刚架结构

随着经济与社会的发展，大量的工业厂房采用门式刚架结构。门式刚架结构具有轻质、高强，工厂化、标准化程度较高，现场施工进度快等特点，因此应用较广泛。单层门式刚架结构主要适用于一般工业与民用建筑及公用建筑、商业建筑。

1. 单层门式刚架结构的组成

如图 5-16 所示，单层门式刚架结构是指以轻型焊接 H 型钢（等截面或变截面）、热轧 H 型钢（等截面）或冷弯薄壁型钢等构成的实腹式门式刚架或格构式门式刚架作为主要承重骨架，用冷弯薄壁型钢(槽形、卷边槽形、Z形等)做檩条、墙梁；以压型金属板(压型钢板、压型铝板)做屋面、墙面，采用聚苯乙烯泡沫塑料、硬质聚氨酯泡沫塑料、岩棉、矿棉、玻璃棉等作为保温隔热材料，并适当设置支撑的一种轻型房屋结构体系。

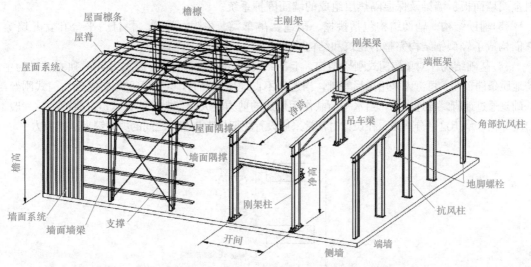

图 5-16　单层门式刚架结构的组成

单层钢结构房屋的分类见表 5-3。

表 5-3　单层钢结构房屋的分类

按构件体系	有实腹式与格构式。实腹式刚架的截面一般为工字形；格构式刚架的横截面为矩形或三角形
按截面形式	等截面(一般用于跨度不大、高度较低或有起重机的刚架)；变截面(一般用于跨度较大或高度较高的刚架)
按结构选材	有普通型钢、薄壁型钢、钢管或钢板组焊

单层门式刚架结构由主结构、次结构、支撑结构、围护结构、辅助结构和基础结构六部分组成，如图 5-17 所示。

(1)主结构。主结构中的横向刚架主要承担建筑物上的各种荷载并将其传给基础。刚架与基础的连接有刚接和铰接两种形式，一般宜采用铰接，当水平荷载较大、房屋高度较高或刚度要求较高时，也可采用刚接。横向刚架的特点是平面内刚度较大而平面外刚度很小，这就决定了它在水平荷载作用下，可承担平行于刚架平面的荷载，而对垂直刚架平面的荷载抵抗能力很小。刚架柱与斜梁为刚接。对于刚架斜梁，一般是上翼缘受压，下翼缘受拉，上弦由于与檩条相连，一般不会出现失稳，但当屋面受风荷载吸力作用时斜梁下翼缘有可能受压，从而出现失稳现象，因此，刚架斜梁下翼缘和刚架柱内翼缘的平面外稳定性，由与檩条或墙梁相连接的隅撑来保证。

(2)次结构。檩条和墙梁等是构成单层门式刚架的次结构系统。檩条是构成屋面水平支撑系统的主要部分；墙梁是墙面支撑系统中的重要构件，墙梁主要承担墙体自重和作用于墙上的水平荷载(风荷载)，并将其传给主体结构。檩条主要承担屋面荷载，并将其传给刚架。檩条通过螺栓与每榀刚架连接起来，和墙架梁一起与刚架形成空间结构。

(3)支撑结构。支撑结构主要是把施加在建筑物纵向的风荷载、吊车荷载、地震作用等从其作用点传到柱基础，最后传到地基。柱间支撑和屋面支撑必须布置在同一开间内形成抵抗纵向荷载的支撑桁架。由于檩条和墙架梁之间是采用螺栓连接的，连接点接近铰接，又因为檩条和墙架梁的长细比都较大，在平行于房屋纵向荷载的作用下，其传力刚度有限，所以有必要在屋面的各刚架之间设置一定数量的刚性系杆。

（4）围护结构。围护结构是由金属屋面板、檩条及保温隔热层等组成的屋面围护系统，以及由金属墙面板、墙梁及保温隔热层组成的墙面围护系统。

（5）辅助结构。辅助结构包括挑檐、雨篷、吊车梁、牛腿、楼梯、栏杆、平台和女儿墙等，它们构成了轻型钢结构完整的建筑和结构功能。

（6）基础结构。对单层门式刚架结构，上部结构传至柱脚的内力一般较小，以独立基础为主。若地质条件较差，可考虑采用条形基础，当遇到不良地质情况时，可考虑采用桩基础。门式刚架与基础是通过地脚螺栓连接的，当水平荷载作用形成的剪力较大时，螺栓就要承担这些剪力，一般不希望螺栓来承担这部分剪力，在设计时常常采用设置刚架柱脚与基础之间的剪力键来承担剪力。

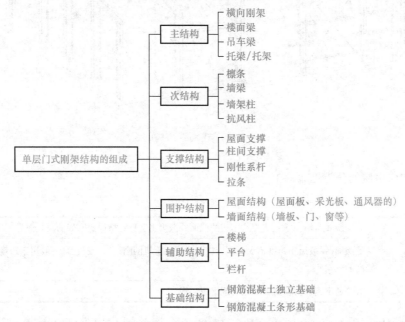

图 5-17　单层门式刚架结构组成

2. 单层门式刚架结构的特点

（1）结构自重轻。围护结构由采用压型金属板、玻璃棉及冷弯薄壁型钢等材料组成，屋面、墙面的质量都很小，因此支承的门式刚架也很轻。根据国内的工程实例统计，单层门式刚架房屋承重结构的用钢量一般为 $10\sim30$ kg/m³；在相同的跨度和荷载条件下，自重仅为钢筋混凝土结构的 $1/30\sim1/20$。

由于单层门式刚架结构的质量小，所以地基的处理费用相对较低，基础尺寸也相对较小。在相同的地震烈度下，门式刚架结构的地震反应小，在一般情况下，地震作用参与的内力组合对刚架梁、柱杆件的设计不起控制作用。但风荷载对门式刚架结构构件的受力影响较大，风荷载产生的吸力可能使屋面金属压型板、檩条的受力反向，当风荷载较大或房屋较高时，风荷载可能就是刚架设计的控制荷载。

（2）工业化程度高，施工周期短。门式刚架结构的主要构件和配件均为工厂制作，质量易于保证，工地安装方便。除基础施工外，现场基本上无湿作业，所需现场施工人员也较少。各构件之间的连接多采用高强度螺栓连接，这是刚架结构可以迅速安装的一个重要原因。

（3）综合经济效益高。门式刚架结构由于材料价格的原因，其造价虽然比钢筋混凝土结构等其他结构形式略高,但由于构件采用先进的自动化设备生产制造,原材料的种类较少,易于采购,便于运输,所以门式刚架结构的工程周期短、资金回报快、投资效益高。

(4)柱网布置比较灵活。传统的结构形式由于受屋面板、墙板尺寸的限制,柱距多为6 m,当采用12 m柱距时,需要设置托架及墙架柱。而门式刚架结构的围护体系采用金属压型板,所以柱网布置可不受建筑模数的限制,柱距大小主要根据使用要求和用钢量最省的原则来确定。

(5)支撑体系轻巧。门式刚架体系的整体性可以依靠檩条、墙梁及隅撑来保证,从而减少了屋盖支撑的数量,同时支撑多用张紧的圆钢做成,很轻便。门式刚架的梁、柱多采用变截面杆,可以节省材料。刚架柱可以为楔形构件,梁则由多段楔形杆组成。

3. 门式刚架的各种建筑尺寸

(1)门式刚架的跨度。门式刚架的跨度取横向刚架柱轴线间的距离。门式刚架的跨度为9～36 m,以3 m为模数,必要时也有采用非模数跨度的。当边柱宽度不等时外侧应对齐。挑檐长度应根据使用要求确定,一般为0.5～1.2 m。

(2)门式刚架的高度。门式刚架的高度是指地坪至柱轴线与斜刚架梁轴线交点的高度,根据使用要求的室内净高确定。无起重机时,高度一般为4.5～9 m;有起重机时,应根据轨顶标高和起重机净空要求确定,一般为9～12 m。

(3)门式刚架的柱距。门式刚架的柱距宜为6 m,也可以采用7.5 m或9 m,最大可到12 m,门式刚架的跨度较小时,也可采用4.5 m。多跨刚架局部抽柱的地方,一般布置托梁。

(4)门式刚架的檐口高度。地坪至房屋外侧檩条上缘的高度。

(5)门式刚架的最大高度。地坪至房屋顶部檩条上缘的高度。

(6)门式刚架的房屋宽度。房屋侧墙墙梁外皮之间的距离。

(7)门式刚架的房屋长度。房屋两端山墙墙梁外皮之间的距离。

(8)门式刚架的屋面坡度。宜取1/20～1/8,在雨水较多地区应取较大值。挑檐的上翼缘坡度宜与横梁坡度一致。

(9)门式刚架的轴线。一般取通过刚架柱下端中心的竖向直线;工业建筑边刚架柱的定位轴线一般取刚架柱外皮;斜刚架梁的轴线一般取通过变截面刚架梁最小段中心与斜刚架梁上表面平行的轴向。

(10)温度区段长度。门式刚架轻型房屋的屋面和外墙均采用压型钢板时,其温度区段长度一般纵向为300 m,横向为150 m。

门式刚架的各种建筑尺寸如图5-18所示。

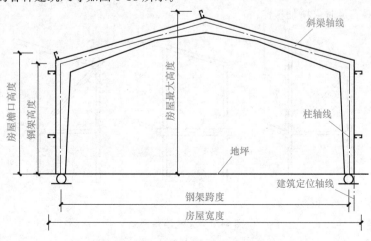

图5-18　门式刚架的各种建筑尺寸

4. 门式刚架的结构形式

门式刚架又称为山形门式刚架。其结构形式按跨度可分为单跨[图 5-19(a)、(d)]、双跨[图 5-19(b)、(e)、(f)]和多跨[图 5-19(c)]；按屋面坡脊数可分为单脊单坡[图 5-19(e)、(f)]、单脊双坡[图 5-19(a)～(d)]、多脊多坡等。

根据跨度、高度及荷载的不同，门式刚架的梁、柱可采用变截面或等截面实腹焊接工字形截面或轧制 H 形截面。设有桥式起重机时，柱宜采用等截面构件。变截面构件通常改变腹板的高度，制成楔形；必要时也可以改变腹板厚度。结构构件在运输单元内一般不改变翼缘截面，但必要时可改变翼缘厚度。门式刚架可由多个梁、柱单元构件组成，柱一般为单独单元构件，斜梁可根据运输条件划分为若干个单元。单元构件本身采用焊接，单元之间可通过端板采用高强度螺栓连接。

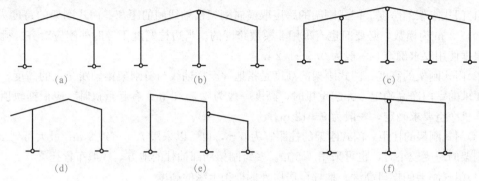

图 5-19　门式刚架的结构形式

(a)单跨双坡；(b)双坡双跨；(c)双坡多跨；(d)带挑檐刚架；(e)高低跨单坡；(f)单坡双跨

5. 结构布置及节点构造

(1)门式刚架。

1)刚架柱与刚架梁。门式刚架斜梁与柱的刚接连接，一般采用高强度螺栓-端板连接，即在构件端部截面上焊接一块平板(多采用熔透焊)，并用螺栓与另一构件的端板相连的节点形式。具体构造有端板竖放、端板斜放和端板横放三种形式(图 5-20)。每种形式又可分为端板平齐式和端板外伸式两种，如图 5-21 所示。斜梁拼接时也可采用高强度螺栓-端板连接，宜使端板与构件外边缘垂直，应采用外伸式，并使翼缘内外螺栓群中心与翼缘中心重合或接近。为了保证连接刚度，柱与梁上、下翼缘处应设置加劲肋。连接节点处的三角短加劲肋长边与短边之比宜大于 1.5：1.0，不满足时可增加板厚。

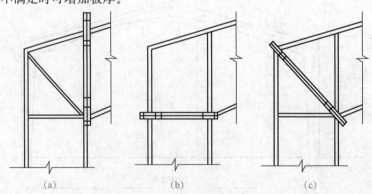

图 5-20　梁柱连接形式

(a)端板竖放；(b)端板横放；(c)端板斜放

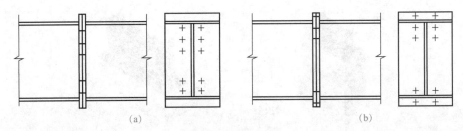

图 5-21　端板连接方法

(a)端板平齐式；(b)端板外伸式

2)柱脚。柱脚是柱下端与基础相连的部分。柱脚的作用是将柱身的内力可靠地传递给基础，并与基础有牢固的连接。由于混凝土的强度远比钢材低，所以必须将柱的底部放大，以增加其与基础顶部的接触面面积。

按其受力情况，柱脚又可分为铰接柱脚和刚接柱脚两种。铰接柱脚只传递轴心压力和剪力；刚接柱脚除传递轴心压力和剪力外，还要传递弯矩。

门式刚架的柱脚与基础常做成铰接，通常为平板支座，设置一对或两对地脚螺栓，但当柱高度较大时，为了控制风荷载作用下的柱顶位移，柱脚宜做成刚接。另外，当工业厂房内设有梁式或桥式起重机时，一般将柱脚设计成刚接。在实际工程中，绝对刚接或绝对铰接都是不可能的，确切地说应该是一种半刚接半铰接状态，为了计算方便，只能根据实际构造将柱脚看成接近刚接或铰接。常见的柱脚如图 5-22、图 5-23 所示。

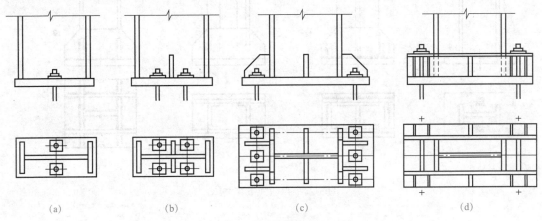

图 5-22　几种常见的柱脚(一)

(a)铰接(一)；(b)铰接(二)；(c)刚接(一)；(d)刚接(二)

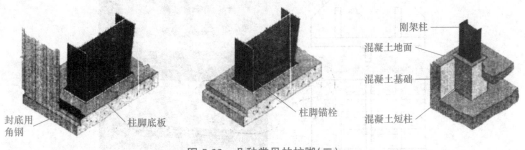

图 5-23　几种常见的柱脚(二)

图 5-23　几种常见的柱脚(二)(续)

①铰接柱脚。轴心受压柱的柱脚主要传递轴心压力，与基础连接一般采用铰接。图 5-24 是几种常见的平板式铰接柱脚。图 5-24(a)所示是一种最简单的柱脚构造形式，仅在柱下端焊接一块底板，柱中压力由焊缝传至底板，再传递给基础。这种柱脚只能用于小型柱，如果用于大型柱，底板会太厚。

一般的铰接柱脚常采用图 5-24(b)～(d)所示的形式，在柱端部与底板之间增设一些中间传力部件，如靴梁、隔板和肋板等，这样可以将底板分隔成几个区格，使底板的弯矩减小，同时，也增加了柱与底板的连接焊缝长度。在图 5-24(d)中，靴梁外侧设置肋板，底板做成正方形或接近正方形。

铰接柱脚不承受弯矩，只承受轴向压力和剪力。剪力通常由底板与基础表面的摩擦力传递。当此摩擦力不够时，应在柱脚底板下设置抗剪键(图 5-25)，抗剪键可采用方钢、短 T 型钢或 H 型钢做成。

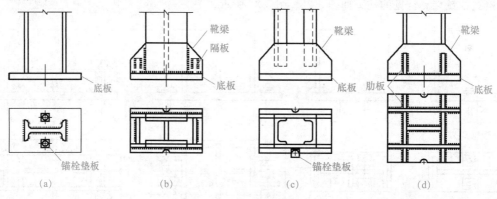

图 5-24　平板式铰接柱脚

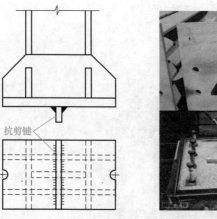

图 5-25　柱脚的抗剪键

铰接柱脚通常按承受轴向压力计算，轴向压力一部分由柱身传递给靴梁、肋板等，再传递给底板，最后传递给基础；另一部分是经柱身与底板间的连接焊缝传递给底板，再传递给基础。

②刚接柱脚。刚接柱脚主要用于框架柱(受压受弯柱)。刚接柱脚除要传递轴心压力和剪力外，还要传递弯矩。图 5-26 所示是常见的刚接柱脚，一般用于压弯柱。图 5-26(a)是整体式柱脚，用于实腹柱和肢件间距较小的格构柱。当肢件间距较大时，为了节省钢材，多采用分离式柱脚[图 5-26(b)]。

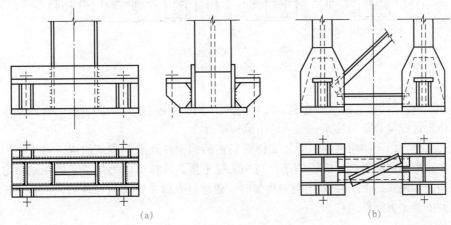

图 5-26　刚接柱脚
(a)整体式柱脚；(b)分离式柱脚

3)柱脚锚栓。锚栓是将上部结构荷载传递给基础，在上部结构和下部结构之间起桥梁作用。锚栓一端埋入混凝土，埋入的长度要以混凝土对其的握裹力不小于其自身强度为原则，因此，对于不同的混凝土强度等级和锚栓强度，所需的最小埋入长度也不同。

锚栓主要有两个基本作用：一是作为安装时临时的支撑，保证钢柱定位和安装稳定性；二是将柱脚底板内力传递给基础。

锚栓采用 Q235 或 Q345 钢制作，可分为弯钩式和锚板式两种。直径小于 M39 的锚栓，一般为弯钩式[图 5-27(a)、(c)]；直径大于 M39 的锚栓，一般为锚板式[图 5-27(b)、(d)]。

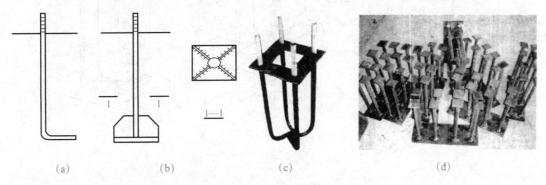

图 5-27　基础锚栓
(a)弯钩式；(b)锚板式；(c)弯钩式实拍图；(d)锚板式实拍图

对于铰接柱脚，锚栓直径由构造确定，一般不小于 M24；对于刚接柱脚，锚栓直径由计算确定，一般不小于 M30。为方便柱的安装和调整，柱底板上锚栓孔为锚栓直径的 1.5~2.5 倍

[图5-28(a)]，在图纸设计中孔径比锚栓直径大5 mm，或直接在底板上开缺口[图5-28(b)]。底板上须设置垫板，待安装、校正完毕后将垫板焊接于底板上。

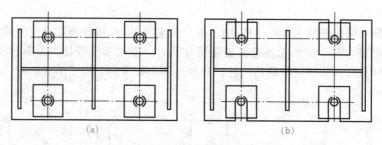

图5-28 柱脚底板开孔
(a)开圆孔；(b)开缺口

（2）山墙。在设计轻型钢结构建筑物时，它的山墙可以设计成与中间框架一样的基本的刚框架，也可以设计成梁和抗风柱及柱组成的山墙构架。

1）山墙构架。山墙构架由端斜梁、支撑端斜梁的构架柱及墙架檩条组成；构架柱的上下端部铰接，并且与端斜梁平接；墙架檩条也与构架柱平接，这样可以提高柱子的侧向稳定性。一般的节点构造如图5-29所示。采用山墙构架时，通常将支撑布置在第二开间，在第一开间和构架柱相应的位置布置刚性系杆。

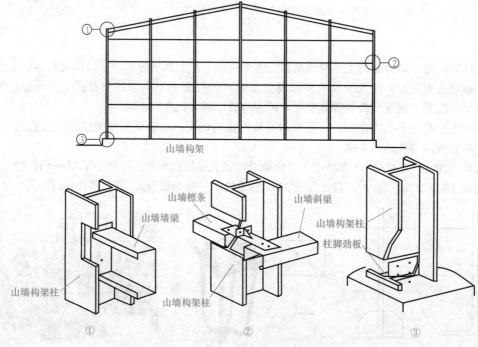

图5-29 山墙构架形式及节点构造

2）门式刚框架山墙。当轻型钢结构建筑存在起重机起重系统并且延伸到建筑物端部，或需要在山墙上开大面积无障碍门洞，或将建筑设计成将来能沿其长度方向进行扩建时，就应该采用门式刚框架山墙这种构造形式。

刚框架山墙由门式刚框架、抗风柱和墙架檩条组成。抗风柱上下端铰接，被设计成只承受水平风荷载作用的抗弯构件，由与之相连的墙檩提供柱子的侧向支撑。这种形式端墙的门式刚框架能够抵抗全跨荷载，并且通常与中间门式主框架相同，如图 5-30 所示。

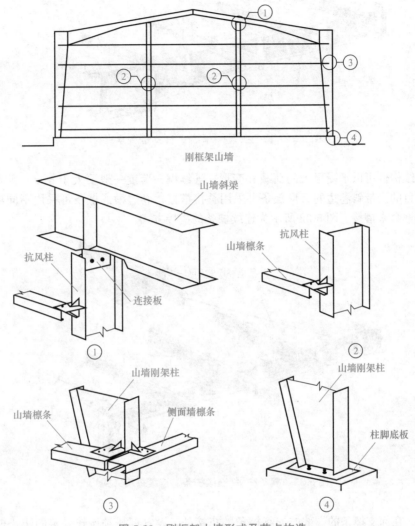

图 5-30　刚框架山墙形式及节点构造

（3）檩条。檩条、墙梁和檐口檩条构成轻型钢结构建筑的次结构系统。檩条是构成屋面水平支撑系统的主要部分，墙梁是墙面支撑系统中的重要构件，檐口檩条位于侧墙和屋面的接口处，对屋面和墙面都起到了支撑的作用。轻型门式刚架的檩条、墙梁及檐口檩条一般采用带卷边的 C 形和 Z 形（斜卷边或直卷边）截面的冷弯薄壁型钢。

屋面檩条一般应等间距布置，根据经验，常用檩距一般可取 1.0～1.5 m。在屋脊处，应沿屋脊两侧各布置一道檩条，使屋面板的外伸宽度不要太长（一般小于 200 mm），在天沟附近应布置一道檩条，以便于天沟的固定。确定檩条间距时，应综合考虑天窗、通风屋脊、采光带、屋面材料、檩条规格等因素按计算确定。

檩条可以设计为简支构件，也可以设计为连续构件。简支檩条和连续檩条一般通过搭接方式的不同来实现。简支檩条不需要搭接长度。图 5-31 所示为 Z 形檩条的简支搭接方式，其搭接长度很小。

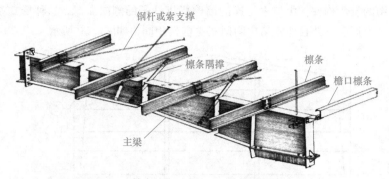

图 5-31　檩条布置(中间跨，简支搭接方式)

采用连续构件可以承受更大的荷载和变形，连续檩条跨度一般要大于 6 m，否则不一定能达到经济的目的。带斜卷边的 Z 形檩条可采用叠接搭接，卷边槽形檩条可采用不同型号的卷边槽形冷弯型钢套来搭接。图 5-32 所示为连续檩条的搭接方式。

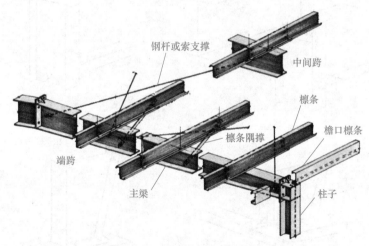

图 5-32　檩条布置(连续檩条，连续搭接方式)

1)檩托。在简支檩条的端部或连续檩条的搭接处，设置檩托是比较妥善的防止檩条在支座处倾覆或扭转的方法。檩托常采用角钢、矩形钢板、焊接组合钢板等与刚架梁连接，高度达到檩条高度的 3/4，且与檩条以螺栓连接。

檩条端部至少各留两个螺栓孔，孔位在檩条腹板上均匀对称开孔，孔距和边距应满足螺栓构造要求。檩条与檩托、隔撑、拉条、撑杆等相连时，连接处应按要求打孔(图 5-33)。

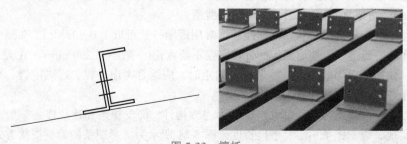

图 5-33　檩托

2)拉条和撑杆。提高檩条稳定性的重要构造措施是采用拉条或撑杆从檐口一端通长连接到另一端，并连接每一根檩条。拉条通常采用直径为10～16 mm的圆钢制成。撑杆主要是限制檩檩的侧向弯曲，故多采用角钢，其长细比按压杆考虑，不能大于200，并据此选择其截面。

檩条的侧向支撑不宜太少，根据檩条跨度的不同，可以在檩条中央设置一道或在檩条中央及四等分点处各设置一道，共三道拉条。在一般情况下，檩条上翼缘受压，因此，拉条设置在檩条上翼缘1/3高的腹板范围内。应在檐口处设置斜拉条，牢固地与檐口檩条在刚架处的节点连接。

拉条和撑杆的布置应根据檩条的跨度、间距、截面形式和屋面坡度、屋面形式等因素来选择。当檩条跨度 $L < 4$ m时，通常可不设置拉条或撑杆；当檩条跨度 4 m$< L < 6$ m时，可仅在檩条跨中设置一道拉条，檐口檩条间应设置撑杆和斜拉条；当檩条跨度 $L > 6$ m时，宜在檩条跨间三分点处设置两道拉条，檐口檩条间应设置撑杆和斜拉条。当屋面有天窗时，宜在天窗两侧檩条间设置撑杆和斜拉条(图5-34)。

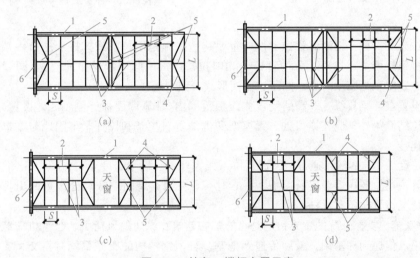

图 5-34　拉条、撑杆布置示意

(a)4 m$< L \leqslant 6$ m；(b)$L > 6$ m；(c)4 m$< L \leqslant 6$ m有天窗；(d)$L > 6$ m有天窗
1—刚架；2—檩条；3—拉条；4—斜拉条；5—撑杆；6—承重天沟或墙顶梁

(4)墙梁。墙梁的布置与屋面檩条的布置有类似的考虑原则。墙梁的布置首先应考虑门窗、挑檐、遮雨篷等构件和围护材料的要求，综合考虑墙板板形和规格，以确定墙梁间距。墙梁的跨度取决于主刚架柱的柱距。

墙梁与主刚架柱的相对位置一般有穿越式和平齐式两种。图5-35所示是穿越式，墙梁的自由翼缘简单地与柱子外翼缘螺栓连接或檩托连接，根据搭接的长度来确定墙梁是连续的还是简支的；图5-36所示是平齐式，即通过连接角钢将墙梁与柱子腹板相连，墙梁外翼缘基本与柱子外翼缘平齐。采用平齐式的墙梁布置方式，墙梁与主钢架柱简单地用节点板铰接，檐口檩条不需要额外的节点板，基底角钢与柱外缘平齐，减小了基础的宽度。

1)墙托。墙托常用角钢、矩形钢板、焊接组合钢板等与刚架梁连接，其作用是支承固定墙梁，做法与檩托基本相同。墙托宽度应至少与墙梁截面高度一致，长度应满足墙梁支承长度及螺栓孔边距、中距等构造要求，厚度一般为6～8 mm。

墙梁两端至少应各采用两个螺栓与墙托连接(一般两端各留两个螺栓孔)，孔径根据螺栓直径来确定，孔位在檩条腹板上均匀对称，孔距和边距应满足螺栓构造要求，墙梁与隔撑、拉条连接处应打孔。

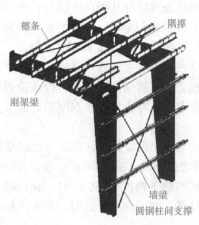

图 5-35　穿越式墙梁

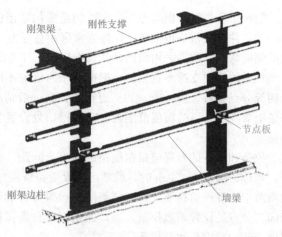

图 5-36　平齐式墙梁

2)墙面拉条和撑杆。提高墙梁稳定性的重要构造措施是用拉条或撑杆从檐口一端通长连接到底端,连接每根墙梁。拉条可分为直拉条和斜拉条,常用两端带丝扣的圆钢(同屋面拉条)。拉条和撑杆布置应根据墙梁跨度、间距、截面形式等因素选择。

拉条常设置在墙梁翼缘 1/3 高的受压侧腹板范围内(常靠墙面板外侧 1/3 处设置)。除设置直拉条通长拉结墙梁外,应在檐口处、天窗架两侧加置斜拉条和撑杆,牢固地与檐口檩条在刚架处的节点连接。

当墙梁跨度 $L \leqslant 4$ m 时,通常可不设置拉条或撑杆;当墙梁跨度 4 m$<L \leqslant 6$ m 时,可仅在墙梁跨中设置一道拉条;当墙梁跨度 $L > 6$ m 时,宜在墙梁跨间三分点处设置两道拉条。天窗架墙梁根据情况设置拉条和撑杆。

(5)支撑系统。支撑系统的主要目的是将施加在建筑物纵向的风荷载、起重机荷载、地震作用等从其作用点传递到柱基础,最后传递到地基。轻型钢结构的支撑系统有斜交叉支撑、门架支撑和隅撑。门式刚架支撑布置简图如图 5-37 所示。其布置原则如下。

1)柱间支撑和屋面支撑必须布置在同一开间内形成抵抗纵向荷载的支撑桁架。支撑桁架的直杆和单斜杆应采用刚性系杆,交叉斜杆可采用柔性系杆。刚性系杆是指圆管、H 形截面、Z 形或C 形冷弯薄壁截面等受拉压截面;柔性系杆是指圆钢、拉索等只受拉截面。对柔性系杆必须施加预紧力以抵消其自重作用引起的下垂。

2)支撑的间距一般为 30～45 m,不应大于 60 m。

3)支撑可布置在温度区间的第一个或第二个开间,当布置在第二个开间时,第一开间的相应位置应设置刚性系杆。

4)当房屋高度较大时,柱间支撑应分层设置;当房屋宽度大于 60 m 时,内柱列宜适当设置支撑。

5)刚架柱顶、屋脊等转折处应设置刚性系杆,结构纵向于支撑桁架节点处应设置通长的刚性系杆。

6)轻型钢结构的刚性系杆可由相应位置处的檩条兼作,刚度或承载力不足时设置附加系杆或在刚架斜梁间设置钢管、H 型钢或其他截面形式的杆件。

7)支撑宜用十字交叉圆钢支撑,圆钢与相连构件的夹角宜接近 45°,一般为 30°～60°。圆钢应采用特制的连接件与梁、柱腹板连接,校正定位后张紧固定。张紧手段最好采用花篮螺钉。

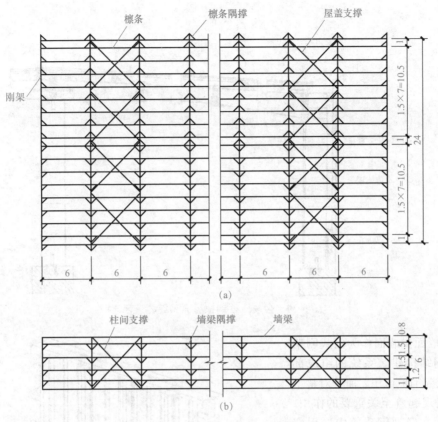

图 5-37 门式刚架支撑布置简图

8）当横梁和柱的内侧翼缘需要设置侧向支撑点时，可利用连接于外侧翼缘的檩条或墙梁设置隔撑。隔撑宜采用单角钢制作，可连接在内翼缘附近的腹板上，也可连接在内翼缘上，如图 5-38 所示，通常采用单个螺栓连接。隔撑与刚架构件腹板的夹角不宜小于 45°。

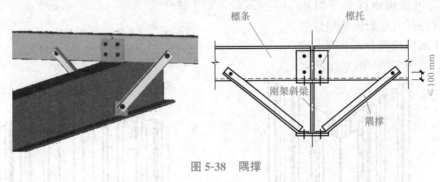

图 5-38 隔撑

（6）屋面。屋面是房屋上层的承重结构，需要承受自重、屋面活荷载。屋面构造设计的重点是需要解决防水、防火、防风、保温、隔热等问题。一般门式刚架等轻型钢建筑常见的屋面形式为坡屋顶，坡度一般为 1/20～1/8。

目前，在国内外普遍使用的是压型钢板、复合保温板。压型钢板屋面一般由屋面上层压型钢板、下层压型钢板、保温材料、采光材料、屋面开洞及屋面泛水收边、檩条等材料组成。图 5-39 所示为金属压型钢板屋面系统构造示意。

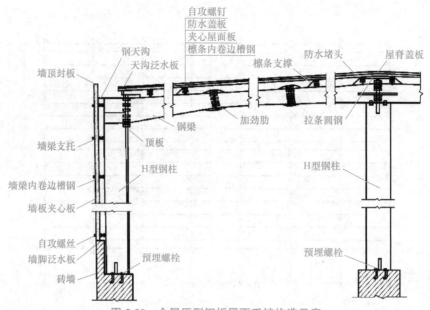

图 5-39　金属压型钢板屋面系统构造示意

（7）墙面。墙面作为门式刚架等轻型钢结构建筑系统的组成部分，不仅起围护作用，而且对整个建筑物美观起着至关重要的作用。金属墙面在轻型钢建筑中应用广泛，金属墙面常见的有压型钢板、金属保温板、金属幕墙板等。

压型钢板和夹芯板是目前轻型钢建筑中常用的金属墙面板。在实际工程中，包角板折件应予以重视，其连接好坏直接影响使用性能与外观。下面给出部分安装节点构造供参考，如图 5-40～图 5-42 所示。

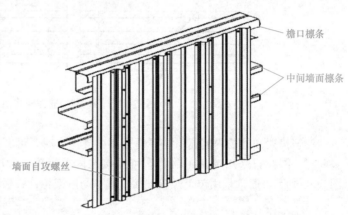

图 5-40　压型钢板与结构连接

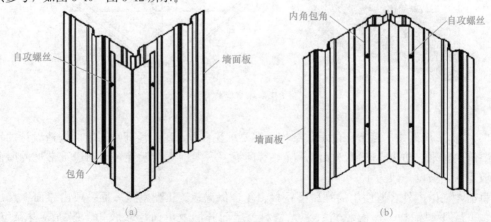

图 5-41　墙面包角节点

(a)外墙包角；(b)内墙包角

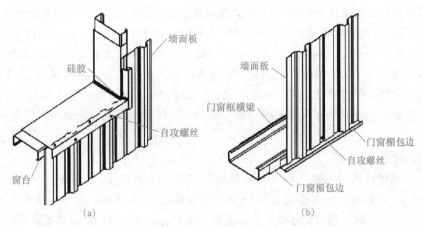

（a）　　　　　　　　　　　　　　（b）

图 5-42　门窗包角节点

（a）立柱处包角；（b）横梁处包角

工作流程

识读门式刚架施工图时，可按照图 5-43 所示的流程识读。

整体浏览图纸 → 阅读钢结构设计说明 → 了解轴网和柱脚布置 → 理解构件布置位置和规则 → 重点阅读刚架施工详图

图 5-43　门式刚架结构识图流程

工作步骤

识读某工业厂房门式刚架施工图

附图 1 是完整的门式刚架施工图，在详细看图前，可先将全套图纸整体浏览一遍，大致了解这套图样图纸数量（14 张）及图纸的内容。在了解清楚后，按照图纸识读流程进行读图。识图时要仔细认真，图纸表达不清或前后矛盾时，要多问多求证，不能模棱两可；此外，要重视"设计总说明"和每张图面右（或左）下角的"施工说明"部分。

1. 钢结构设计总说明

钢结构设计总说明通常放在整套图纸的首页，它是对一个建筑物的整体结构形式和结构构造等方面的要求做的总体概述。不同的钢结构施工图包含的设计总说明内容不尽相同，本套图纸结施—01～结施—03 为钢结构设计总说明，包括了本工程的工程概况，结构设计主要依据、标准及相关参数：设计标高±0.000 对应的绝对标高为 1 459.500 m；结构安全等级为二级，设计使用年限为 50 年，设防烈度为 6 度（0.05 g），地震分组为二组，场地类别为Ⅱ类；采用的荷载：屋面恒载（刚架）为 0.30 kN/m²，屋面活载（刚架）为 0.50 kN/m²，屋面光伏荷载为 0.15 kN/m²，基本风荷载为 0.60 kN/m²（50 年一遇），基本雪荷载为 0.40 kN/m²（100 年一遇）；刚架梁、柱采用 Q355B 钢，屋面檩条、墙梁选用 Q355B 热浸镀锌檩条；高强度螺栓：采用 10.9 级大六角头摩擦型，螺栓摩擦面的抗滑移系数不小于 0.40；其余构件的材质、规格性能等要求（螺栓直径等级、焊缝等级等），构件加工、制作、安装、运输、除锈、涂装、防火等专业的要求。

2. 基础平面布置图

结施—04 基础平面布置图表明了基础的平面位置，①～⑦轴为该厂房纵向，每个柱距 6 m，共 6 个柱距，共 36 m；Ⓐ～Ⓕ为该厂房横向，每个抗风柱距 6 m，共 5 个柱距，共 30 m。Ⓐ、

Ⓕ轴上的基础为门式刚架柱基础(受力较大,基础也比较大),其中J—1(平面尺寸3 200 mm×
3 900 mm)为边跨山墙刚架基础,J—2(平面尺寸3 700 mm×4 500 mm)为中间跨刚架基础;J—
3(平面尺寸1 800 mm×1 500 mm)均为抗风柱基础,三种基础都为棱锥形独立基础。平面图中
标注了基础平面尺寸和轴线的位置关系及基础外圈拉梁的平法表示。从本图的"施工说明"中读
出地基持力层为第②层粉质黏土层,地基承载力不低于200 kPa,基础底标高为—3.000 m,基
础采用C30混凝土,基础垫层采用C15等相关说明。具体基础高度、配筋情况需要配合识读基
础详图。

3. 基础详图

结施—05基础详图中包括了J—1平面及其1—1剖面和短柱a—a剖面、J—2平面及其2—
2剖面和短柱b—b剖面、J—3平面及其3—3剖面和短柱c—c剖面。这些大样标注了基础、短
柱平面尺寸、基础高度、基础底标高、基础配筋、混凝土垫层、短柱截面和配筋等信息。

以J—1详图为例(图5-44所示),该基础为独立基础,基础宽度为3 200 mm,偏轴布置轴
线左边为1 450 mm,轴线右边为1 750 mm;基础高度为3 900 mm,偏轴布置轴线左边为
2 325 mm,轴线右边为1 575 mm;基础垫层每边较基础宽100 mm;基础底配筋为单层双向钢
筋网片,规格为HRB400,直径为12 mm,间距为150 mm;短柱宽度为700 mm,偏轴布置轴
线左边为250 mm,轴线右边为450 mm;短柱长为1 250 mm,偏轴布置轴线左边为1 000 mm,
轴线右边为250 mm;柱脚锚栓为8M36,具体锚栓位置详见"柱脚锚栓布置图";柱顶设置后浇
槽140 mm×140 mm,深度为150 mm。

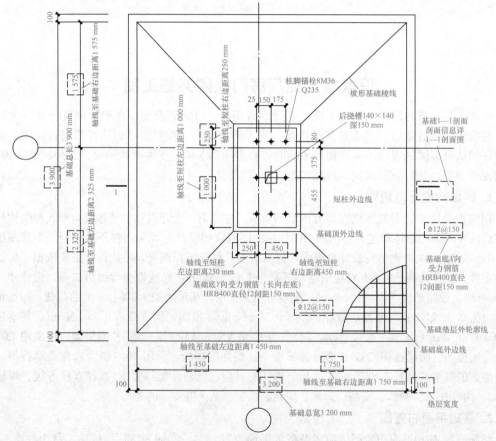

图5-44　J—1平面注释图

从 J—1 中的 1—1 剖面注释图（图 5-45）可知，基础底标高为 −3.000 m；棱锥形基础端部高为 300 mm，根部高为 600 mm；短柱高为 2 350 mm；短柱顶标高为 −0.050 m；短柱纵筋在基础底弯折长度为 300 mm，基础内设置两道外箍固定纵筋，箍筋距离基础顶 100 mm；基础顶预留 50 mm 后浇层用非收缩 C35 细石混凝土浇筑。

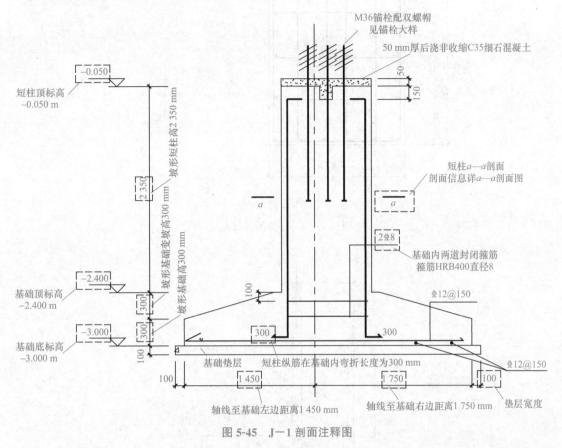

图 5-45　J—1 剖面注释图

由 J—1 上短柱的 a—a 剖面图（图 5-46）可知，短柱宽度为 700 mm，短柱长为 1 250 mm；短柱配筋如下：柱四角纵盘 4 根 HRB400 直径为 20 mm，柱短边 4 根 HRB400 直径为 20 mm，柱长边 3 根 HRB400 直径为 20 mm，箍筋 HRB400 直径为 8 mm，间距为 100 mm。

4. 柱脚锚栓布置图

结施—06 为柱脚锚栓布置图，图中平面尺寸表达了每根锚栓平面位置关系、每根柱子锚栓的定位，图上每个尺寸必须与基础图结合识读，以保证钢结构的顺利安装。根据锚栓布置能够知道哪些柱脚是刚接哪些是铰接，如Ⓐ、Ⓕ轴上的柱脚锚栓在钢柱外侧布置均为刚接柱脚，其他抗风柱锚栓在钢柱内布置为铰接柱脚。Ⓐ、Ⓕ轴交②～⑥为中间跨刚架刚接柱脚锚栓，选用 8 根直径为 45 mm 的锚栓，Ⓐ、Ⓕ轴交①、⑦轴为边跨刚架刚接柱脚锚栓，选用 6 根直径为 36 mm 的锚栓，①、⑦轴交Ⓑ～Ⓔ轴为抗风柱铰接柱脚锚栓，选用 2 根直径为 24 mm 的锚栓。

以锚栓大样注释图（图 5-47）为例，从图中可知，锚栓直径为 M24，锚固长度为 600 mm，锚板为 100 mm×100 mm，厚度为 20 mm；锚栓直径为 M36，锚固长度为 900 mm，锚板为 120 mm×120 mm，厚度为 20 mm；锚栓直径为 M45，锚固长度为 1 150 mm，锚板为 150 mm×150 mm，厚度为 20 mm；外露丝扣长度均为 200 mm；锚栓和锚板用焊脚高度为 8 mm 角焊缝周围焊。

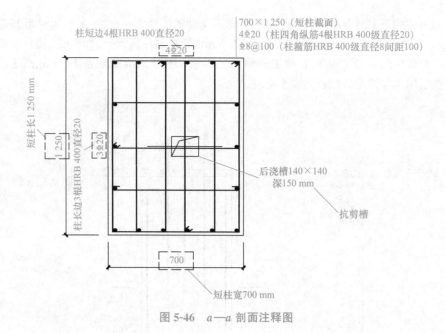

图 5-46　*a—a* 剖面注释图

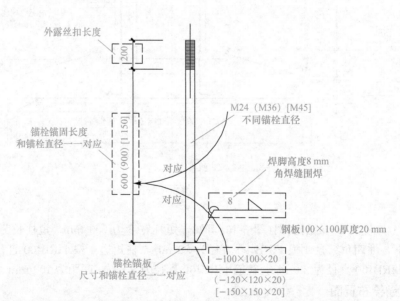

图 5-47　锚栓大样注释图

由基础短柱连接节点注释图(图 5-48)可知，钢柱和混凝土短柱通过锚栓连接，在钢柱底设置抗剪键来抵抗柱底水平剪力；在钢柱和混凝土短柱间设置 50 mm 后浇层，用来调整安装钢柱，安装完成后用 C35 非收缩细石混凝土浇筑；柱与基础的连接采用柱底板下一个螺母作为调节螺母，在柱底板上设置垫板和双螺母的固定方式，双螺母能防止螺栓的松动。

5. 钢柱、柱间支撑布置图

从结施－07 钢柱、柱间支撑布置图可知，Ⓐ、Ⓕ轴交②～⑥为中间跨 GZ－1，Ⓐ、Ⓕ轴交①、⑦轴为边跨 GZ－1′，①、⑦轴交Ⓑ～Ⓔ轴为 KFZ，所有柱外边与轴线齐。Ⓐ、Ⓕ轴交①～②、⑥～⑦有柱间支撑布置，柱间支撑通常布置在房屋端部第一开间或第二开间，且间距宜取

30～45 m。该厂房柱间支撑(ZC—1)布置在房屋端部第一开间，柱间支撑间距为 24 m。右侧柱表里包括钢柱、柱间支撑截面和材质，说明中明确了柱间支撑的连接构造。从图 5-49 所示的GZ—1 截面图可知钢柱截面。

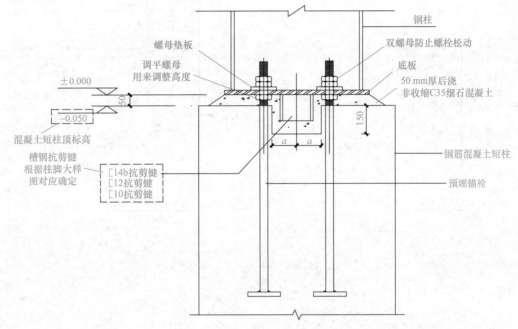

图 5-48　基础短柱连接节点注释图

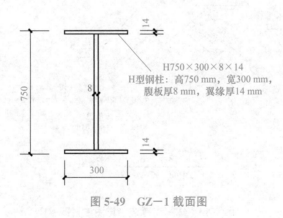

图 5-49　GZ—1 截面图

从图 5-50 所示柱间支撑连接详图注释图可知，该厂房为十字交叉柱间支撑，支撑采用等边双角钢 2L 125×8 背对背拼接；填板宽度为 70 mm，长度为 165 mm，厚度为 14 mm，间距为500 mm；节点板采用 14 mm 厚钢板，角钢与连接板之间螺栓采用 M16 普通螺栓固定后用双面角焊缝焊接，柱间支撑连接详图分中间节点、柱顶节点和柱顶节点。

6. 吊车梁布置图

结施—08 为吊车梁布置图，在工业厂房门式刚架结构中，较多厂房需要配置起重机。起重机分为电动单梁(吨位小)和桥式起重机(吨位大)。本项目采用的是钢梁下悬挂轨道的电动单梁起重机(图 5-51)，起重机起重量为 1 t，吊车梁跨度为16 m。轨道采用 I28a，轨道底标高为 4.60 m，选用构造图集为 04SG518—2。

柱间支撑柱
底节点模型

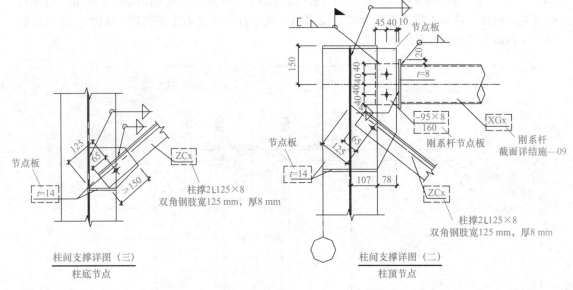

柱间支撑详图（三）
柱底节点

柱间支撑详图（二）
柱顶节点

节点板

$t=14$

柱撑2L125×8
双角钢肢宽125 mm，厚8 mm

刚系杆节点板

刚系杆
截面详结施—09

柱撑2L125×8
双角钢肢宽125 mm，厚8 mm

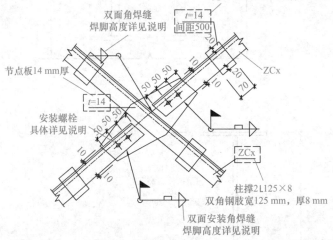

填板
宽70 mm长165 mm厚14 mm

双面角焊缝
焊脚高度详见说明

节点板14 mm厚

安装螺栓
具体详见说明

柱撑2L125×8
双角钢肢宽125 mm，厚8 mm

双面安装角焊缝
焊脚高度详见说明

柱间支撑详图（一）
中间节点

柱间支撑中
间节点模型

图 5-50　柱间支撑连接详图注释图

图 5-51　悬挂电动单梁起重机

7. 刚架、屋面支撑、系杆平面布置图

结施—09为刚架、屋面支撑、系杆平面布置图，从图中可知，①、⑦轴交Ⓐ~Ⓕ为边跨GJ—1，跨度30 m大样详见结施—10；②~⑥轴交Ⓐ~Ⓕ为中间跨GJ—2，跨度30 m大样详见结施—11；Ⓐ~Ⓕ轴和屋脊处垂直刚架均布置为刚性系杆(XG—1)以保证刚架梁平面外的稳定并能传递山墙的水平力。Ⓐ~Ⓕ轴交①~②、⑥~⑦均布置屋面水平支撑(SC—1)且与柱间支撑布置在同一开间。在构件一览表中，表示屋面水平支撑为等边单角钢L 100×6，屋面刚系杆为圆管φ140×6。

8. 刚架结构图

结施—10、结施—11为刚架布置图，该建筑物共有两种类型的刚架：GJ—1和GJ—2。GJ—1为边楣刚架，仅比中间楣GJ—2多4根抗风柱，其余均相同。图中表明了各刚架的布置情况、组成部分的截面尺寸及细部的连接构造。

GJ—1详图模型

以GJ—1局部图为例，从图5-52可知，GJ—1以Ⓑ~Ⓒ轴中间4—4剖的位置左右对称。Ⓐ轴刚架柱与Ⓐ轴外齐，柱底标高为−0.150 m，柱顶标高为6.000 m，柱截面为高750 mm、宽300 mm、腹板厚8 mm、翼缘厚14 mm的H型截面，与混凝土短柱连接详5—5剖面，与门刚梁连接详见1—1和2—2剖面，檐口处有1.5 m高钢女儿墙立柱和钢柱连接。Ⓑ轴为抗风柱，其布置方向为面内垂直刚架，柱底标高为−0.150 m，抗风柱截面为高350 mm、宽200 mm、腹板厚6 mm、翼缘厚10 mm的H型截面，柱下端与混凝土短柱连接详见6—6剖面，上端与门刚梁连接详节点2。刚架梁为变截面钢梁，2—2剖~3—3剖高度从850 mm变为400 mm，宽度为250 mm，腹板厚度为8 mm，翼缘厚度为14 mm，钢梁上间距1 500 mm的檩托板用来固定屋面檩条。节点1为柱翼缘，它和连接板的厚度差大于4 mm，需要按节点1用1：2.5变坡做法，以避免应力集中。

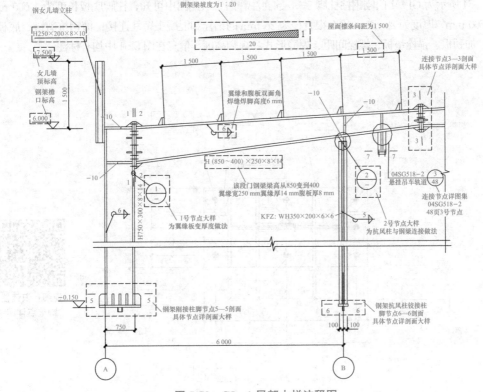

图5-52　GJ—1局部大样注释图

1—1剖～4—4剖均为钢梁刚接连接剖面，均采用高强度螺栓连接。以3—3剖面图为例，从图5-53可知，连接板长度为625 mm，宽度为250 mm，厚度为22 mm，用12根直径24 mm、10.9级摩擦型高强度螺栓连接；螺栓孔径、加劲板截面尺寸、螺栓间距、焊缝形式和焊脚高度在图5-53中均有标注。

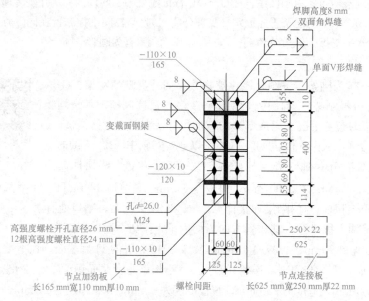

图 5-53　GJ—1 钢梁连接 3—3 剖面注释图

图5-54所示为GJ—1门刚钢柱柱脚5—5剖面注释图。从此图中可知，柱脚底板长度为1 060 mm，宽度为500 mm，厚度为22 mm，用8根直径为36 mm的锚栓和混凝土短柱连接；槽钢抗剪键、底板螺栓孔径、加劲板、锚栓垫板、螺栓间距、焊缝形式和焊脚高度等信息在图5-54中均有标注。

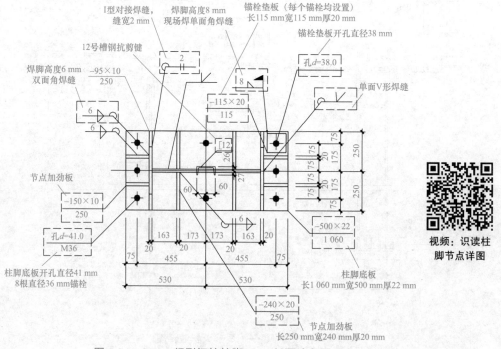

图 5-54　GJ—1 门刚钢柱柱脚 5—5 剖面注释图

图 5-55 所示为 GJ—1 门刚抗风柱柱脚 6-6 剖面注释图。从此图中可知，该柱脚底板长度为 390 mm，宽度为 250 mm，厚度为 20 mm，用 2 根直径为 24 mm 锚栓和混凝土短柱连接；槽钢抗剪键、底板螺栓孔径、加劲板、锚栓垫板、螺栓间距、焊缝形式和焊脚高度等信息见图 5-55 中标注。

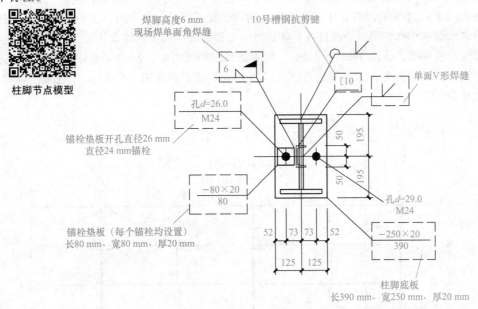

图 5-55　GJ—1 门刚抗风柱柱脚 6—6 剖面注释图

图 5-56 所示为抗风柱和刚架梁的连接节点注释图。从此图中可知，抗风柱和刚架梁的连接构造为弹性连接，抗风柱不承受刚架梁的竖向荷载，仅传递山墙的风荷载。刚架梁下焊接连接板和抗风柱腹板用 2 根普通螺栓连接，钢柱腹板设长圆孔，以避免抗风柱受竖向荷载。

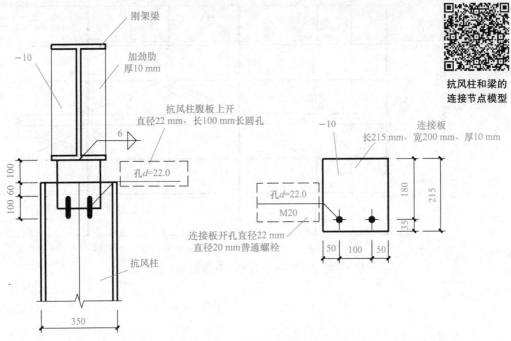

图 5-56　抗风柱和刚架梁的连接节点注释图

9. 屋面檩条、拉条及隔撑布置图

结施－12 为屋面檩条、拉条及隔撑布置图，以局部屋面檩条、拉条及隔撑布置图为例。从图 5-57 中可知，在刚架①~⑦轴屋面上每隔间距 1.5 m 均布置 C250×75×20×2.2 的檩条，屋脊处以间距 0.4 m 布置两根檩条；垂直檩条每跨中均设置了 ϕ12 拉条，在屋脊和檐口处设计了 ϕ12 斜拉条和 ϕ32×2.5 圆管撑杆；中间跨钢梁两侧均设置了隔撑。隔撑的设置一方面保证构件平面外的稳定性，减小构件平面外的计算长度；另一方面保证梁的下翼缘受压部分的局部稳定，防止受压翼缘屈曲失稳。从图 5-58 中可知，C 形檩条和刚架梁用 4 根 M12 普通螺栓与檩托板连接；隔撑用宽 63 mm、厚 5 mm 的等边角钢将檩条和刚架梁下翼缘用 1 根 M16 普通螺栓连接，与钢梁的夹角为 45°。

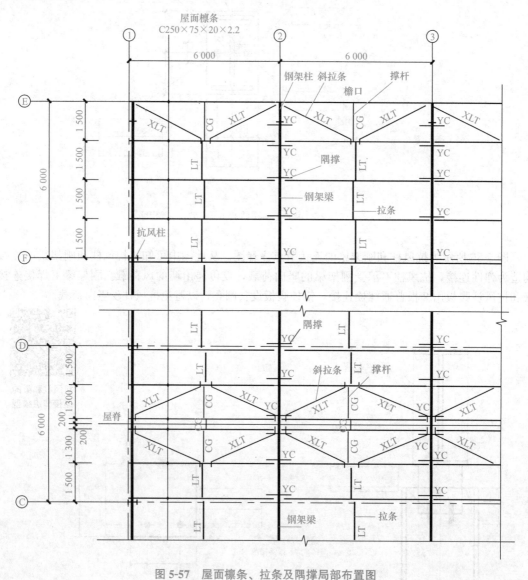

图 5-57　屋面檩条、拉条及隔撑局部布置图

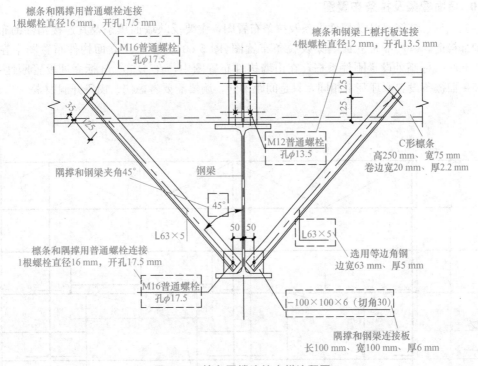

檩条和隔撑用普通螺栓连接
1根螺栓直径16 mm，开孔17.5 mm

M16普通螺栓
孔φ17.5

檩条和钢梁上檩托板连接
4根螺栓直径12 mm，开孔13.5 mm

隔撑和钢梁夹角45°

钢梁

M12普通螺栓
孔φ13.5

C形檩条
高250 mm、宽75 mm
卷边宽20 mm、厚2.2 mm

L63×5

L63×5

选用等边角钢
边宽63 mm、厚5 mm

檩条和隔撑用普通螺栓连接
1根螺栓直径16 mm，开孔17.5 mm

M16普通螺栓
孔φ17.5

—100×100×6（切角30）

隔撑和钢梁连接板
长100 mm、宽100 mm、厚6 mm

图 5-58　檩条隔撑连接大样注释图

　　屋面檩条间用拉条相连接，拉条设置防止檩条侧向变形和扭转并且提供平面外支点。屋面檩条与拉条连接大样图如图 5-59 所示，该图设置双层的柔性 φ12 圆钢拉条。

檩条隔撑连接
节点模型

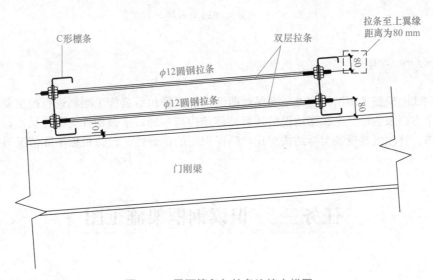

C形檩条

双层拉条

拉条至上翼缘
距离为80 mm

φ12圆钢拉条

φ12圆钢拉条

门刚梁

图 5-59　屋面檩条与拉条连接大样图

10. 墙面檩条及拉条布置图

结施—13、结施—14为墙面檩条及拉条布置图，主要反映墙面檩条及其连接构件的布置情况和细部构造。以局部正立面墙梁及拉条布置图(图5-60)为例，正立面构件布置图中在①～⑦轴6.000 m标高处设置刚性系杆，在山墙构件布置图中，在4.500 m标高处设置刚性系杆；墙梁和屋面檩条设置原理基本相同，只是间距不同，墙梁需要考虑门、窗等开洞因素。

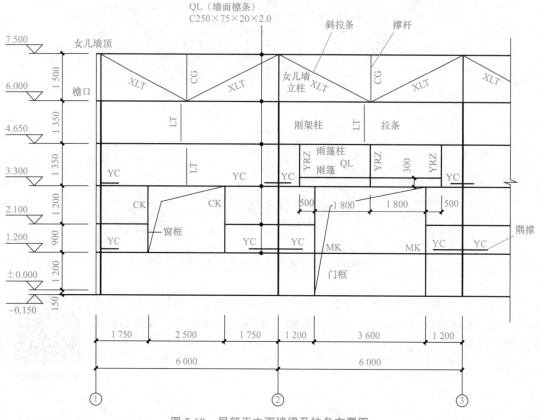

图5-60　局部正立面墙梁及拉条布置图

识读门式刚架施工图结果检查是确保对图纸理解正确和后续施工顺利进行的重要环节。可从以下四个方面来验证学生识图情况：理解整体结构与布局；掌握构件类型与尺寸；理解节点连接与细节；将图纸与现场实际结构对比，确保识图的正确性。教师根据实际情况对学生进行综合评价。

任务三　识读钢框架施工图

工作任务

某办公楼工程(附图2)，平面布置呈L形，为4层钢框架结构，结构顶标高为15.60 m，基础为混凝土条形基础，试识读该钢框架结构全套结构施工图。

🤔 **任务思考**

(1)识读平面布置图时需要注意哪些问题？

_____

_____

(2)该结构采用何种基础形式？基础梁如何配筋？

_____

_____

(3)试说明该结构采用什么类型柱脚，与基础如何连接。

_____

_____

(4)该框架结构中梁柱采用什么类型的截面？

_____

_____

(5)该建筑采用什么楼板？与钢梁是如何连接的？

_____

_____

(6)钢柱如何拼接？钢梁和钢柱如何连接？

_____

_____

_____

🔧 **工作准备**

认识钢框架结构

钢框架适用于大跨度、多高层或荷载较重的工业与民用建筑。在高度不大的多高层建筑中，框架结构是一种较好的结构体系，广泛用于办公、住宅、商店、医院、旅馆、学校及多层工业厂房。

1. 结构体系

随着层数及高度的增加，除承受较大的竖向荷载外，抗侧力（风荷载、地震作用等）要求也成为框架的主要承载特点。其基本结构体系一般可分为纯框架体系、框架-支撑体系和框架-剪力墙体系三种。其中，框架-支撑体系在实际工程中应用较多。

(1)纯框架体系。纯框架体系是最基本的抗侧力体系，是由钢梁和钢柱组成的能承受垂直与水平荷载的结构。其主要由楼板、钢梁、钢柱及基础等承重构件组成，其构件可为实腹式，也可为构架式。由框架梁、柱与基础形成平面框架一般布置在建筑物的横向，承受横向荷载，各平面框架再由连系梁、纵向支撑吊车梁或墙板与框架柱连接，承受纵向荷载，形成一个空间结构体系，如图5-61所示。其特点是平面布置灵活，刚度比较均匀，延性大，抗震性能好，刚度小，侧向位移大，节点构造较复杂，用钢量较大。纯框架体系适用于30层以内，柱距较大，但无法设置支撑的建筑物。

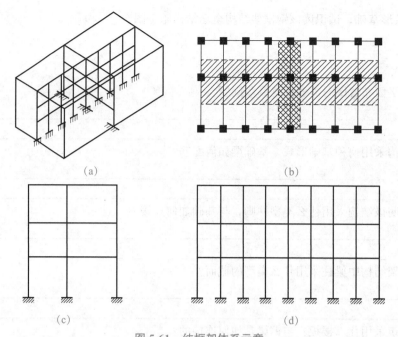

图 5-61　纯框架体系示意

(a)空间示意；(b)荷载影响示意；(c)横向框架；(d)纵向框架

（2）框架-支撑体系。框架-支撑体系是指在框架结构体系中，沿纵、横两个方向均匀布置一定数量的支撑所形成的结构体系（图 5-62）。框架和支撑桁架共同组成抗侧力体系，承担各种荷载的结构。框架-支撑体系的特点是平面布置灵活，延性大，侧向刚度大，抗震性能好，受力合理，节点构造较复杂，大空间少。它适用于 30～60 层的高层建筑。根据支

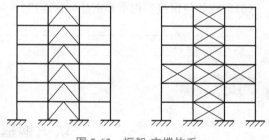

图 5-62　框架-支撑体系

撑类型的不同，框架-支撑体系又分为框架-中心支撑和框架-偏心支撑。

1）框架-中心支撑。框架支撑杆件的工作线交汇于一点或多点，相交构件的偏心距小于最小连接构件的宽度，杆件主要承受轴心力。根据支撑杆件形式的不同，框架-中心支撑杆件又分为十字交叉斜杆［图 5-63（a）］、单斜杆［图 5-63（b）］、人字形斜杆［图 5-63（c）］、K 形斜杆［图 5-63（d）］和跨层跨柱设置斜杆［图 5-63（e）］等。

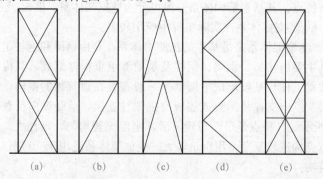

图 5-63　框架-中心支撑的 5 种形式

(a)十字交叉斜杆；(b)单斜杆；(c)人字形斜杆；(d)K 形斜杆；(e)跨层跨柱设置斜杆

2)框架-偏心支撑。支撑框架构件的工作线不交汇于一点，支撑连接点的偏心距大于连接点处最小构件的宽度，可通过消能梁段耗能。根据支撑杆件的形式不同，又可分为门架式[图 5-64 (a)]、单斜杆式[图 5-64(b)]、人字形[图 5-64(c)]、V 字形[图 5-64(d)]。

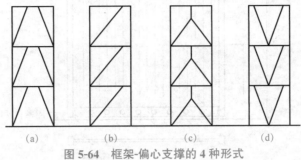

图 5-64　框架-偏心支撑的 4 种形式

(a)门架式；(b)单斜杆式；(c)人字形；(d)V 字形

(3)框架-剪力墙。框架-剪力墙是以钢框架为主体，并配置一定数量的剪力墙(图 5-65)，用剪力墙(具有良好延性和抗震性能的墙板)代替钢支撑嵌入钢框架，适用于 40～60 层的高层建筑。剪力墙的主要类型有钢板剪力墙(图 5-66)、内藏钢板支撑剪力墙(图 5-67)、带竖缝钢筋混凝土剪力墙(图 5-68)等。

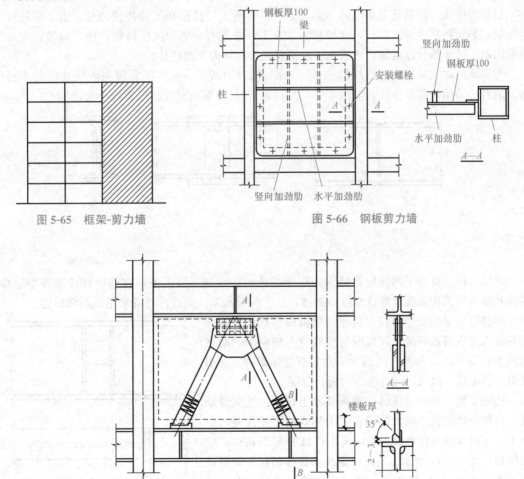

图 5-65　框架-剪力墙

图 5-66　钢板剪力墙

图 5-67　内藏钢板支撑剪力墙

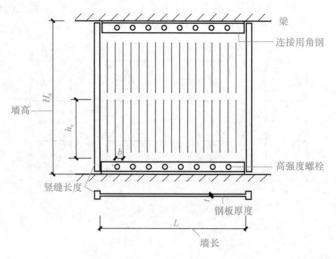

图 5-68　带竖缝钢筋混凝土剪力墙

2. 构件及其连接

（1）梁。

1）梁的拼接。依据施工条件的不同，梁的拼接有工厂拼接和工地拼接两种。由于钢材尺寸的限制，必须将其接长或拼长，这种拼接常在工厂中进行，称为工厂拼接；由于运输或安装条件的限制，梁必须分段运输，然后在工地拼装连接，称为工地拼接。

型钢梁的拼接可采用对接焊缝连接，如图 5-69（a）所示，但由于翼缘与腹板连接处不易焊透，故有时采用拼接板连接，如图 5-69（b）所示。拼接位置均宜放在弯矩较小处。

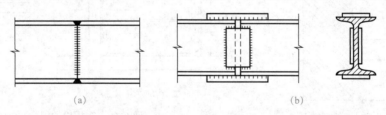

图 5-69　型钢梁的拼接
（a）对接焊缝连接；（b）拼接板连接

梁的拼接应符合下列规定：翼缘采用全熔透对接焊缝，腹板采用高强度螺栓摩擦型连接；翼缘和腹板均采用高强度螺栓摩擦型连接；三、四级和非抗震设计时可采用全截面焊接。

焊接组合梁的工厂拼接，翼缘与腹板的拼接位置最好错开并采用直对接焊缝。腹板的拼接焊缝与横向加劲肋之间至少相距 $10t_w$，如图 5-70 所示。对接焊缝施焊时宜加引弧板，并采用一级或二级焊缝，与板材等强。

梁的工地拼接应使翼缘与腹板基本上在同一截面处断开，以便分段运输。高大的梁在工地施焊时不便翻身，应将上、下翼缘的拼接边缘均做成向上开口的 V 形坡口，以便俯焊，如图 5-71 所示。有时将翼缘和腹板的接头略微错开一些，如图 5-71（b）所示，这样受力情况较好，但运输

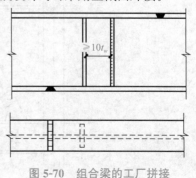

图 5-70　组合梁的工厂拼接

单元突出部分应特别保护，以免碰损。在图5-71(a)中，为了减少焊缝收缩应力，将翼缘焊缝留一段不在工厂施焊。图5-71中注明的数字是工地施焊的适宜顺序。

由于现场施焊条件较差，焊缝质量难以保证，所以较重要或受动力荷载的大型梁，其工地拼接宜采用高强度螺栓，如图5-72所示。

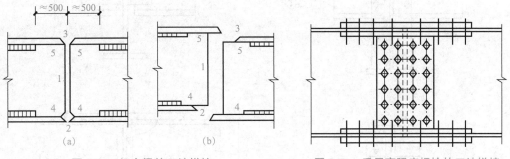

图5-71　组合梁的工地拼接　　　图5-72　采用高强度螺栓的工地拼接

2)梁的连接。次梁与主梁的连接形式有叠接和平接两种，如图5-73所示。叠接是将次梁直接搁在主梁上面，用螺栓或焊缝连接，其构造简单，但需要的结构高度大，其使用常受到限制。图5-73(a)所示是次梁为简支梁时与主梁的连接构造；图5-73(b)所示是次梁为连续梁时与主梁的连接构造。如果次梁截面较大，应另采取构造措施防止支承处截面的扭转。

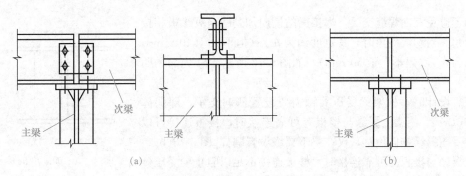

图5-73　次梁与主梁的叠接

平接是使次梁顶面与主梁相平或略高、略低于主梁顶面，从侧面与主梁的加劲肋或在腹板上专设的短角钢或支托连接。图5-74(a)～(c)所示是次梁为简支梁时与主梁的连接构造，图5-74(d)所示是次梁为连续梁时与主梁的连接构造。平接虽构造复杂，但可减小结构高度，故在实际工程中应用较广泛。

每种连接构造都要将次梁支座的压力传递给主梁，实质上这些支座压力就是梁的剪力。而梁腹板的主要作用是抗剪，因此应将次梁腹板连接在主梁腹板上，或连接在与主梁腹板相连的铅垂方向抗剪刚度较大的加劲肋上或支托的竖直板上。在次梁支座压力作用下，按传力的大小计算连接焊缝或螺栓的强度。由于主、次梁翼缘及支托水平板的外伸部分在铅垂方向的抗剪强度较小，所以在分析受力时不考虑它们传递次梁的支座压力。在图5-74(c)、(d)中，次梁支座压力V先由焊缝①传递给支托竖直板，然后由焊缝②传递给主梁腹板。在其他的连接构造中，支座压力的传递途径与此相似，此处不一一分析。

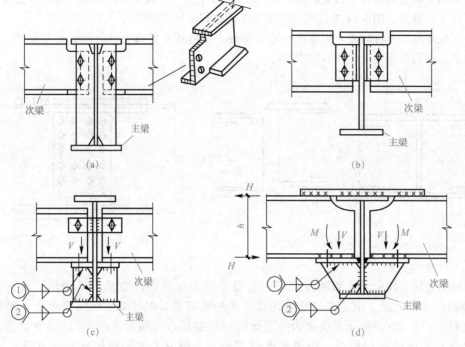

图 5-74　次梁与主梁的平接

为了避免三向焊缝交叉，焊接梁的横向加劲肋与翼缘板相接处应切角。当切成斜角时，其宽度约为 $b_s/3$（但不大于 40 mm），高度约为 $b_s/2$（但不大于 60 mm），如图 5-75 所示，b_s 为加劲肋的宽度。

抗震设计时，框架梁受压翼缘需要设置侧向支承，即隔撑[图 5-76(a)]。当梁上翼缘与楼板有可靠连接时，楼板连接可以阻止梁受压翼缘侧向位移，仅在梁下翼缘设置隔撑[图 5-76(b)]。当梁上翼缘与楼板无可靠连接时，楼板连接不足以阻止梁受压翼缘侧向位移，梁上、下翼缘都应设置隔撑[图 5-76(c)]。

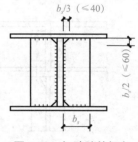

图 5-75　加劲肋的切角

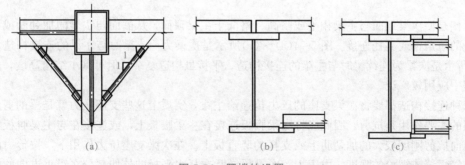

图 5-76　隔撑的设置

一般情况下，下面几种情况可认为梁的上翼缘与楼板是可靠连接：现浇混凝土楼板可认为能阻止受压翼缘侧移；预制混凝土楼板，通过钢梁上的抗剪件或预制板上的预埋件与钢梁连接，且数量足够多；压型钢板组合楼板有足够的连接件和钢梁连接。

梁端采用加强型连接或骨式连接时，应在塑性区外设置竖向加劲肋。隅撑与偏置45°的竖向加劲肋在梁下翼缘附近相连，该竖向加劲肋不应与翼缘焊接。

一般来说，当有管道穿过钢梁时，可以在腹板上开孔，但腹板中的孔口应予以补强。在抗震设防结构中，不应在有隅撑范围内的梁腹板上设孔。补强杆件应采用与母材强度等级相同的钢材。

当开圆形孔，且圆形孔直径小于或等于1/3梁高时，可不予孔口补强。当圆形孔直径大于1/3梁高时，可用环形加劲肋加强，也可用套管或环形补强板加强，如图5-77所示。补强时，弯矩可仅由翼缘承担，剪力由孔口截面的腹板和补强板共同承担。

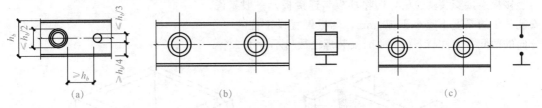

图 5-77　梁腹板圆形孔口的补强
(a)环形加劲肋补强；(b)套管补强；(c)环形板补强

开矩形孔口时，应对孔口位置进行补强，矩形孔口上、下边缘的水平加劲肋端部宜伸至孔口边缘以外 300 mm。当矩形孔口长度大于梁高时，其横向加劲肋应沿梁全高设置。矩形孔口加劲肋截面尺寸不宜小于 125 mm × 18 mm。当孔口长度大于 500 mm 时，应在梁腹板两侧设置加劲肋(图5-78)。

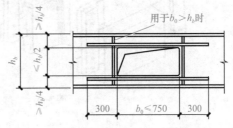

图 5-78　梁腹板矩形孔口的补强

(2)柱。

1)柱的拼接。钢柱可以采用全螺栓连接[图5-79(a)]、栓-焊混合连接[图5-79(b)]及全焊接拼接[图5-79(c)]三种连接形式。在非抗震设计的高层民用钢结构中，柱的弯矩小且不产生拉力时，柱接头可以采用部分熔透焊缝。否则，必须采用熔透对接焊缝或高强度螺栓摩擦型连接，按等强度设计。

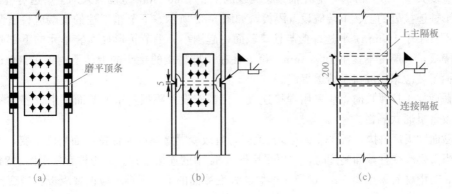

图 5-79　钢柱拼接形式
(a)全螺栓连接；(b)栓-焊混合连接；(c)全焊接连接

柱的连接可分为工厂连接和工地连接两种。工厂连接时，连接接头宜采用全熔透焊接连接，且翼缘和腹板的接头应相互错开500 mm以上，以避免在同一截面有过多的焊缝；工地拼接时，框架柱的拼接接头(图5-80)宜设置在框架梁上方1.2～1.3 m处或柱净高的一半处，取两者的较小值。

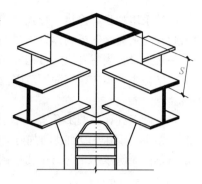

图 5-80　框架柱拼接接头位置

等截面钢柱工地拼接时，为了确保拼接连接节点的安装质量和架设的安全，在柱的拼接处须安装耳板(图5-81)作为临时固定。现场吊装就位后，用临时安装螺栓将耳板与连接板连接安装就位后，切除耳板与连接板。一般来说，安装耳板的厚度不应小于10 mm，耳板仅宜设于柱的一个方向的两侧，上柱与下柱的临时安装螺栓数目不少于3个。

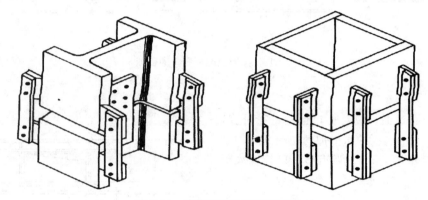

图 5-81　等截面钢柱用耳板拼接

H形柱在工地拼接时，翼缘宜采用坡口全熔透焊缝，腹板可采用高强度螺栓连接。柱的板件较厚，多采用全焊接接头时，上柱翼缘应开V形坡口，腹板应开K形坡口。

箱形柱工地接头，应全部采用焊接，其角部的组装焊缝可采用V形坡口部分熔透焊缝和全熔透焊缝两种。组装焊缝厚度不应小于板厚的1/3，且不应小于16 mm，抗震设计时不应小于板厚的1/2。当梁与柱刚性连接时，在框架梁翼缘的上、下500 mm范围内，应采用全熔透焊缝；柱宽度大于600 mm时，应在框架梁翼缘的上、下600 mm范围内采用全熔透焊缝。

箱形柱连接处的上、下端应设置隔板，如图5-82所示。下节箱形柱的上端应设置隔板，隔板厚度不宜小于16 mm，其边缘应与柱口截面一起刨平。上节箱形柱安装单元的下部附近应设置上柱隔板，其厚度不宜小于10 mm。箱形柱在工地拼接的接头的上、下侧各1 100 mm范围内，截面组装应采用坡口全熔透焊缝。

等截面柱工厂拼接时，应采用焊接连接，且都应设置隔板，箱形截面柱中设置内隔板，圆管柱中设置贯通式隔板。

变截面柱工厂拼接，当柱需要改变截面时，宜改变翼缘厚度而保持截面高度不变，如图5-83所示。当需要改变柱截面高度时，可以采用图5-84中的连接形式。对边柱宜采用图5-84(a)所示的做法，对中柱宜采用图5-84(b)所示的做法，变截面的上、下端均应设置隔板。当变截面段位于梁柱接头时，可采用图5-84(c)所示的做法，变截面两端距离梁翼缘不宜小于150 mm。

十字形柱应由钢板或两个H型钢焊接组合而成，组装焊缝均应采用部分熔透的K形坡口焊缝，每边焊接深度不应小于1/3板厚。十字形柱与箱形柱连接处，有两种截面过渡段，十字形柱的腹板应伸入箱形柱，如图5-85所示，伸入长度不应小于钢柱截面高度加200 mm。与上部钢结构相连的钢筋混凝土柱，沿其全高应设置栓钉，栓钉间距和列距在过渡段内宜采用150 mm，最大不得超过200 mm；在过渡段外不应大于300 mm。

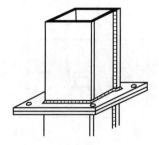

图 5-82　箱形柱工地接头

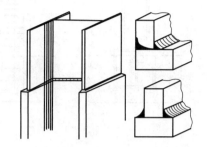

图 5-83　H 形变截面柱接头(高度不变)

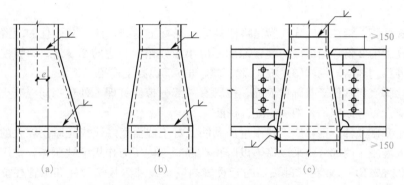

(a)　　　　　　　(b)　　　　　　　(c)

图 5-84　H 形变截面柱连接(高度改变)

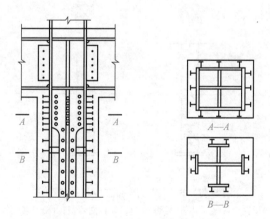

图 5-85　十字形柱与箱形柱连接

2)柱脚。按其受力情况，柱脚又可分为铰接柱脚和刚接柱脚两种(此部分内容详见门式刚架柱脚)。框架结构大多采用刚接柱脚，若采用铰接柱脚则宜为支承式。柱脚按其构造做法的不同也可分为外露式柱脚[图 5-86(a)]、外包式柱脚[图 5-86(b)]、埋入式柱脚[图 5-86(c)]及插入式柱脚。单层厂房刚接柱脚可采用插入式柱脚和外露式柱脚。多层结构框架柱还可以采用外露式柱脚。对于荷载较大、层数较多的，宜采用外包式柱脚和埋入式柱脚。进行抗震设计时，宜优先采用埋入式柱脚；外包式柱脚可在有地下室的高层民用建筑中采用。

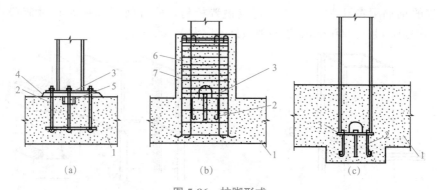

图 5-86　柱脚形式

(a)外露式柱脚；(b)外包式柱脚；(c)埋入式柱脚

1—基础；2—锚栓；3—底板；4—元收缩砂浆；5—抗剪键；6—主筋；7—箍筋

①埋入式柱脚。钢柱埋入式柱脚是将柱脚埋入混凝土基础，H 形截面柱的埋置深度不应小于钢柱截面高度的 2 倍，箱形柱的埋置深度不应小于柱截面长边的 2.5 倍，圆管柱的埋置深度不应小于柱外径的 3 倍；钢柱脚底板应设置锚栓与下部混凝土连接。

埋入式柱脚底板常位于基础梁底面，柱脚有一部分带栓钉埋入外包钢筋混凝土。钢柱埋入部分的四角应设置竖向钢筋，四周应配置箍筋。

在混凝土基础顶部，钢柱应设置水平加劲肋。对于截面宽厚比或径厚比较大的箱形柱和圆管柱，其埋入混凝土的部分应采取措施以防止在混凝土侧压力作用下被压坏。常用的方法是填充混凝土[图 5-87(b)]，或在基础顶面附近设置内隔板或外隔板箱形柱和圆管柱抗压抗拔构造[图 5-87(c)、(d)]。对于有抗拔要求的埋入式柱脚，可在埋入部分设置栓钉[图 5-87(a)]。

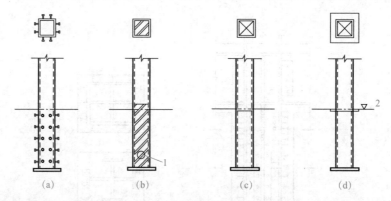

图 5-87　埋入式柱脚的抗压和抗拔构造

(a)设置栓钉；(b)填充混凝土；(c)设置内隔板；(d)设置外隔板

1—灌注孔；2—基础顶面

埋入式柱脚构造同样适用于箱形截面柱、圆管形截面柱和十字形截面柱。埋入式柱脚不宜采用冷成型箱形柱。超过 50 m 钢结构的刚性柱脚宜采用埋入式柱脚。进行抗震设计时，优先采用埋入式柱脚。

②外包式柱脚。钢柱外包式柱脚由钢柱脚和外包混凝土组成，位于混凝土基础顶面以上，钢柱脚与基础应采用抗弯连接。外包混凝土的高度不应小于钢柱截面高度的 2.5 倍，且从柱脚底板到外包层顶部箍筋的距离与外包混凝土宽度之比不应小于 1.0。外包式柱脚一般用于三、四级抗震及非抗震时。

③外露式柱脚。钢柱外露式柱脚应通过底板锚栓固定于混凝土基础上。常见的外露式柱脚如图 5-88 所示。

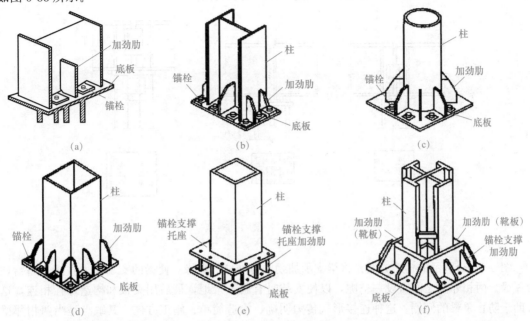

图 5-88　常见的外露式柱脚

(a)H 形钢柱铰接柱脚；(b)H 形钢柱刚接柱脚；(c)圆钢管刚接柱脚；
(d)箱形钢柱刚接柱脚；(e)箱形钢柱刚接柱脚(加锚栓支承托座)；(f)圆钢管柱刚接柱脚(加靴板)

外露式柱脚中钢柱轴力由底板直接传至混凝土基础。钢柱底部的剪力可由底板与混凝土之间的摩擦力传递；当剪力大于底板下的摩擦力时，应设置抗剪键，由抗剪键承受全部剪力；也可由锚栓抵抗全部剪力，且锚栓垫片下应设置盖板，盖板与柱底板焊接。

外露式柱脚在地面以下时，采用强度等级较低的混凝土包裹高出地面 150 mm(图 5-89)；在地面以上(室外)时，柱脚高出地面 150 mm 以上(图 5-90)。

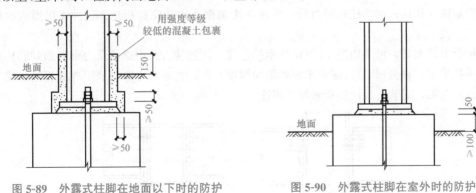

图 5-89　外露式柱脚在地面以下时的防护　　　　图 5-90　外露式柱脚在室外时的防护

(3)梁与柱连接。梁与柱的连接节点可以归纳为铰接连接、半刚性连接和刚性连接三大类，实际处理方法各不相同。

1)梁与柱的铰接连接。轴心受压柱主要承受由梁传来的荷载，与梁一般均采用铰接。轴心受压柱与梁的铰接连接一般有梁支承于柱顶和梁连接于柱的侧面两种方案。图 5-91 所示是梁支承于柱顶的铰接构造图。梁的反力通过柱的顶板传递给柱身，顶板一般取 16～20 mm 厚，与柱采用焊缝相连；梁与顶板采用普通螺栓相连，以便安装就位。

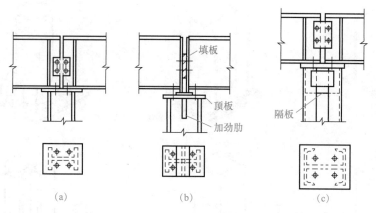

图 5-91　梁支承于柱顶的铰接连接构造

图 5-91(a)所示的构造方案是将梁支承加劲肋对准柱的翼缘，使梁的支承反力直接传递给柱的翼缘。两相邻梁之间留设一空隙，以便安装时有调节余地，最后用夹板和构造螺栓相连，这有助于防止单梁的倾侧。这种连接形式传力明确、构造简单、施工方便。其缺点是当两相邻梁反力不等时会引起柱的偏心受压，一侧梁传递的反力很大时，还可能引起柱翼缘的局部屈曲。

图 5-91(b)所示的构造方案是将梁的反力通过凸缘加劲肋作用于柱的轴线附近，即使两相邻梁反力不等，柱仍接近轴心受压。凸缘加劲肋底部应刨平顶紧于柱顶板；由于梁的反力大部分传递给柱的腹板，所以腹板厚度不能太薄；柱顶板之下应设置加劲肋，加劲肋要有足够的长度，以满足焊缝长度的要求和应力均匀扩散的要求；两相邻梁之间应留设一些空隙便于安装时调节，最后嵌入合适尺寸的填板并采用螺栓相连。格构式柱如图 5-91(c)所示，为了保证传力均匀并托住顶板，应在两柱肢之间设置竖向隔板。

图 5-92 所示为梁支承于柱侧的铰接连接构造，常用承托、端板、连接角钢进行连接。图 5-92(a)所示的连接只能用于梁的反力较小的情况。该连接中梁可不设支承加劲肋，直接搁置在柱的牛腿上，用普通螺栓相连；梁与柱侧间留设一空隙，用角钢和构造螺栓相连。这种连接形式比较简单，施工方便。

当梁反力较大时，可采用图 5-92(b)所示的连接。该连接方式中梁的反力由端加劲肋传递给承托；承托采用厚钢板(其厚度应大于加劲肋的厚度)或 T 型钢，与柱侧采用焊缝相连；梁与柱侧仍留设一空隙，安装后采用垫板和螺栓相连。

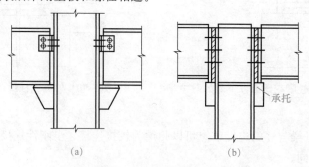

图 5-92　梁支承于柱侧的铰接连接构造

梁、柱铰接连接允许非框架柱和梁连接使用。若框架柱和梁连接使用铰接(多层可用,高层不宜采用),应在结构体系中设置支撑等抵抗侧力的构件。在多层框架的中间梁、柱中,横梁与柱只能在柱侧相连。

多层框架中可由部分梁和柱刚性连接组成抗侧力结构,而另一部分梁铰接于柱,这些柱只承受竖向荷载;设有足够支撑的非地震区,多层框架原则上可全部采用柔性连接。

2)梁与柱的半刚性连接。多层框架靠梁、柱组成的刚架体系,在层数不多或水平力不大的情况下,梁与柱可以做成半刚性连接。显然,半刚性连接必须有抵抗弯矩的能力,但无须像刚性连接那么大。

图 5-93 所示是一些典型的半刚性连接。图 5-93(a)、(b)表示端板-高强度螺栓连接方式,端板在大多数情况下伸出梁高度之外(或是上边伸出,下边不伸出)。图 5-93(a)中的虚线表示必要时可设加劲肋。图 5-93(c)所示则是用连接于翼缘的上下角钢和高强度螺栓来连接,由上、下角钢一起传递弯矩,腹板上的角钢则传递剪力。

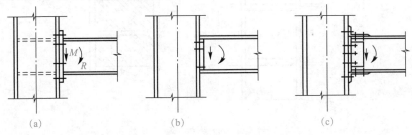

图 5-93 梁与柱半刚性连接构造

3)梁与柱的刚性连接。在钢框架结构中,梁与柱的连接节点一般采用刚接,这样可以减小梁跨中的弯矩,但制作施工较复杂。梁与柱的刚性连接要求连接节点能够可靠地传递剪力和弯矩。图 5-94 所示是梁与柱的刚性连接构造。

图 5-94(a)所示是栓焊混合连接,其仅在梁的上、下翼缘采用全熔透焊缝,腹板用高强度螺栓与柱翼缘上的剪力板连接。通过上、下两块水平板将弯矩全部传递给柱子,梁端剪力则通过承托传递。

图 5-94(b)所示是完全焊接连接,梁的上、下翼缘采用坡口焊全熔透焊缝,腹板用角焊缝与柱翼缘连接。通过翼缘连接焊缝将弯矩全部传递给柱子,而剪力则全部由腹板焊缝传递。为了使连接焊缝能在平焊位置施焊,要在柱侧焊接上衬板,同时,在梁腹板端部预先留出槽口,上槽口是为了让出衬板的位置,下槽口是为了满足施焊的要求。

图 5-94(c)所示是完全栓接连接,梁翼缘与腹板通过高强度螺栓与柱悬臂端相连。梁采用高强度螺栓连接于预先焊接在柱上的牛腿形成刚性连接,梁端的弯矩和剪力通过牛腿的焊缝传递给柱子,而高强度螺栓传递梁与牛腿连接处的弯矩和剪力。

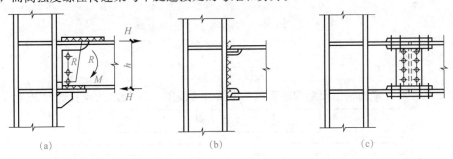

图 5-94 梁与柱的刚接连接构造

(a)栓焊混合连接;(b)完全焊接连接;(c)完全栓接连接

在梁上翼缘的连接范围内，柱的翼缘可能在水平拉力的作用下向外弯曲致使连接焊缝受力不均；在梁下翼缘附近，柱腹板有可能因水平压力的作用而局部失稳。因此，一般需要在对应梁的上、下翼缘处设置柱的水平加劲肋或横隔。

采用焊接连接或栓焊混合连接的梁柱刚接节点，其构造应符合下列规定。

①框架梁与柱的连接宜采用柱贯通型。在互相垂直的两个方向都与梁刚性连接时，宜采用箱形柱。

②梁和柱现场焊接时，梁与柱连接的过焊孔可采用常规型和改进型两种形式。

③框架梁与柱刚性连接时，应在梁翼缘的对应位置设置水平加劲肋（隔板）。对于抗震设计的结构，水平加劲肋（隔板）厚度不得小于梁翼缘厚度加 2 mm，其钢材强度不得低于梁翼缘的钢材强度，其外侧应与梁翼缘外侧对齐（图 5-95）。

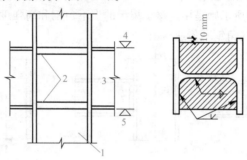

图 5-95　柱水平加劲肋与梁翼缘外侧对齐

1—柱；2—水平加劲肋；3—梁；

4—强轴方向梁上端；5—强轴方向梁下端

④当柱两侧的梁高不等时，每个梁翼缘对应位置均应设置柱的水平加劲肋。加劲肋的间距不应小于 150 mm，且不应小于水平加劲肋的宽度[图 5-96(a)]。当不能满足此要求时，应调整梁的端部高度，可将截面高度较小的梁腹板高度局部加大，腋部翼缘的坡度不得大于 1∶3[图 5-96(b)]。当与柱相连的梁在柱的两个相互垂直的方向高度不等时，应分别设置柱的水平加劲肋[图 5-96(c)]。

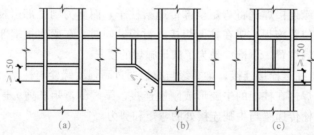

图 5-96　柱两侧梁高不等时的水平加劲肋

工作流程

附图 2 是一套完整的钢框架结构施工图，识图时可按图 5-97 所示的流程进行识读。

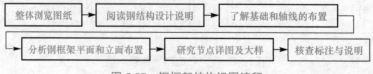

图 5-97　钢框架结构识图流程

识读某钢框架结构施工图

拿到施工图纸后，先快速浏览整套图纸，对工程的整体规模和结构有一个初步的认识。同时查看图纸目录，了解图纸的组成、编号和每张图纸的主要内容，为后续详细阅读做准备。之后按照图纸顺序或前后图纸结合起来详细识读图纸，具体步骤如下。

1. 钢结构设计总说明

本套图纸结施—01～结施—02为钢结构设计总说明，包括了本工程的工程概况，结构设计主要依据、标准及相关参数；设计标高±0.000的绝对标高为1 460.00 m；结构安全等级为二级，设计使用年限为50年，设防烈度为8度(0.20g)，地震分组为二组，场地类别为Ⅲ类；钢材均采用Q355B钢，手工焊采用焊条E50型焊条；高强度螺栓：采用10.9级，普通螺栓4.6级C级粗制螺栓；其余构件的材质、规格性能等要求，钢结构加工、制作、安装、运输、除锈、涂装、防火等专业的要求；钢筋桁架楼承板相关说明要求。

2. 基础平面布置图

结施—03基础平面布置图中表明了基础平面配筋图：该建筑地基承载力较差，采用柱下十字交叉条形基础，柱下条形基础由基础梁和翼板组成，如图5-98所示。以①轴JZL1为例，图中1—1剖面图为电梯基坑大样图。从本图的"施工说明"中读出地基持力层为第②层粉土层，地基承载力不低于90 kPa，基础底标高为−2.700 m，基础采用C30混凝土，其还包括基础垫层C15等相关说明。

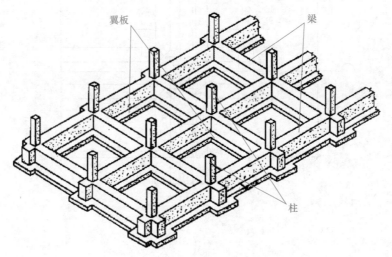

图 5-98 柱下十字交叉条形基础示意

以局部基础平面布置配筋图为例，从图5-99中可知，①轴柱下十字交叉条形基础JZL1共3跨两端悬挑；基础梁宽为700 mm，基础梁高为1 000 mm，翼板宽为1 600 mm，端部高为300 mm，根部高为500 mm；基础梁采用4肢箍筋HRB 400，直径为8 mm，间距为200 mm，悬挑端间距为100 mm，底筋为4根HRB 400(直径为20 mm)＋3根HRB 400(直径为18 mm)，顶筋为7根HRB (400直径为18 mm)，抗扭腰筋为4根HRB 400(直径为18 mm)，拉筋为HRB 400(直径为8 mm，间距为400 mm)；基础翼板受力钢筋HRB 400直径为12 mm，间距为 180 mm，分布钢筋 HRB 400 直径为 8 mm，间距为 250 mm。由 $a-a$ 剖面图可方便直观理解基础梁构造配筋（图 5-100）。

3. 钢柱底预埋螺栓布置图

结施－04 为钢柱底预埋螺栓布置图，图中 YM－1、YM－3 均为 4M27，表示 4 根直径为 27 mm 的锚栓，YM－2 均为 4M24，表示 4 根直径为 24 mm 的锚栓，锚栓位置详见平面图。

图 5-101 所示为锚栓大样注释图，从图中可知，锚栓直径为 M27，锚固长度为 650 mm，弯钩 90°长度为 110 mm，外露丝扣长度均为 170 mm。

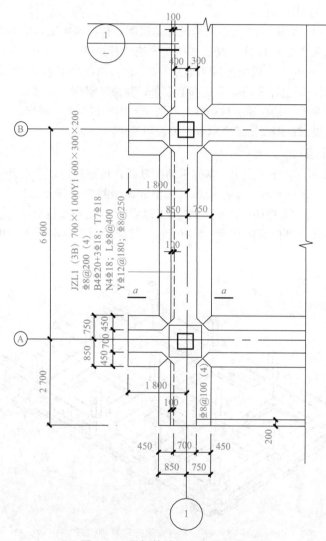

图 5-99　局部基础平面布置配筋图

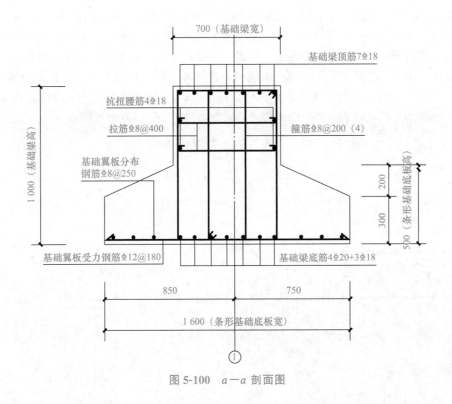

图 5-100   *a—a* 剖面图

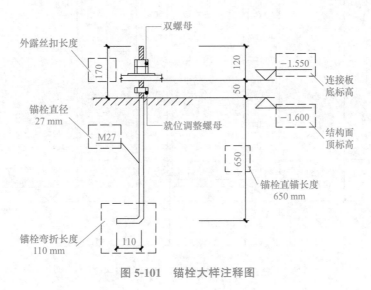

图 5-101   锚栓大样注释图

4. 外包混凝土短柱布置图

结施—05 为外包混凝土短柱布置图，DZ1 截面为 1 000 mm×1 000 mm，DZ2 截面为 900 mm×900 mm，DZ3 截面为 800 mm×800 mm，位置详见平面图。该短柱为钢柱外包式柱脚部分，外包式柱脚是为钢柱直接设置基础梁顶面，由基础上伸出的钢筋在钢柱四周外包一段混凝土称为外包式柱脚。

以外包式柱脚 DZ1 钢柱脚为例，从图 5-102 中可知，该外包式柱脚通过预埋锚栓将钢柱固定在基础梁顶，预埋底部钢柱十字形截面转换方管截面，翼缘外焊接直径为 19 mm、间距为 150 mm、长度为 120 mm 的栓钉与 C35 微膨胀细石混凝土外包层整浇在一起；钢柱埋置深度为 1 500 mm；柱脚外露部分用 C20 素混凝土包裹，高度为正负零以上 200 mm 以防止钢柱柱脚锈蚀，厚度为 50 mm，内配 φ4@150 双向钢丝网；在柱脚大样不同位置剖切 3 次，分别为 1—1、2—2、3—3 剖面。1—1 剖面为短柱顶和钢柱连接情况；2—2 剖面为短柱中间位置连接构造做法；3—3 剖面为短柱底部和基础梁连接构造，底板处由十字柱向方钢柱转换。

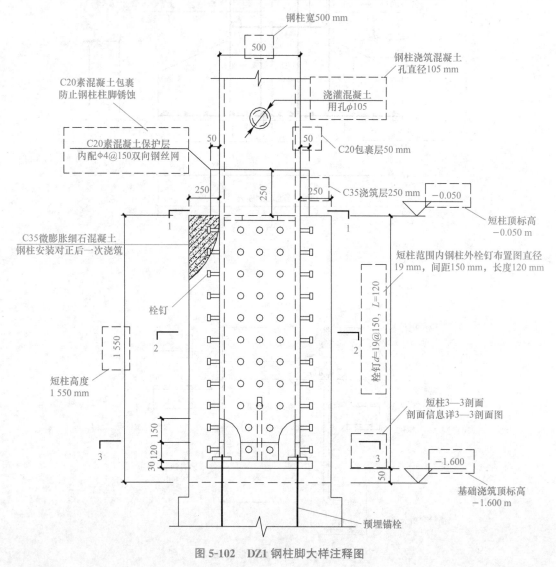

图 5-102　DZ1 钢柱脚大样注释图

图 5-103 所示为 1—1 剖面注释图，为外包式柱脚顶剖切后向下看。从此图中可知，上部钢柱截面长度为 500 mm，宽度为 500 mm，钢柱壁厚详见结施—06；短柱 C35 浇筑层每边厚度为 250 mm；—0.050 位置短柱和钢柱交接处在钢柱内设加肋板，长度为 468 mm，宽度为 468 mm，厚度为 25 mm，中间开 φ200 mm 灌注孔。

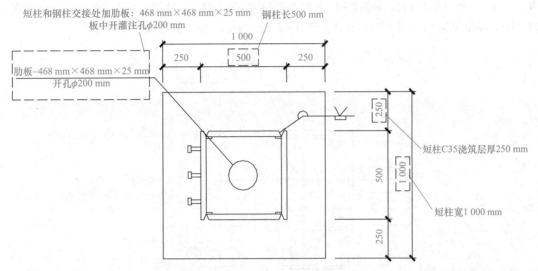

图 5-103 1—1 剖面注释图

图 5-104 所示为 2—2 剖面注释图，为外包式柱脚中间剖切后向下看。从此图中可知，型钢混凝土截面长度为 1 000 mm，宽度为 1 000 mm，钢柱壁厚详见结施一06；钢柱外设栓钉，每侧 3 列直径为 19 mm，长度为 120 mm；B 边配置 12 根直径为 25 mm 的 HRB 400E 钢筋，H 边配置 10 根直径为 25 mm 的 HRB 400E 钢筋，箍筋直径为 10 mm，间距为 100 mm，柱顶部附加三道直径为 12 mm、间距为 50 mm 的附加箍筋。

钢柱脚节点模型

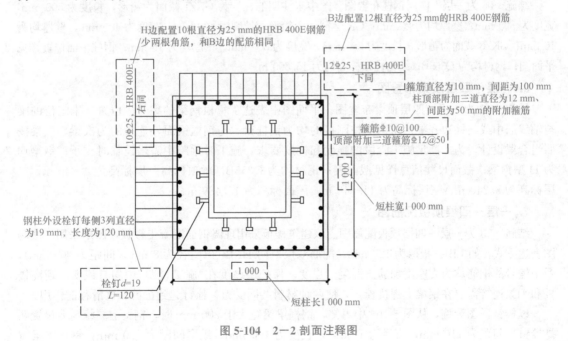

图 5-104 2—2 剖面注释图

图 5-105 所示为 3—3 剖面注释图，为外包式柱脚底部剖切后向下看。从此图中可知，在该位置十字形钢截面翼缘宽度由 250 mm 变为 500 mm，厚度同上部钢柱；腹板宽度为 420 mm，长度为 468 mm，厚

度为 20 mm。钢柱外设栓钉，每侧 2 列，栓钉直径和间距同上部；钢柱脚底板长度为 540 mm，宽度为 540 mm，厚度为 30 mm，钢柱脚底板开直径为 105 mm 的孔，用来浇灌混凝土和排气。

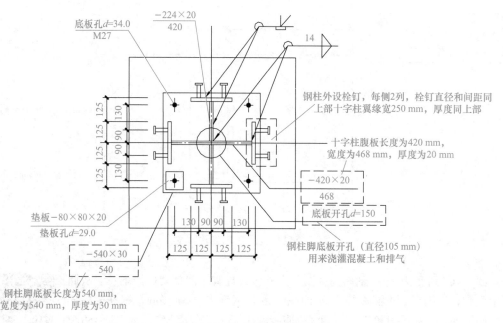

图 5-105　3—3 剖面注释图

5. 一层～四层钢柱布置图

结施－06 为一层～四层钢柱布置图。图中未注明的柱均为 GKZ1 截面为箱形，长度为 500 mm，宽度为 500 mm，壁厚均为 20 mm；GKZ2 截面为箱形，长度为 400 mm，宽度为 400 mm，壁厚均为 16 mm；GKZ3 截面为箱形，长度为 300 mm，宽度为 300 mm，壁厚均为 16 mm；钢柱平面位置详见平面图；钢材均为 Q355B；结构柱顶标高均为 15.600 m。

6. 一层～四层顶梁布置图

结施－07 为一层～四层顶梁布置图。平面图中表达了每根钢梁的编号、位置，未定位的梁与轴线居中或与柱边齐平；与钢框柱刚接的均为钢框梁；与钢框梁面外连接的为次梁，次梁按照组合梁设计，为了满足施工阶段的强度和挠度要求，施工时梁跨中需增设临时支承；钢梁均为 H 型钢梁；截面尺寸信息详见截面表；钢材均为 Q355B；梁顶标高一层标高为 4.040 m，二层标高为 8.240 m，三层标高为 11.840 m，屋面标高为 15.480 m。

7. 一层～四层顶板配筋图

结施－08 为一层～四层顶板配筋图。该建筑楼板采用现浇钢筋混凝土楼板，图中采用平法制图表达方式。如 LB1：板厚为 120 mm，配筋双层双向 HRB400（直径为 8 mm，间距为 200 mm），图中编号的钢筋均为支座附加筋。混凝土强度、保护层厚度在"施工说明"中均有说明。现浇楼板和钢梁连接需要在钢梁上焊接栓钉，使两种材料共同受力，栓钉起到抗剪和抗滑移的作用。

以栓钉详图为例，从图 5-106 中可知，钢框梁梁宽大于 200 mm 时，钢梁上翼缘需要设置两排栓钉，间距为 110 mm，直径为 19 mm，长度为 100 mm，纵向间距为 200 mm；钢框梁梁宽小于等于 200 mm 时，钢梁上翼缘需要设置单排栓钉，直径为 22 mm，长度为 100 mm，纵向间距为 200 mm；钢次梁梁宽小于等于 200 mm 时，钢梁上翼缘需设置单排栓钉，直径为 22 mm，长度为 100 mm，纵向间距为 200 mm。

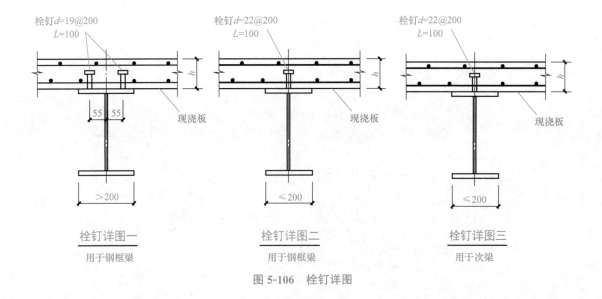

栓钉详图一   栓钉详图二   栓钉详图三
用于钢框梁   用于钢框梁   用于次梁

图 5-106　栓钉详图

8. 钢结构节点详图

　　钢结构节点连接的合理性、施工可实施性直接影响结构的安全和工程造价。连接构造详图可参见《钢结构施工图参数表示方法制图规则和构造详图》(08SG115—1)、《多、高层民用建筑钢结构节点构造详图》(16G519)。本结构中结施—09 为柱拼接详图，梁柱连接节点详图和主、次梁侧向连接节点详图。

　　(1)柱现场拼接详图。柱的拼接常以螺栓和焊接拼接为主，柱多数拼接节点在工厂完成，工厂拼接施工质量可以保证。但由于运输长度和起吊质量的限制，钢柱现场拼接在所难免，因此柱的现场拼接尤为重要。

　　以箱形截面柱的工地拼接及耳板的设置构造图为例，图 5-107 明确了现场拼接的构造和连接方式。上、下柱内隔板和耳板均在工厂焊接，现场将梁、柱、板施工到指定楼层标高上 1 m 高位置，拼接钢柱时，先将上柱起吊至下柱上方，对位后每处用两块 10 mm 连接板将上、下耳板用 M20 高强度螺栓固定，再将壁板采用全熔透的坡口对接焊缝连接，焊接构造详见节点 A，焊接完毕将耳板切割，打磨平整，喷涂防腐涂层即可。

　　(2)梁柱连接节点详图。梁柱连接方式可分为螺栓连接、焊接、螺栓和焊接混合连接；按照传递弯矩可分为刚接、半刚接、铰接连接。在梁柱连接中，应采用柱贯通梁断开连接方式。

　　以钢框梁与箱形柱连接节点图为例，从图 5-108 中可知，742 mm 高的框梁和钢框柱连接，翼缘和钢柱采用单边 V 形全焊透 T 形连接焊缝现场施焊，反面加设衬垫，焊缝代号为 6(详见 16G519)，对应位置钢柱内设置 18 mm 厚的隔板；腹板采用 9 根高强度螺栓(直径为 20 mm)双剪连接。

　　(3)主、次梁侧向连接详图。以 400 mm 高梁铰接节点图为例，该主、次梁侧向连接多为铰接连接。从图 5-109 中可知，400 mm 高的次梁和主梁连接，腹板采用 4 根高强度螺栓(直径为 20 mm)单剪连接，对应位置在主梁设置 8 mm 厚连接板和加劲肋，加劲肋和连接板采用三面围焊，双面角焊缝的焊脚高度为 8 mm。

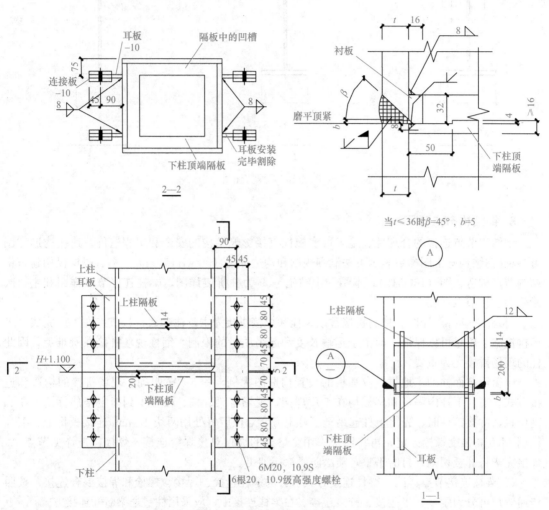

图 5-107　箱形截面柱的工地拼接及耳板的设置构造图

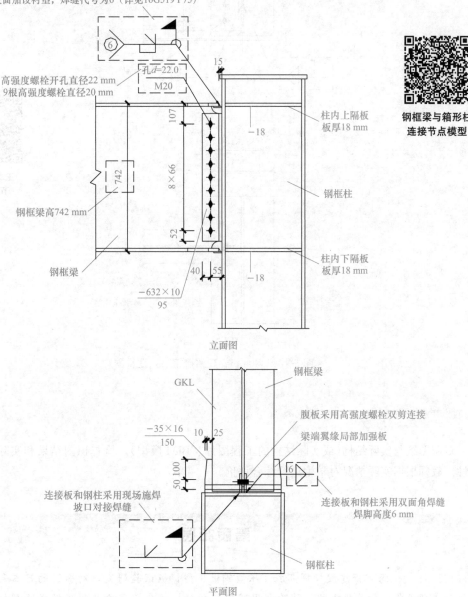

翼缘和钢柱采用单边V形全焊透T形连接焊缝现场施焊，
反面加设衬垫，焊缝代号为6（详见16G519 P75）

孔 d=22.0
M20

高强度螺栓开孔直径22 mm
9根高强度螺栓直径20 mm

107

8×66

52

742

钢框梁高742 mm

钢框梁

15

−18

柱内上隔板
板厚18 mm

钢框柱

柱内下隔板
板厚18 mm

40 55

−632×10
95

−18

立面图

钢框梁与箱形柱
连接节点模型

GKL

钢框梁

−35×16
150

10 25

50 100

连接板和钢柱采用现场施焊
坡口对接焊缝

腹板采用高强度螺栓双剪连接

梁端翼缘局部加强板

6

连接板和钢柱采用双面角焊缝
焊脚高度6 mm

钢框柱

平面图

图 5-108 钢框梁与箱形柱连接节点注释图

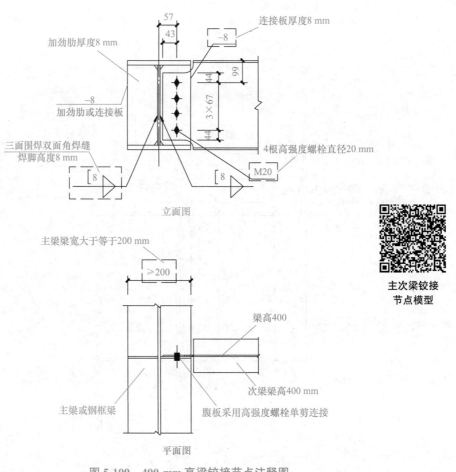

连接板厚度8 mm

加劲肋厚度8 mm

−8

加劲肋或连接板

57
43

99

3×67

44

44

三面围焊双面角焊缝
焊脚高度8 mm

4根高强度螺栓直径20 mm

M20

[8

[8

立面图

主梁梁宽大于等于200 mm

≥200

梁高400

次梁梁高400 mm

腹板采用高强度螺栓单剪连接

主梁或钢框梁

平面图

**主次梁铰接
节点模型**

图 5-109　400 mm 高梁铰接节点注释图

工作结果检查

　　对照图纸与实际结构(或实际结构的工程图片、BIM 模型),检查识图结果和实际结构的一致性。教师根据实际情况对学生进行综合评价。

素质拓展

　　1980 年,上海宝钢建设指挥部成立压型钢板压型铝板试验研究,对引进的日本彩色涂层压钢板及成型设备进行消化吸收,试验利用国内铝合金板替代彩色涂层钢板做成压型板用于屋面墙面围护结构,完成了压型钢板及其成型生产线研究,并在宝钢一期工程屋面墙面推广应用铝合金压型钢板 60 多万 m²,获得了国家科技进步三等奖。

　　冶金部建筑研究总院是国内最早进行轻型钢结构房屋研究开发的单位,对轻型焊接 H 型钢、冷弯薄壁型钢、压型钢板的力学性能、加工工艺及其加工设备、另配连接件及密封材料进行研究开发并结合工程进行轻型钢结构建筑的设计和推广应用,主持或参加国家规程规范和标准的编制。1984 年,在学习上海宝钢及深圳蛇口工业区压型钢板与门式刚架轻型钢结构国外先进技术的基础上，结合我国具体情况研究开发门式刚架轻型钢结构厂房仓库，首先用于商业部急需建设的国家棉花储备仓库，三年间在冀、鲁、豫三省四十多个地区，建设轻钢棉花仓库 300 多栋，建筑面积达 20 多万 m^2，获得国家科技进步三等奖。

技能提升

拓展资源：识读网架结构施工图

学生工作任务单

项目六 钢结构数字化加工

知识目标

1. 了解施工图审查的要点。
2. 了解构件加工前的准备工作。
3. 掌握进场材料的验收要点。
4. 掌握钢构件的加工工艺流程。
5. 熟悉零部件的加工要点。
6. 掌握钢构件涂装的要点。

能力目标

1. 能够组织钢结构零部件的加工。
2. 能够进行焊接 H 型钢的加工。
3. 能够进行箱形截面的加工。

素质目标

1. 能够组织钢构件的加工，并对构件的加工质量、进度、成本等做出正确的分析、判断和评价。
2. 以钢构件的加工为主线，培养学生在工作过程中严格遵守规范标准，增强遵纪守法意识。

学习重点

1. 进场材料的验收。
2. 零部件的加工方法。
3. 焊接 H 型钢的加工。
4. 箱形截面的加工。

学习难点

1. 焊接 H 型钢的加工。
2. 箱形截面的加工。

✳ 工作任务

　　钢结构产业加工以信息化、数字化、智能化为发展方向，实现建筑产品标准化、建筑构件生产工业化，符合目前国家"双碳节能，零碳排放，绿水青山就是金山银山"的生态可持续发展理念。

　　学生参观钢结构加工车间后，结合以下任务思考，提交钢结构结构零部件在工厂是如何加工的参观报告。

🤔 任务思考

(1)钢结构加工前需要做哪些准备工作？

_____

_____

(2)进场钢材需检验哪几个方面的内容？

_____

_____

(3)钢结构零部件的加工流程是什么？

_____

_____

(4)钢结构如何除锈？除锈有等级之分吗？

_____

_____

(5)成品钢构件需要刷哪些涂料？

_____

_____

⛩ 工作准备

钢结构加工前的准备工作

　　钢结构加工前的准备工作主要有钢结构施工详图设计和审查，进场材料检验，加工环境的要求，钢材堆放与保管，组织技术交底。

一、钢结构施工详图设计和审查

1. 钢结构施工详图设计

　　钢结构设计图纸完成之后，一般应由具有相应资质的钢结构制作单位对设计图进行二次深化设计，即绘制钢结构的施工详图。钢结构施工详图应根据已批准的技术设计文件并严格按照现行国家规范标准编制，编制好的施工详图应由原设计工程师确认。钢结构施工详图通常采用Tekla Structures 或 AutoCAD 等软件进行设计。

2. 施工详图设计审查

钢结构施工详图设计审查一般按照自检、校对、审核、审定、审批依次进行。施工详图设计完成以后，首先必须进行自检和校对。

（1）自检和校对的主要内容如下。

1）是否符合设计任务书和有关设计文件的要求，满足设计图纸的要求。

2）是否符合原设计图纸和国家或行业现行规范、规程、图集等标准的有关规定。

3）图纸的尺寸、标高，构件的截面规格、长度、数量，螺栓直径排列等是否符合原设计图纸要求。

4）构件之间有无矛盾。

5）构件的编号和构件的位置有无错误。

6）图面质量是否符合制图标准规定。

（2）审核。自检和校对完毕后由详图设计负责人进行审核。审核的主要内容如下。

1）结构布置是否符合原设计结构体系。

2）构件的截面规格、材质、螺栓直径排列等是否符合原设计图纸要求。

3）检查构件之间有无矛盾；节点是否清楚，构件之间的连接形式是否合理。

4）重要节点或关键节点是否符合原设计意图和现行国家或行业规范、规程、图集等标准的有关规定。

5）关键图纸有无差错。

6）施工详图格式、图面表达是否满足要求，图纸是否齐全。

（3）审定。审核完成后由详图设计单位总工程师负责审定。审定的内容一般包括以下几项。

1）施工详图是否符合设计任务书要求，达到设计目标。

2）结构布置是否符合原结构设计体系和现行国家标准的规定。

3）施工详图格式、图面表达是否满足要求，图纸是否齐全。

（4）审批。审批工作由原设计单位负责，施工详图设计经原设计单位审批并签字后方可下发使用。

二、进场材料检验

1. 钢材的备料

为了尽快采购钢材，一般应在施工详图设计的同时定购钢材，这样，在施工详图审批完成时钢材即可到达，立即开工生产。采购材料时，根据施工图纸材料表计算出的各种材质、规格的材料净用量，再加一定数量的损耗，编制材料预算计划。工程预算一般可按实际用量所需要的数值再增加10%进行提料和备料，如技术要求不允许拼接，其实际损耗还要增加，不同类型的钢材损耗率可扫码查看。

不同类型的
钢材损耗率

采购钢材时，施工单位不应随意更改或代用钢材，钢材代用必须与原设计单位共同研究确定，并办理书面代用手续后方可实施代用，代用时应注意以下问题。

（1）钢材的性能虽然能满足设计要求，但钢材的质量优于原设计提出的要求时，应注意节约。例如，在普通碳素钢中以镇静钢代替沸腾钢，不要任意以优代劣，不要使质量差距过大。

（2）采用代用钢材时，应该详细复核构件的强度、稳定性和刚度，注意因材料代用可能产生的偏心影响；切不可盲目地用高强度等级的钢材代替低强度等级的钢材，若确需代用，则需要经过原设计单位重新设计，否则不能代用。

（3）钢材强度等级低于原设计钢材强度等级的一般不允许代用。

（4）对于钢材代用所引起的构件之间连接尺寸和施工图等的变动，均应予以修改。

2. 钢材的检验

钢结构的进场材料主要有钢材（与钢板、型材类似）、焊接材料、紧固件连接材料等，钢结构采用的原材料及成品应进行进场验收，并应经监理工程师（建设单位技术负责人）见证取样送样。

（1）钢材复验。对属于下列情况之一的钢材，应进行抽样复验，其复验结果应符合现行国家产品标准的规定并应满足设计要求。

1）结构安全等级为一级的重要建筑主体结构用钢材。

2）结构安全等级为二级的一般建筑，当其结构跨度大于 60 m 或高度大于 100 m 时，或承受动力荷载需要验算疲劳的主体结构采用钢材。

3）板厚不小于 40 mm，且设计有 Z 向性能要求的厚板。

4）强度等级大于或等于 420 MPa 的高强度钢材。

5）进口钢材、混批钢材或质量证明文件不齐全的钢材。

6）设计文件或合同文件要求复验的钢材。

7）钢材的复验项目应满足设计文件的要求，当设计文件无要求时可按《钢结构工程施工质量验收标准》（GB 50205—2020）的规定执行。

（2）进场钢材检验的内容。钢板进场主要检查以下四个方面的内容。

1）检查钢材的质量合格证明文件、中文标志及检验报告等，检查钢材的品种、规格、性能等是否符合现行国家标准的规定，是否满足设计要求，需要全数检查。

2）检查钢板厚度及其允许偏差，其应满足其产品标准和设计文件的要求。钢板厚度可用游标卡尺或超声波测厚仪量测，钢板厚度允许偏差按照《热轧钢板和钢带的尺寸、外形、重量及允许偏差》（GB/T 709—2019）的规定执行。检查数量一般每批同一品种、规格的钢板抽检 10%，且不应少于 3 张，每张检测 3 处。

3）检查钢板的平整度，可用拉线、钢尺和游标卡尺测量，其应满足其产品标准的要求。检查数量一般每批同一品种、规格的钢板抽检 10%，且不应少于 3 张，每张检测 3 处。

钢板不平度测量如下：不平度应通过测量钢板上表面与直尺之间的最大距离来确定，如果波浪间距（直尺与钢板的两个接触点的距离）不大于 1 000 mm，则使用 1 000 mm 长的直尺。对于更长的波浪间距，使用长度为 2 000 mm 的直尺。高度不大于 2 mm 的不平度，不应作为一个波浪。

图 6-1 所示为测量单轧钢板波谷上表面与直尺之间的最大距离，图 6-2 所示为测量连轧钢板下表面与平面之间的最大距离。

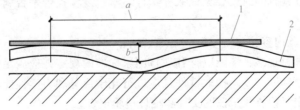

图 6-1 单轧钢板不平度测量

1—直尺；2—单轧钢板；a—波峰间距；b—不平度

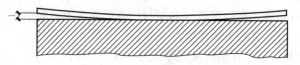

图 6-2　连轧钢板的不平度测量
1—不平度

图 6-3 所示为测量钢板或钢带的凹形(镰刀弯)侧边与连接测量部分两端点直线之间的最大距离。

4)钢板的表面外观质量应全数观察检查。除应符合现行国家标准的规定外，还应符合下列规定。

①钢板的表面不应有锈蚀、麻点或划痕等缺陷。当钢板的表面有锈蚀、麻点或划痕等缺陷时，其深度不得大于该钢材厚度允许负偏差值的 1/2，且不应大于 0.5 mm。

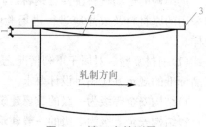

图 6-3　镰刀弯的测量
1—镰刀弯；2—凹形侧边；3—直尺(线)

②钢板端边或断口处不应有分层、夹渣等缺陷。

③钢板表面的锈蚀等级(表 6-1)应符合现行国家标准《涂覆涂料前钢材表面处理 表面清洁度的目视评定 第 1 部分：未涂覆过的钢材表面和全面清除原有涂层后的钢材表面的锈蚀等级和处理等级》(GB/T 8923.1—2011)规定的 C 级及 C 级以上等级。

表 6-1　钢材表面的锈蚀等级

等级	特征
A	全面覆盖着氧化皮而几乎没有铁锈的钢材表面
B	已发生锈蚀，并且部分氧化皮已经剥落的钢材表面
C	氧化皮已因锈蚀而剥落，或者可以刮除，并且有少量点蚀的钢材表面
D	氧化皮已因锈蚀而全面剥落，并且已普遍发生点蚀的钢材表面

3. 焊接材料检验

(1)焊接材料复验。对于下列情况之一的钢结构所采用的焊接材料应按其产品标准的要求进行抽样复验，其复验结果应符合现行国家标准的规定并应满足设计要求。

1)结构安全等级为一级的一二级焊缝。

2)结构安全等级为二级的一级焊缝。

3)需要进行疲劳验算构件的焊缝。

4)材料混批或质量证明文件不齐全的焊接材料。

5)设计文件或合同文件要求复验的焊接材料。

注意：焊接材料在检查的时候要见证取样送样，检查复验报告是否满足设计和国家标准的要求。

(2)焊接材料的检验内容。

1)焊接材料的品种、规格、性能应符合现行国家标准的规定并应满足设计要求。焊接材料进场时，应按现行国家标准的规定抽取试件且应进行化学成分和力学性能检验，检验结果应符合现行国家标准的规定，检查质量证明文件和抽样检验报告。

2)焊条和焊剂外观检查，焊条外观不应有药皮脱落、焊芯生锈等缺陷，焊剂不应受潮结块。焊条和焊剂外观检查一般采用观察的方式检查，检查数量为按批量抽查 1%，且不应少于 10 包。

4. 紧固件连接材料检验

(1)高强度螺栓的复验(工地复验)。高强度大六角头螺栓连接副应复验其扭矩系数，扭剪型高强度螺栓连接副应复验其紧固轴力，其检验结果应符合《钢结构工程施工质量验收标准》(GB 50205—2020)的规定。

1)扭剪型高强度螺栓连接副紧固轴力复验。复验用的螺栓应在施工现场待安装的螺栓批中随机抽取，每批应抽取 8 套连接副进行复验；试验用的轴力计、应变仪、扭矩扳手等计量工具应经过标定，其误差不得超过 2%。每套连接副只应做一次试验，不得重复使用。试验时垫圈发生转动，试验无效，应更换连接副重新试验。

紧固轴力复验一般采用轴力计(图 6-4)进行，紧固螺栓可分为初拧和终拧。初拧采用扭矩扳手，初拧值应控制在紧固轴力(预拉力)标准值的 50% 左右；终拧采用专用电动扳手，施拧至端部梅花头拧掉，读出轴力值。

图 6-4　扭剪型高强度螺栓检测仪轴力计

复验螺栓连接副(8 套)的紧固轴力(预拉力)平均值和标准偏差应符合表 6-2 的规定。

表 6-2　扭剪型高强度螺栓连接副紧固轴力平均值和标准偏差值

螺栓公称直径/mm	M16	M20	M22	M24	M27	M30
紧固轴力的平均值$\overline{P}$/kN	100~121	155~187	190~231	235~270	290~351	355~430
标准偏差 σ_p	≤10.0	≤15.4	≤19.0	≤22.5	≤29.0	≤35.4
注：每套连接副只做一次试验，不得重复使用。若试验时垫圈发生转动，则试验无效						

2)高强度大六角头螺栓连接副扭矩系数复验。复验用的螺栓应在施工现场待安装的螺栓批中随机抽取，每批应抽取 8 套连接副进行复验；每套连接副只应做一次试验，不得重复使用。若试验时垫圈发生转动，则试验无效。复验螺栓连接副的扭矩系数平均值和标准偏差应符合表 6-3 的规定。

表 6-3　高强度大六角头螺栓连接副扭矩系数平均值和标准偏差值　　　　　　　　　　kN

连接副表面状态	扭矩系数平均值	扭矩系数标准偏差
符合现行国家标准《钢结构用高强度大六角头螺栓、大六角螺母、垫圈技术条件》(GB/T 1231—2006)的规定	0.110~0.150	≤0.010 0

3)扭矩系数的计算。连接副扭矩系数的复验是将螺栓穿入轴力计，在测出螺栓紧固轴力(预拉力)P 的同时，测出施加于螺母上的施拧扭矩值 T，并按下式计算扭矩系数 K：

$$K = \frac{T}{P \cdot d} \tag{6-1}$$

式中　T——施拧扭矩($N \cdot m$)；

　　　d——高强度螺栓的公称直径(mm)；

　　　P——螺栓紧固轴力(预拉力，kN)。

在进行连接副扭矩系数试验时，螺栓的紧固轴力(预拉力)P 应控制在一定范围内，表 6-4 所示为各种规格螺栓紧固轴力的试验控制范围。

表 6-4　各种规格螺栓紧固轴力的试验控制范围　　　　　　　kN

螺栓规格	M16	M20	M22	24	M27	M30
10.9 级	93～113	142～177	175～215	206～250	265～324	325～390
8.8 级	62～78	100～120	125～150	140～170	185～225	230～275

(2)高强度螺栓外观质量检查。高强度大六角头螺栓连接副、扭剪型高强度螺栓连接副应按包装箱配套供货。包装箱上应标明批号、规格、数量及生产日期。螺栓、螺母、垫圈表面不应出现生锈和粘染脏物，螺纹不应损伤。

三、加工环境的要求

为了保证钢结构零部件在加工中钢材原材质不变，在进行零件冷、热加工和焊接时，应按照施工规范规定的环境温度和工艺要求进行施工。

1. 冷加工温度要求

(1)剪切和冲孔时，对于普通碳素结构钢，操作地点环境温度不应低于 -20 ℃；对于低合金结构钢，操作地点环境温度不应低于 -15 ℃，否则在外力作用下容易发生裂纹。

(2)矫正和冷弯曲时，为了防止在低温条件和外力作用下钢材产生裂纹，对于普通碳素结构钢，操作地点环境温度不应低于 -16 ℃；对于低合金结构钢，操作地点环境温度不应低于 -12 ℃。

(3)冷矫正和冷弯曲不但严格要求在规定的温度下进行，还要求弯曲半径不宜过小，以免钢材丧失塑性而产生裂纹。

2. 热加工温度要求

(1)零件热加工时，其加热温度为 1 000～1 100 ℃，此时钢材表面呈现淡黄色；当碳素结构钢的温度下降到 500～550 ℃(钢材表面呈现蓝色)和低合金结构钢的温度下降到 800～850 ℃(钢材表面呈红色)时均应结束加工，并应使加工零件缓慢冷却，必要时采用绝热材料加以围护，以延长冷却时间使其内部组织得到充分的恢复。

(2)为了使普通碳素结构钢和低合金结构钢的机械性能不发生改变，加热矫正时的加热温度严禁超过正火温度(900 ℃)，其中低合金结构钢加热矫正后必须缓慢冷却，更不允许在热矫正时用浇冷水法急冷，以免产生淬硬组织，导致脆性裂纹。

(3)普通碳素结构钢、低合金结构钢的零件在热弯曲加工时，其加热温度在 900 ℃左右进行，否则温度过高，会使零件外侧在弯曲外力作用下被过多的拉伸而减薄；内侧在弯曲压力作用下厚度增厚；温度过低不但成型较困难，更重要的是钢材在蓝脆状态下弯曲受力时，塑性降低，易产生裂纹。

3. 焊接环境的要求

在低温的环境下焊接不同钢种、厚度较厚的钢材时，为了使加热与散热的速度按正比关系变化，避免散热速度过快，导致焊接的热影响区产生金属组织硬化，形成焊接残余应力，在焊接金属熔合线交界边缘或受热区域内的母材金属处局部产生裂纹，在焊接前应按《钢结构工程施工质量验收标准》(GB 50205—2020)标准规定的温度进行预热和保证良好的焊接环境。

(1)普通碳素结构钢厚度大于 34 mm，低合金结构钢厚度不小于 30 mm，当工作地点温度不低于 0 ℃时，均需要在焊接坡口两侧各 80～100 mm 范围内进行预热，焊接预热温度及层间温度控制在 100～150 ℃。

焊件经预热后可以达到以下作用：减缓焊接母材金属的冷却速度；防止焊接区域的金属温度梯度突然变化；降低残余应力，并减少构件焊后变形；消除焊接时产生的气孔和熔合性飞溅物的产生；有利于氢的逸出，防止氢在金属内部起破坏作用；防止焊件加热过程中产生的热裂纹，焊接终止冷却时产生冷裂纹或延迟性冷裂纹及再加热裂纹。

(2)如果焊接操作地点温度低于 0 ℃，则需要预热的温度应根据试验来确定，试验确定的结果应符合下列要求：在焊接加热过程中在焊缝及热影响区域不发生热裂纹；焊接完成冷却后，在焊接范围的焊缝金属及母材上不产生即时性冷裂纹和延迟性冷裂纹；焊缝及热影响区的金属强度、塑性等性能应符合设计要求；在刚性固定的情况下进行焊接有较好的塑性，不产生较大的约束应力或裂纹；焊接部位不产生过大的应力，焊接后不需要作热处理等调质措施；焊接后接点处的各项机械性能指标，均应符合设计要求。

焊件经预热后
可以达到的作用

(3)当焊接重要的钢结构构件时，应注意对施工现场焊接环境的监测与管理。如出现下列情况，应采取相应有效的防护措施：雨、雪天气；风速超过 8 m/s；环境温度在−5 ℃以下或相对湿度在 90%以上。

为了保证钢结构的焊接质量，应改善上述不良的焊接环境，一般做法是在具有质量保证条件的厂房、车间内施工；在安装现场制作与安装时，应在临时搭建的防雨、雪棚内施工，棚内应设有提高温度、降低湿度的设施，以保证规定的正常焊接环境。

四、钢材堆放与保管

(1)钢材应按种类、材质、炉号(批号)、规格等分类平整堆放，并做好标记，堆放场地应有排水设施。

(2)钢材入库和发放应有专人负责，并及时记录验收和发放情况。

(3)钢结构制作的余料应按种类、钢号和规格分别堆放，做好标记，计入台账，妥善保管。

五、组织技术交底

钢结构构件的生产从投料到成品，要经过放样、下料、组装、焊接、矫正等多道工序，最后成为成品。在这样一个综合性加工生产过程中，要执行设计院提出的技术要求，严格贯彻执行国家标准，确保工程质量，这就要求制作单位在投产前必须组织技术专题讨论。

技术交底会按工程实施阶段可分为两个层次：一是开工前的技术交底会；二是投料加工前进行的本工厂施工人员的交底会。

(1)开工前的技术交底会应由工程图纸的设计单位、工程建设单位及制作单位的有关部门和有关人员参加。技术交底的主要内容由以下几个方面组成：工程概况；工程结构件数量；图纸中关键部件的说明；节点情况介绍；原材料对接和堆放的要求；验收标准的说明；交货期限，交货方式的说明；构件包装和运输要求；油漆质量要求；其他需要说明的技术要求。

(2)投料加工前进行的本工厂施工人员的交底会主要由制作单位技术、质量负责人，技术部门和质检部门的技术人员、质检人员，生产部门的负责人、施工员及相关工序的代表人员等参加。该项技术交底除上述几点外，还应增加工艺方案、工艺规程、施工要点、主要工序的控制方法、检查方法等与实际施工相关的内容。施工过程的技术交底对落实设计图纸和施工措施有着重要的作用，同时为确保工程质量创造良好的条件。

🔖 工作流程

一般钢结构的制作工艺流程如图 6-5 所示。

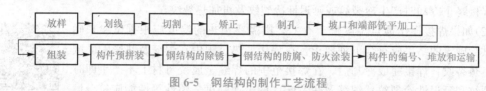

图 6-5　钢结构的制作工艺流程

🔖 工作步骤

钢结构制作的工艺

一、放样

放样是整个钢结构制作工艺中的第一道工序，钢结构深化设计图纸的尺寸只是最终成品的尺寸，由于在加工过程中需要考虑切割、焊接、变形、起拱等因素，所以所用的钢板尺寸要大于成品尺寸，将构件成品尺寸换算成加工所用钢板尺寸的过程即放样。

对单一的产品零件可以直接在所需厚度的平板材料(或型材)上进行画线下料，不必在操作台上放样图和另行制出样板。对于较复杂的带有交底的结构零件，不能直接在板料型钢上号料时，需要利用样板进行画线号料。

放样是按照施工图上几何尺寸以 1∶1 的大样放出节点，放样时核对各部分的尺寸，制作样板和样杆作为下料、弯制、铣、刨、制孔等加工的依据；放样号料用的工具及设备有划针、冲子、手锤、粉线、弯尺、直尺、钢卷尺、大钢卷尺、剪刀、小型剪板机、折弯机。钢卷尺必须经过计量部门的校验复核，合格后方能使用。

二、划线

划线也称为号料，即利用样板、样杆或根据图纸，在钢板或型钢上画出构件的实样、孔的位置或零件形状的加工界线，并打上各种加工记号(图 6-6)。

划线前必须了解原材料的材质及规格，检查原材料的质量；不同规格、不同材质的零件应分别号料，并依据先大后小的原则依次号料。

放样和划线应预留收缩量(包括现场焊接收缩量)及切割、铣端等需要的加工余量。铣端余

图 6-6　钢板画线示意

量：剪切后加工的一般每边加 3～4 mm，气割后加工的则每边加 4～5 mm(焊接收缩量根据构件的结构特点由工艺给出)；对接焊缝沿焊缝长度方向，每米留 0.7 mm；对接焊缝垂直于焊缝方向，每个对口留 1.0 mm；格构式结构的角焊缝按每米留 0.5 mm 计；加工余量按工艺要求定，一般可为 3～5 mm。

高层钢结构框架柱还应预留弹性压缩量，高层钢框架柱的弹性压缩量应按结构自重(包括钢结构、楼板、幕墙等的质量)和实际作用的活荷载产生的柱压力计算。相邻柱的弹性压缩量相差不超过 5 mm 时，允许采用相同的增长。柱压缩量应由设计者提出，由制作单位、安装单位和设计单位协商确定其数值。

三、切割

切割也称下料，是根据施工图纸的几何尺寸、形状制成样板，利用样板或计算出的下料尺寸，直接在板料或型钢表面上，画出零构件形状的加工界线，采用剪切、冲裁、锯切、气割、摩擦切割和高温热源切割等操作的过程。常用的切割方法有火焰切割(气割)、等离子切割、机械切割等。下面分别介绍各种切割方法，其特点及适用范围见表 6-5。

表 6-5　各种切割方法分类比较

类别	适用设备	特点及适用范围
机械切割	剪板机	切割速度快，切口整齐、效率高，适用于薄钢板、压型钢板、冷弯檩条的切割
	无齿锯	切割速度快，可切割不同形状和不同的各类型钢、钢管、钢板，切口不光洁，噪声大，适用锯切精度要求较低的构件或下料留有余量最后尚需精加工的构件
	砂轮锯	切口光滑，生刺较薄易清除，噪声大，粉尘多，适用于切割薄壁型钢及小型钢管，切割材料的厚度不宜超过 4 mm
	锯床	切割精度高，适用于切割各类型钢及梁柱等型钢构件
火焰切割(气割)	自动切割	切割精度高，速度快，在其数控切割时可省去放样、画线等工序而直接切割，适用于钢板切割
	手工切割	设备简单，操作方便，费用低，切口精度较差，能够切割各种厚度的钢材
等离子切割	等离子切割机	切割温度高，冲刷力大，切割边质量好，变形小，可以切割任何高熔点的金属，特别是不锈钢、铝铜及其合金等

(1)机械切割。常见的机械切割方法有剪板机切割、无齿锯切割、砂轮锯切割、锯床切割等。

（2）火焰切割（气割）。火焰切割是利用氧气-乙炔、丙烷、液化石油气等火焰的热源将工件切割处预热到一定温度后，喷出高速切割氧流，使材料燃烧并放出热量实现切割的方法，主要用于中厚板（$t>12$ mm）及较大断面型钢的切割。

进行火焰切割时必须防止回火，回火的实质是氧乙炔混合气体从割嘴内流出的速度小于混合气体的燃烧速度。发生回火时，应及时采取措施，将乙炔皮管折拢并捏紧，同时紧急关闭气源。一般先关闭乙炔阀，再关闭氧气阀，使回火在割炬内迅速熄灭，稍待片刻，再开启氧气阀，以吹掉割炬内残余的燃气和微粒，然后再点火使用。

为了防止火焰切割变形，在火焰切割操作中应遵循下列程序：大型工件的切割，应先从短边开始；在钢板上切割不同尺寸的工件时，应先切割小件，后切割大件；在钢板上切割不同形状的工件时，应先切割较复杂的，后切割较简单的；窄长条形板的切割，长度两端留出 50 mm 不割，待割完长边后再割断，或采用多割炬的对称气割的方法。

（3）等离子切割。等离子切割是利用高温等离子电弧的热量使工件切口处的金属局部熔化（和蒸发），并借高速等离子焰的动量排除熔金属以形成切口的一种加工方法，通常用于不锈钢、铝、铜等金属的切割。切割时，应严格遵守工艺规定。这种切割方法可以省去放样、画线等工序而直接切割。

钢材切割方法应按表 6-6 的规定选用。

表 6-6　钢材切割方法选用表

项目	加工方法
$t<12$ mm	机械切割
$t\geq12$ mm	火焰切割
H 型钢、型材	锯切

机械切割的允许偏差应符合表 6-7 的规定。

表 6-7　机械切割的允许偏差　　　　　　　　　　　　mm

项目	允许偏差	检查方法
零件宽度、长度	±2.0	用钢尺、直尺
边缘缺棱	1.0	用直尺
型钢端部垂直度	2.0	用角尺、塞尺

锯切的允许偏差应符合表 6-8 的规定。

表 6-8　锯切的允许偏差　　　　　　　　　　　　mm

项目	允许偏差	检查方法
零件宽度、长度	±2.0	用钢尺、直尺
H 型钢端部垂直度	带锯：4/1 000	用角尺、塞尺

火焰切割的允许偏差应符合表 6-9 的规定。

表 6-9　火焰切割的允许偏差　　　　　　　　　　　　mm

项目	允许偏差	检查方法
零件宽度、长度	±2.0	用钢尺、直尺
切割面平面度	$0.05t$，且<2.0	用直尺、塞尺
割纹深度	0.2	用焊缝量规

项目	允许偏差	检查方法
局部缺口深度	1.0	用焊缝量规
表面粗糙度 Ra	一级 0.25，二级 0.5	用角尺
注：t 为切割面厚度		

当被切割的钢板存在缺陷时，可采用以下办法处理：对于 1 mm＜缺棱＜3 mm 的缺陷，采用磨光机修磨平整，对于坡口不超过 $t/10$ 的缺棱，采用直径为 3.2 mm 的低氢型焊条补焊，焊接后修整平整，端口上不得有裂纹或夹层。

钢材下料切割的方法通常可根据具体要求和实际条件参照表 6-6 选用。

四、矫正

(1)构件变形的影响。构件拼接部位发生凹凸变形、角变形或折皱变形，构件与拼接板不能密贴，都将影响力的传递，变形量较大时很难拼接，甚至不能拼接。构件整体如果产生畸变变形或扭曲变形，拼接部位也一定会产生相应的变形。例如，箱形构件发生畸变变形时，原来方形断面将变成平行四边形；发生扭曲变形时，则各断面发生转动，被拼接的两个构件的断面不一致就很难拼接，甚至因此使整个构件报废。构件因焊接或其他热加工过程引起的收缩变形会使构件上已有的螺栓孔距离缩短，如果事先没有预留收缩量或不合适，则会造成整个结构无法安装。因此，应事先采取必要的技术措施，减少构件的变形，以免后期给结构组装或结构安全造成隐患。

构件变形引起的初始挠曲对结构的稳定有较大的影响，如果工字钢梁整体有侧向较大的初始弯曲变形(旁弯)，那么梁的稳定承载力将大大减小，另外，若梁的翼缘和腹板上部凹凸变形较大，则可能较早地出现翘曲而丧失局部稳定，从而降低梁的整体稳定承载力。

变形对受压构件的影响更为明显，导致构件的受力状态发生变化，可降低构件的整体稳定性，进而导致结构的破坏。

总之，变形对结构的影响和危害很大，在制作、运输、吊装和使用过程中，必须尽可能避免变形发生，要及时对已经发生变形的构件采取适当的措施予以有效的矫正。

(2)构件的矫正原理及方法。钢材在制作加工或安装使用的过程中，由于受到外力或热过程的作用，有可能出现这样或那样的变形，这些变形如前所述会对结构安装和安全带来一定的隐患，当变形超过规定时，在进行矫正后方可进入下一道工序。钢结构矫正就是通过外力或加热作用，使钢材较短部分的纤维伸长，或使较长部分的纤维缩短，最后迫使钢材反变形，以使材料或构件达到平直及一定几何形状的要求，并符合技术标准的工艺方法。

矫正原理：利用钢材的塑性、热胀冷缩的特性，以外力或内应力作用迫使钢材反变形，消除钢材的弯曲、翘曲、凹凸不平等缺点，以达到矫正的目的。

(3)型钢的矫正。

1)型钢机械矫正。型钢机械矫正一般常温下在型钢矫正机进行。H 形梁的焊后角变形矫正可采用翼缘矫正机矫正，但矫正后的钢材表面上不应有严重的凹陷、凹痕及其他损伤。

2)型钢手工矫正。对于尺寸较小的局部变形可采用手工矫正。型钢手工矫正用人力大锤矫正，多数用在小规格的各种型钢上。因型钢的刚度较薄钢板强，所以用锤击矫正各种型钢的操作原则为见凸就打。但手工矫正易出现锤疤和冷作硬化，使材料变脆，容易产生裂纹，同时，手工矫正工人劳动强度高，生产效率低，适用于刚度较小、工作量不大的零部件。

3)型钢火焰矫正。用氧-乙炔焰或其他气体的火焰对部件或构件变形部位进行局部加热，利用金属热胀冷缩的物理性能，钢材受热冷却时产生很大的冷缩应力来矫正变形。其加热方法有点状加热、线状加热、三角形加热三种。

①点状加热。点状加热适用于矫正板料局部弯曲或凹凸不平。加热点呈小圆形，直径一般为10～30 mm，点距为50～100 mm，呈梅花状布局，加热后"点"的周围向中心收缩，使变形得到矫正，如图6-7所示。

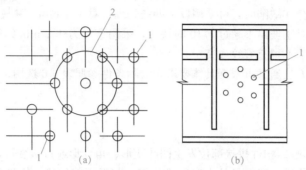

图6-7　火焰加热的点状加热方式

1—点状加热点；2—梅花形布局

(a)点状加热布局；(b)用点状加热矫正吊车梁腹板变形

②线状加热。加热部位为一条条宽度不大的线带的加热方法称为线状加热，如图6-8所示。线状加热多用于较厚板(10 mm以上)的角变形和局部圆弧、弯曲变形的矫正。加热带的宽度不大于钢板厚度的0.5～2.0倍，加热钢板的深度为钢板厚度的1/2～2/3。由于加热后上、下两面存在较大的温差，所以加热带长度方向产生的收缩量较小，宽度方向收缩量大，纵横方向产生不同收缩使钢板变直，但加热红色区的厚度不应超过钢板厚度的一半，常用于H型钢构件翼板角变形的矫正。线状加热可采用自动线状加热机加热。

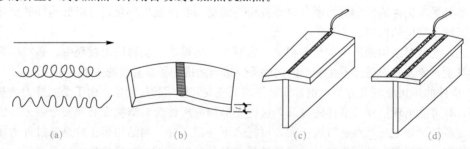

图6-8　火焰加热的线状加热方式

(a)线状加热方式；(b)用线状加热矫正板变形；

(c)用单加热带矫正H形梁翼缘角变形；(d)用双加热带矫正H形梁翼缘角变形

③三角形加热。构件的加热部位呈等腰三角形，三角形加热面积大，收缩量也大，适用于型钢、钢板及构件纵向弯曲的矫正。

加热方法如下。三角形的高度和底边宽度一般控制为型材高度的1/5～2/3。在弯曲构件的凸侧加热，三角形的底边在弯曲面的凸侧边缘，顶点在弯曲面的凹侧，顶角一般为30°～60°，如图6-9(a)、(b)所示。在冷却过程中，加热部位在弯曲平面内的收缩量是不同的。三角形底边所在的凸侧边缘收缩量最大，三角形顶点处收缩量最小，利用这种方法可使弯曲的钢板矫正。在钢板的厚度方向，要求均匀收缩，加热深度应为钢板的全厚，即烤透。

常用 H 型钢构件的拱变形和旁弯的矫正如图 6-9(c)、(d)所示。

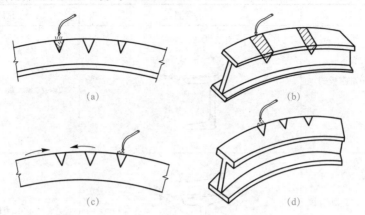

图 6-9　火焰加热的三角形加热方式
(a)、(b)角钢、钢板的三角形加热方式；(c)、(d)用三角形矫正 H 型钢构件的拱变形和旁弯曲变形

火焰加热温度一般为 700 ℃左右，不应超过 900 ℃，加热应均匀，不得有过热、过烧现象；火焰加热厚度较大的钢材时，加热后不得用冷水冷却；对低合金钢必须缓慢冷却，因水冷却使钢材表面与内部温差过大，易产生裂纹；矫正时应将工件垫平，分析变形原因，整体选择加热点、加热温度和加热面积等，同一加热点的加热次数不宜超过 3 次。

火焰矫正变形一般只适用于低碳钢、Q355 钢。对于中碳钢、高合金钢、铸铁和有色金属等脆性较大的材料，由于冷却收缩变形会产生裂纹，所以不得采用火焰加热。

低碳钢和普通低合金钢进行火焰矫正时，常采用 600～800 ℃的加热温度。一般，加热温度不宜超过 850 ℃，以免金属在加热时过热发生"过烧"现象，使钢材被氧气侵入而生成氧化物，进一步造成空洞或裂纹，金属表面也产生较厚的氧化皮，引起钢材强度的降低或发生脆性破坏。加热温度也不能过低，因温度过低时矫正效率不高，实践中凭钢材的颜色来判断加热温度的高低。在加热过程中，钢材的颜色变化所表示的温度可扫码查看。

钢材表面颜色
及其相应温度

钢材矫正后的允许偏差见表 6-10。

表 6-10　钢材矫正后的允许偏差　　　　　　　　　　　　　　　　mm

项次	偏差名称	示意图	允许偏差
1	钢板、扁钢的局部挠曲矢高 f		在 1 m 范围内 $\delta>14$，$f\leqslant 1.0$； $6<\delta\leqslant 14$，$f\leqslant 1.5$； $\delta\leqslant 6$，$f\leqslant 3.0$
2	角钢、槽钢、工字钢的挠曲矢高 f	—	长度的 1/1 000 但不大于 5.0
3	角钢肢的垂直度 Δ		$\Delta\leqslant b/100$，但双肢栓接时角钢的角度不得大于 90°

项次	偏差名称	示意图	允许偏差
4	槽钢翼缘对腹板的垂直度		$\Delta \leqslant b/80$
5	工字钢、H型钢翼缘对腹板的垂直度		$\Delta \leqslant b/100$，且不大于 2.0

五、制孔

由于钢结构的连接常采用螺栓连接，所以孔的加工在钢结构制造中占着一定比重，尤其是高强度螺栓的应用，使孔加工不仅在数量上，而且在精度要求上有了很大的提高。常用的孔的加工方式有冲孔和钻孔。

1. 冲孔

冲孔是在冲孔机上进行的，一般只能冲较薄的钢板，孔径的大小一般不能小于钢材的厚度，孔的周围产生冷作硬化、孔壁质量差等原因，在钢结构制造中已较少采用。

2. 钻孔

钻孔是在钻床上进行的，可以钻任何厚度的钢材，钻的原理是切削、精度高、孔壁损伤小、质量较好。对于铆接结构，为了使板束的孔眼一致并使孔壁光滑，有时先在零件中冲成或钻成较小的孔。待结构装配后，再将孔扩钻至设计孔径。对于孔群位置要求严格的构件，可先制成钻模，然后将钻模覆在零件上钻孔。为了提高钻孔效率，可采用叠钻和多轴钻的钻孔方法。

目前，钻孔可采用数控钻孔，无须在工件上画线、打样、冲眼，整个加工过程都是自动进行的——高速数控定位、钻头行程数字化控制，钻孔效率高、精度高。特别是数控三向多轴钻床的开发和应用，其生产效率比摇臂钻床提高了几十倍，它与锯床形成连动生产线，是目前钢结构加工的发展趋向。

3. 制孔的标准及允许偏差

(1)普通螺栓孔的直径及允许误差。普通螺栓孔、高强度螺栓孔的孔直径应比螺栓杆、钉杆公称直径大 1.0～3.0 mm。C级螺栓孔孔壁粗糙度 $Ra \leqslant 25\ \mu m$，其孔的允许偏差应符合表 6-11 的规定。

表 6-11　普通(C级)螺栓孔允许偏差　　　　　　　　　　mm

项目	允许偏差	检查方法
直径	0～+1.0	用游标卡尺
圆度	2.0	用游标卡尺

项目	允许偏差	检查方法
垂直度	0.03t，且≤2.0	用角尺、塞尺
注：t 为板的厚度		

（2）零、部件上孔的位置偏差。在编制施工图时，零、部件上孔的位置应按照形状和位置公差国家标准计算标注；如设计无要求，则成孔后任意二孔间距离的允许偏差应符合表 6-12 的规定。

表 6-12　孔距的允许偏差　　　　　　　　　　　　　　　mm

螺栓孔孔距范围	允许偏差				检查方法
	≤500	501～1 200	1 201～3 000	＞3 000	
同一组内任意两孔间距离	±1.0	±1.5	/	/	用钢尺
相邻两组的端孔间距离	±1.5	±2.0	±2.5	±3.0	用钢尺

注：孔的分组规定如下。
1）节点中连接板与一根杆件相连的所有连接孔划为一组；
2）对接接头在拼接板一侧的螺栓孔为一组；
3）在两相邻节点或接头间的螺栓孔为一组，但不包括注 1）、2）所指的螺栓孔；
4）受弯构件翼缘上的连接孔，每 1 m 长度内的螺栓孔为一组

（3）孔超过偏差的解决办法。螺栓孔的偏差超过表 6-12 所规定的允许值时，应采用与母材材质匹配的焊条补焊后重新制孔，严禁采用钢块填塞。

六、坡口和端部铣平加工

1. 坡口加工

构件的坡口加工可采用坡口加工机或半自动火焰切割机进行，这解决了火焰切割、磨光机磨削等操作工艺的角度不规范、坡面粗糙、工作噪声大等缺点，具有操作简便、角度标准、表面光滑等优点。坡口面应无裂纹、夹渣、分层等缺陷。坡口加工后，坡口面割渣、毛刺等应清除干净，并应打磨坡口面露出良好的金属光泽。

坡口加工允许偏差应符合表 6-13 的规定。

表 6-13　坡口加工允许偏差

项目	允许偏差
坡口角度/（°）	±5
坡口钝边/mm	±1.0
坡口面割纹深度/mm	0.3
局部缺口深度/mm	1.0

坡口加工质量如坡口面割纹深度、缺口深度缺陷超出表 6-13 的规定，须用打磨机打磨平滑。必要时须先补焊，再用砂轮打磨。

2. 端部铣平加工

钢柱端部铣平采用端面铣床加工，零件铣平采用铣边机加工。端部铣平加工应在矫正合格以后方可进行。

七、组装

1. 一般要求

（1）在组装构件前，应先检查零件的编号、规格、材质、尺寸、数量、表面质量和加工精度等是否符合图纸和工艺要求，确认无误后才能进行组装。

（2）组装用的平台和胎架应符合构件装配的精度要求，并具有足够的强度和刚度，经验收后才能使用。

（3）构件组装要按照工艺流程进行，必须清除被焊接部位 30～50 mm 范围以内的铁锈、熔渣、油污等，劲板的装配处应将松散的氧化皮清理干净。重要构件（如吊车梁）的焊缝部位的清理，应使用动力砂轮打磨直至呈现金属光泽。

（4）对接接头和角接接头组对后必须在接头的两端安装引出板，引出板的尺寸应不小于 80 mm×80 mm，厚度应与工件相近，坡口允许用碳刨加工（有对接、角接、搭接等，除留坡口外，还要留有 2～3 mm 的间隙）。

（5）焊缝的装配间隙和坡口尺寸，均应控制在允许偏差范围之内，凡超差部分应给予修正。

（6）对于在组装后无法进行涂装的隐蔽部位，应事先清理表面并刷上油漆。

（7）计量用的钢卷尺应经二级以上计量部门鉴定合格才能使用，且在使用时，当拉至 5 m 时应使用拉力器拉至 5 kg 拉力，当拉至 10 m 以上时应拉至 10 kg 拉力，并尽量与施工单位现场使用的钢卷尺核对一致。

（8）在组装过程中，定位用的焊接材料应注意与母材匹配，并应严格按照焊接工艺要求进行选用。

（9）构件组装完毕后，应进行自检和互检、测量、填妥测量表，准确无误后再提交专检人员验收，若在检验中发现问题，应及时向上反映，待处理方法确定后进行修理和矫正。

2. 对接工艺要点

（1）焊接 H 型钢翼板或腹板允许拼接，但在同一零件中的接头数量不允许超过两个。翼板拼接缝、腹板拼接缝应相互错开，并应≥200 mm，翼板拼接长度不应小于两倍翼缘板宽，且应≥600 mm；腹板拼接宽度也应≥300 mm，长度应≥600 mm，如图 6-10 所示。

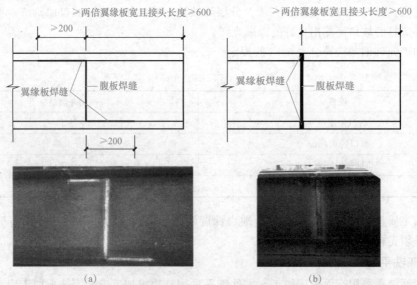

图 6-10　焊接 H 型钢拼接焊缝示意

(a)Z 形接口；(b)直接口

热轧 H 型钢可采用直口全熔透焊接拼接，其拼接长度不应小于两倍截面高度且≥600 mm。当拼接焊缝距离螺栓孔缘≤38 mm 时，必须将焊缝余高磨平。对接焊缝不应与加劲板的角焊缝交错，对接焊缝和角焊缝距离应不小于 20 mm。

(2)箱形构件侧板拼接长度应≥600 mm，相邻两侧板拼接缝间距不宜小于 200 mm；侧板在宽度方向不宜拼接，当截面宽度超过 2 400 mm，确需要拼接时，最小拼接宽度不宜小于板宽的 1/4。

八、构件预拼装

1. 预拼装方法

构件生产好以后，对于复杂的结构，为了避免在安装过程中出现误差过大，导致安装困难，一般出厂前须先进行预拼装。预拼装主要有以下两种方法。

(1)实体预拼装。应设拼装工作平台，如在现场拼装，应在较硬的场地上用水平仪找平。预拼装所用的支撑凳子或平台应测量找平，检查时应拆除全部临时固定和拉紧装置。

(2)计算机仿真模拟预拼装。模拟的构件或单元的外形尺寸应与实物几何尺寸相同。当采用计算机仿真模拟预拼装的偏差超过验收标准相关要求时，应按要求进行实体预拼装(图 6-11)。

图 6-11　构件预拼装

为了确保安装的顺利进行，在构件出厂前分段进行预拼装。在预拼装时，构件与构件用螺栓连接，其连接部位的所有节点连接板均应装上，除检查各部位尺寸外，高强度螺栓和普通螺栓连接的多层板叠，应采用试孔器进行螺栓孔通过率检查，并应符合下列规定。

(1)当采用比孔径公称直径小 1.0 mm 的试孔器检查时，每组孔的通过率不应低于 85%。

(2)当采用比孔径公称直径大 0.3 mm 的试孔器检查时，每组孔的通过率应为 100%。

(3)实体预拼装时宜先使用不少于螺栓孔总数的 10% 的冲钉定位，再采用临时螺栓紧固。临时螺栓在一组孔内不得少于螺栓孔数量的 20%，且不应少于 2 个。

预拼装检验合格后，应在构件上标注上下定位中心线、标高基准线、交线中心点等必要标记。

2. 质量验收标准

钢构件预拼装的允许偏差见表 6-14。

表 6-14　钢构件预拼装的允许偏差　　　　　　　　　　　　　　　　mm

构件类型	项目	允许偏差	检验方法
构件平面总体预拼装	各楼层柱距	±4.0	用钢尺检查
	相邻楼层梁与梁之间的距离	±3.0	
	各层间框架两对角线之差	$H/2\,000$，且不应大于 5.0	
	任意两对角线之差	$H/2\,000$，且不应大于 8.0	

九、钢结构的除锈

钢结构的缺点是耐腐蚀性、耐火性能差，钢结构在大气环境使用时，受大气中的水、氧气及其他气体的作用会被腐蚀。实践表明，钢结构表面存在锈蚀现象，会产生削弱构件的截面、降低结构的承载能力、缩短结构的使用年限等不利的影响。为了避免腐蚀对钢结构的影响，必须对钢结构采取必要的保护措施，如涂刷防腐蚀涂料，涂刷前需要对钢结构进行表面处理，增强涂料和钢结构的附着力，达到保护的效果。另外，钢构件在火灾作用下，承载力会迅速下降，为了保证结构的安全，钢结构表面除涂装防腐涂料外，还需要涂装防火涂料。

1. 除锈方法

构件表面的除锈方法可分为喷砂(射)、抛射除锈和手工或动力工具除锈两大类。

(1)喷砂处理：喷砂应选用干燥石英砂，粒径为 1.5～4.0 mm，风压为 0.4～0.6 N/mm²，喷嘴直径为 10 mm，喷嘴距离钢材表面 100～150 mm，加工处理后的钢材表面呈现灰白色为最佳。

(2)手工钢丝刷除锈：使用钢丝刷将钢材表面的氧化皮等污物清除干净。

(3)砂轮打磨：用于摩擦面处理时，使用手提式电动砂轮沿与受力方向垂直打磨，打磨范围不应小于螺栓孔径的 4 倍。打磨时注意避免在钢材表面磨出明显的凹坑。

2. 除锈等级

钢材表面除锈等级以代表所采用的除锈方法的字母"St"或"Sa"表示。字母后的阿拉伯数字表示其清除氧化皮、铁锈和油漆涂层等附着物的程度等级。

(1)手工和动力工具：如用铲刀、手工或动力钢丝刷、动力砂纸盘或砂轮等工具除锈，以字母"St"表示。国标规定有两个除锈等级，即 St2 和 St3。

1)St2：彻底除锈。

2)St3：非常彻底除锈。

(2)喷砂、喷丸或抛射除锈，以字母"Sa"表示。国标规定有四个除锈等级，即 Sa1、Sa2、Sa2.5 和 Sa3，具体见表 6-15。

表 6-15　喷砂、喷丸或抛射的除锈等级

除锈等级	除锈要求
Sa1	轻度喷射或抛射除锈，钢材表面应无可见的油脂和污垢、氧化皮、铁锈和油漆涂层等附着物
Sa2	彻底喷射或抛射除锈，钢材表面应无可见的油脂和污垢，并且氧化皮、铁锈和油漆涂层等附着物已基本清除，其残留物应是牢固附着的
Sa2.5	非常彻底的喷射或抛射除锈，钢材表面应无可见的油脂、污垢、氧化皮、铁锈、油漆涂层等附着物，任何残留的痕迹应仅是点状或条纹状的轻微色斑
Sa3	绝对彻底的喷射或抛射除锈，钢材表面应无可见的油脂、污垢、氧化皮、铁锈、油漆涂层等附着物，该表面应显示均匀的金属光泽

3. 高强度螺栓摩擦面处理

(1)一般要求。摩擦面加工是指使用高强度螺栓连接节点处钢材表面的加工，高强度螺栓摩擦面处理后的抗滑移系数必须符合设计文件的要求，并应满足以下要求。

1)高强度螺栓连接件摩擦面应采用喷砂处理，接触面防锈等级不应低于 Sa2.5 级，连接处缝隙应嵌刮耐腐蚀密封胶。

2)连接板的摩擦面应紧贴，紧贴面不得小于接触面的 70%，边缘最大间隙不应大于 0.8 mm。凡采用高强度螺栓连接的构件表面不允许涂刷油漆，待高强度螺栓拧紧固定后，外表面用油漆补刷。

3)高强度螺栓连接摩擦面应保持干燥、整洁。不应有飞边、毛刺、焊接飞溅物、焊疤、氧化皮、污垢等。严禁在高强度螺栓连接处摩擦面上做任何标志。

4)加工处理后的摩擦面，应采用塑料薄膜包裹，以防止油污和损伤。

5)新建工程重要构件的除锈等级不应低于 Sa2.5。

(2)检查、修补。

1)抛丸或喷砂除锈后的构件，应检查表面除锈质量是否达到设计规定的质量要求，除锈质量的检查可对照《涂覆涂料前钢材表面处理 表面清洁度的目视评定 第 1 部分：未涂覆过的钢材表面和全面清除原有涂层后的钢材表面的锈蚀等级和处理等级》(GB/T 8923.1—2011)中提供的照片进行比较，比较时至少每 2 m² 有一个比较点，同时，还应目测或采用粗糙度仪测定钢构件表面的粗糙度。检验不合格的面积达到 10% 以上时必须重新除锈，直到合格为止。对基体钢材表面进行清洁度和粗糙度检查时，一是严禁用手触摸；二是应在良好的散射日光下或照度相当的人工照明条件下进行，以免漏检。

2)对除锈后暴露的切割和焊缝缺陷、遗漏焊缝及构件二次变形，必须重新进行修正，经检验合格后才允许进行涂刷油漆。

3)除锈后的构件，应彻底清除浮砂，并在 12 h 内完成首涂底漆，以免表面返锈，若表面出现浮锈，则必须采用砂纸或动力工具除净。

(3)摩擦面抗滑移系数试验。高强度螺栓连接摩擦面抗滑移系数应复验，须在制作单位进行了合格的试验基础上，由安装单位进行复验。在一般情况下，高强度螺栓连接摩擦面抗滑移系数试验可按高强度螺栓用量划分，每 5 万个高强度螺栓用量为一批，不足 5 万个高强度螺栓用量的钢结构为一批，每批 3 组试件，由制作厂进行试验，并出具试验报告，另备 3 组试件供安装单位在吊装前进行复验。

抗滑移系数试验应采用双摩擦面的二栓拼接的拉力试件(图 6-12)，试件与所代表的钢结构构件应为同一材质、同批制作、采用同一摩擦面处理工艺和具有详图的表面状态，在同一环境条件下存放，并应用同批同一性能等级的高强度螺栓连接副。试验用的试验机应经过标定，误差控制在 1% 以内；传感器、应变仪等误差控制在 2% 以内。

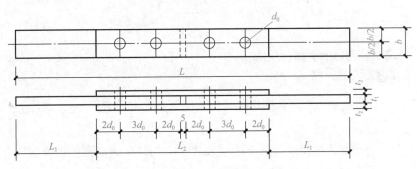

图 6-12　抗滑移系数试件的形式和尺寸

L—试件总长度；L_1—试验机夹紧长度

注意：钢板厚度 $2t_2 \geqslant t_1$。

钢板的厚度 t_1，t_2 应根据钢结构工程中有代表性的板材厚度来确定，宽度 b 可参照表 6-16 的规定取值，L_1 应根据试验机夹具的要求确定，一般为 120~150 mm。

表 6-16　试件板的宽度、长度、螺栓孔径　　　　　　　　　　mm

螺栓直径	16	20	22	24	27	30
螺栓孔径	17.5	22	24	26	30	33
板宽	100	100	105	110	120	120
板长	250	313	341	369	425	467

试验方法：将组装好的试件置于拉力试验机上，试件轴线应与试验机夹具中心严格对中，试件应在其侧面划出观察滑移直线，以便确认是否发生滑移(图6-13)。

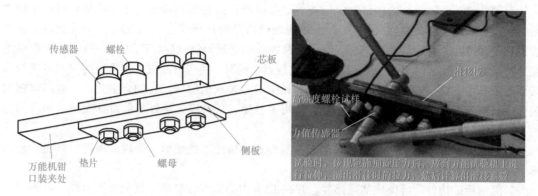

图6-13 高强度螺栓抗滑移系数试验

对试件加载时，应先加10％的抗滑移设计荷载，停1 min后，再平稳加载，加载速度为3～5 kN/s，直到拉至滑动破坏，测得滑移荷载 N_V。

抗滑移系数 μ 应根据试验所测得的滑移荷载 N_V 和螺栓预拉力 P 的实测值，按式(6-2)计算。

当试验发生下列情况之一时，所对应的荷载可视为试件的滑移荷载。

(1)试验机发生明显的回针现象。

(2)试件侧面划线发生可见的错动。

(3)$X-Y$ 记录仪上的变形发生突变；试件突然发生"嘣"的响声。

抗滑移系数计算公式如下：

$$\mu = \frac{N_V}{n_f \cdot \sum_{i=1}^{m} P_i} \tag{6-2}$$

式中　N_V——由试验测得的滑移荷载(kN)；

　　　n_f——摩擦面面数，取 $n_f = 2$；

　　　$\sum_{i=1}^{m} P_i$——试件滑移一侧高强度螺栓预拉力实测值之和(kN)，m 为试件一侧螺栓数量，取 $m = 2$。

注意：终拧后每个螺栓的预拉力值应在 $0.95P\sim1.05P$(P 为高强度螺栓预拉力设计值)范围内。

十、钢结构的防腐涂装

1. 建筑钢结构锈蚀的一般规律

(1)厂房钢结构中腐蚀损坏最严重的是屋盖系统，如屋架、檩条、支撑和瓦楞铁金属屋面。调查资料表明，2～5年后瓦楞铁金属屋面就受到腐蚀损坏，这与低波处积灰吸收水分后导致腐蚀有关。

(2)吊车梁和柱子腐蚀损坏程度较小，柱子与屋架连接节点及柱子和吊车梁连接节点处容易生锈，混凝土屋面板在钢屋架上的支承处及钢吊车梁在混凝土柱上的支承处锈蚀较为严重，与湿土接触的柱脚腐蚀就较为严重，这是有代表性的腐蚀损坏，3～5年后未作防护与湿土接触的柱脚几乎全部有腐蚀损坏。

(3)在屋架中以下弦杆锈蚀最为严重,上弦略轻,斜腹杆次之,竖杆最轻。

(4)室外钢结构比室内钢结构更容易锈蚀,湿度大、易积灰的部位容易锈蚀,焊接节点处容易锈蚀,涂层难以涂刷到的部位易锈蚀。

2. 钢结构表面防护

(1)钢结构表面防护涂层的最小总厚度应符合表 6-17 规定。各种底漆或防锈漆要求最低的除锈等级见表 6-18。

表 6-17　钢结构表面防护涂层的最小总厚度

防腐蚀涂层最小厚度/μm			防护使用年限/年
强腐蚀	中腐蚀	弱腐蚀	
320	280	240	>15
280	240	200	10~15
240	200	160	5~10
200	160	120	2~5

表 6-18　各种底漆或防锈漆要求最低的除锈等级

涂料品种	除锈等级
油性酚醛、醇酸等底漆或防锈漆	St3
高氯化聚乙烯、氯化橡胶、氯磺化聚乙烯、环氧树脂、聚氨酯等底漆或防锈漆	Sa 2.5
无机富锌、有机硅、过氯乙烯等底漆	Sa 2.5

(2)涂装要求。涂层系统应选用合理配套的复合涂层方案,其底涂应与基层表面有较好的附着力和长效防锈性能,中涂应具有优异屏蔽功能,面涂应具有良好的耐候、耐介质性能,从而使涂层系统具有综合的优良防腐性能。

1)涂料、涂装遍数、涂层厚度均应符合设计文件和涂装工艺的要求。当设计文件对工程涂层厚度无要求时,一般宜涂装 4~5 遍。

2)配制好的涂料不宜存放过久,涂料应在使用当天配制。稀释剂的使用应按说明书的规定执行,不得随意添加。

3)涂装时的环境温度和相对湿度应符合涂料产品说明书的要求。当产品说明书无要求时,室内环境温度宜为 5~38 ℃,相对湿度不应高于 85%。构件表面有结露时,不得涂装。雨、雪天不得室外作业。涂装后 4 h 之内不得淋雨,防止尚未固化的漆膜被雨水冲坏。

4)施工图中注明不涂装的部位不得涂装。安装焊缝处应留出 30~50 mm 暂不涂装。

5)涂装应均匀,无明显起皱、流挂,附着应良好。

6)涂装完毕后,应在构件上标注构件的原编号。大型构件应标明其质量、构件重心位置和定位标记。

3. 涂装施工

钢结构防腐和防火涂料的施工方法一般可采用刷涂、滚涂和喷涂三种方法(图 6-14)。

(1)刷涂。刷涂是一种传统的施工方法,投资少,施工简单,效率低,施工质量取决于操作者的技能和责任心,通常用于可能进行滚涂或喷涂的零星工作中,以及用于损坏区域的局部修补、角和边的切割处的涂装。它适用于各种形状及大小面积的涂装。

(a)

(b)

(c)

图 6-14　涂装方法
(a)刷涂；(b)滚涂；(c)喷涂

　　刷涂的工具是各种毛刷。刷涂时，将刷子浸入涂料，取出时，在容器边上擦去过量的涂料，刷子以光滑、均匀的方式在表面上流动，不要使用过大的压力，以免在涂料表面上留下条纹和凹陷处。

　　刷涂是采用设计要求的防锈漆在金属构件表面上满刷一遍。如原来已刷过防锈漆，应检查有没有损坏和锈斑，凡有锈斑及损坏之处，应将原防锈漆层铲除，用钢丝刷和砂布彻底打磨干净后，再按规范补刷防锈漆。

　　涂刷方法是用油刷上下铺油(开油)，横竖交叉将油刷均匀，再将刷迹理平。刷涂质量的好坏主要取决于操作者的实际经验、熟练程度及工作态度。刷涂时，一般应采用直握方法，用腕力进行操作。对于干燥较慢的涂料，应按涂敷、抹平和修饰三道工序进行；对于干燥较快的涂料，应从被涂物边按一定的顺序快速连续地刷平和修饰，不宜反复刷涂。刷涂顺序一般应按"自上而下、从左到右、先里后外、先斜后直、先难后易"的原则，使漆膜均匀、致密、光滑、平整。

　　涂刷必须按设计规定的层数和厚度进行，这样才能消除层间的孔隙，以抵抗外来的侵蚀，达到防腐和保养目的。

　　(2)滚涂。滚涂是用羊毛或分层纤维做成多孔吸附材料，贴附在空的滚筒上，制成滚子进行涂料施工。

　　应将涂料倒入装有滚涂板的容器中，将滚子的一半浸入涂料，然后提起在滚涂板上来回滚涂几次，使其全部均匀地浸透涂料，并将多余的涂料滚压掉。把滚子按 W 形轻轻滚动，将涂料大致地涂布于被涂物上，然后滚子上下密集滚动，将涂料均匀地分布开，最后使滚子按一定方向滚平表面并修饰。滚动时初始用力要轻，以防止流淌，随后逐渐用力，使涂层均匀。滚子使用完成后，应尽量挤掉残存的漆料或用涂料溶剂清洗干净，晾干后保存好，以备再使用。

滚涂施工用具简单，操作方便，施工效率比刷涂法提高1～2倍，用漆量和刷漆基本相同，但劳动强度高，生产效率较低，只适用于较大面积的构件。

（3）喷涂。喷涂包括空气喷涂和高压无气喷涂。

1）空气喷涂。空气喷涂法是利用压缩空气的气流将涂料带入喷枪，经喷枪吹放成雾状，并喷涂到物体表面上的一种涂装方法。其适用于多种涂料和各种构件的喷涂，设备投资小，施工方法复杂，比刷涂效率高，一般使用工具喷枪、空气压缩机等。

空气喷涂比手工作业快得多，一般可以喷涂50～100 m²/h，比刷涂快了8～10倍。涂膜光滑、平整、装饰效果好，但是空气喷涂时，漆雾飞散得厉害，涂料利用率低，会污染现场，易引起火灾。

2）高压无气喷涂。高压无气喷涂是利用特殊形式的高压或其他动力驱动的液压泵，将涂料增至高压，当涂料经管路经过喷枪的喷嘴喷出时，其速度非常高（约为100 m/s），冲击空气和压力的急速下降及涂料熔剂的急速挥发使喷出的涂料体积骤然膨胀而雾化，高速地分散在被涂物表面上，形成漆膜，即直接给涂料施加高压，使涂料在喷出时雾化。

高压无气喷涂的效率高，每小时可喷涂200～400 m²，比手工刷涂高10多倍，比空气喷涂高3倍，对涂料的适应性强，对厚浆型的高黏度涂料更为适应。散布在空气中的漆雾比空气喷涂法小，涂料利用率高，稀释剂用量也比空气喷涂法少，既节省稀释剂，又减轻环境污染。一般拐角及间隙处均可喷涂，但高无气喷涂喷枪的喷雾幅度和喷出量不能调节，如要改变，必须更换喷嘴。其涂料损失比刷涂大，对环境有一定的污染，不适宜用于喷涂面积小的物体等。

4. 涂装注意事项

（1）在钢结构中，有许多钢构件在加工时切边往往是极有棱角的直线边，而不是有倒角弧形的边线，这就给以后的涂装工序带来了问题。涂料通常有从边上收缩和回拉的趋势，而在边上留下较薄的、较少的保护涂料。

（2）焊缝通常是构件表面上最粗糙的部分，焊缝处往往清理不当，或者根本不清理而留下焊接焊渣和焊剂残留物，这会促使腐蚀的产生。

（3）铆钉、螺栓头和螺母都难以涂装处，在可能的情况下应采用焊接来代替铆钉和螺栓连接。铆钉、螺栓连接的重叠板面之间也易因潮气的积聚而产生腐蚀，设计时可以尽量扩大缝隙之间的距离，使之有足够的空间进行更方便的表面处理和涂漆保护。

（4）在建造中，经常采用背面相靠的角钢。这些角钢的背面往往不进行涂装，可以采用镀锌等工艺进行预先涂装。

（5）不同的金属材料在有电解质的情况下互相接触时，由于不同材料的腐蚀电位的差别，会形成电化学腐蚀电池而产生电偶腐蚀。如铝铆钉用在钢板上，则铆钉会腐蚀得很快，在实际工程中要尽可能使不同种金属材料之间绝缘。

5. 涂层的检查与验收

（1）在表面涂装施工时和施工后，应对涂装过的工件进行保护，防止飞扬尘土和其他杂物对涂装质量的影响。

（2）涂层干燥后外观色泽应均匀一致，达到油漆色标的色泽，漆膜表面应平整光滑，丰满，无流挂、起皱、露底、气泡、针孔、龟裂、脱落和粘有脏物，凡出现上述缺陷时应及时进行修补。

（3）涂装漆膜厚度的测定，用触点式漆膜测厚仪测定漆膜厚度，每个构件检测5处，每处的数值为3个相距50 mm的测点涂层干漆膜厚度的平均值（图6-15、图6-16）。

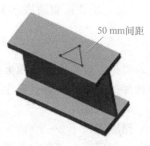

50 mm间距

图 6-15　测点选择

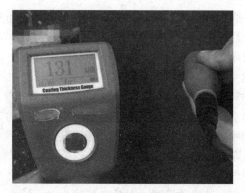

图 6-16　涂层厚度检测

6. 关于不涂装部位的说明

(1)地脚螺栓和底板不涂漆；连接板不涂漆；高强度螺栓摩擦结合面不涂漆，其摩擦面范围的规定为最外侧孔 70 mm 以内；现场待焊接部位 100 mm 的范围内不涂漆。喷漆面边界线应整齐，边界线的直线度为 1.5 mm，与该面中心线的垂直度为 1.5 mm。

(2)与混凝土紧贴或埋入混凝土的部位不涂漆；密封的内表面不涂漆；设计要求的不涂漆的部位。

(3)对施工时可能影响禁止涂漆的部位，在施工前应进行遮蔽保护。

7. 成品保护

(1)钢构件涂装后应加以临时围护隔离，防止踏踩而损伤涂层。

(2)涂装后的构件应均匀排列在高度一致的条形置架上。对于高度基本相同并已干透的构件可进行堆放，但构件之间必须填有木条，且不宜堆压过度，以免造成构件变形。

(3)涂装后的构件在未完全干涸时不可进行吊运。一般在室外涂装时，涂装后 2 h 内不应搬运构件，在 4 h 之内如遇有大风或下雨，应加以覆盖，防止粘染尘土和水汽，影响涂层的附着力。

(4)涂装后的构件需要运输时，应采用具有防止漆膜受损的吊运工具，并应采用双钩起吊，注意防止磕碰、在地面拖拉及涂层损坏。

(5)涂装后的钢构件勿接触酸类液体，以防止咬伤涂层。

十一、钢结构的防火涂装

1. 一般规定

无防锈涂料的钢结构表面，防火涂料或打底料应对钢材表面无腐蚀作用；涂刷防锈漆的钢材表面，防锈漆应与防火涂料相容，不会产生化学皂化等不良反应。

严格按配合比加料和稀释剂(包括水)使浆料稠度适宜。

在施工过程中和涂层干燥固化前，除水泥是防火涂料外，环境温度宜保持在 5~38 ℃，施工时环境相对湿度不宜高于 85%，空气应流通，当构件表面结露时，不宜作业。在雨、雪天不得进行室外作业。涂装后 4 h 之内不得淋雨，以防止尚未固化的漆膜被雨水冲坏。

2. 施工要点

膨胀型防火涂料可按装饰要求和涂料性质选择喷涂、刷涂或滚涂的施工方式。

膨胀型防火涂料每次喷涂厚度不应超过 2.5 mm，超薄型膨胀防火涂料每次喷涂厚度不应超过 0.5 mm，须在前一遍涂料干燥后方可进行下一遍喷涂。

非膨胀型防火涂料可以采用喷涂或手工涂抹的方式，每遍涂抹厚度宜为 5~10 mm，必须在前一道涂层干燥或固化后方可进行下一道涂装。

3. 防火涂层厚度检测

按照《钢结构防火涂料应用技术规程》(T/CECS 24—2020)的规定，厚度检测需要使用厚度测量仪。该仪器由针杆和可滑动的圆盘组成。圆盘始终保持与针杆垂直，并在其上装有固定装置，圆盘直径不大于 30 mm，以保持完全接触被测试件的表面。当厚度测量仪不易插入被测试件内时，也可用其他适宜的方法测试。

测试时，将测厚探针垂直插入防火涂层直至钢构件表面，记录标尺读数。

(1)测点选定。楼板和防火墙的防火涂层厚度测定，可选择相邻两纵、横轴线相交形成的面为一个单元，在其对角线上，按每米长度选一点进行测试。

全钢框架结构的梁和柱的防火涂层厚度测定，在构件长度内每隔 3 m 取一截面为检测点。

桁架结构的上弦和下弦规定每隔 3 m 取一截面试验，其他腹杆每一根取截面试验。

(2)测量结果。对于楼板和墙面，在所选面积中，至少测出 5 个点；对于梁和柱在所选择的位置中，分别测出 6 个点和 8 个点，分别计算出它的平均值，精确到 0.5 mm。

十二、构件的编号、堆放、运输

1. 编号

(1)编号的目的是在将构件从生产到安装的过程中，将有规定的符号标明在构件上，它是下料、制作、涂装、发运、验收、运输和安装等过程的一种辨认标志。

(2)构件编号一般从下料开始到组装完成，用钢印、油漆或不干胶纸标于构件的规定部位，应按图注构件号标注全码，通常应兼有二三种方法。

(3)构件在涂装后，应在原有位置上进行编号移植，或另行挂牌标注，最终的编号应采用喷涂或手写方法标明。标注的位置应在构件端腹板中线偏上部位。

(4)构件在发运前，应认真做好构件的发运统计工作，并做好构件的统计、贴码和标色工作。

(5)粘贴二维码。每根杆件在加工完成后，班组自检员和质检员须按照要求将检测结果上传至管理系统，检验合格后自动生成二维码，手机扫描就可直接查看构件的分类、编号、质量、加工状态、验收状态、检验员及存放位置等相关信息(图 6-17)。

图 6-17　为构件编号、粘贴二维码

2. 堆放

(1)堆放地的地基要坚实，地面平整干燥，排水良好。钢结构产品不得直接置于地上，要垫高 200 mm 以上。

（2）涂装后的构件应均匀地排列在高度一致的条形置架上。对于高度基本相同并已干透的构件可以进行堆放，但构件之间必须填有木条，且不宜堆压过渡，以免造成构件变形。

（3）对于大型的梁、柱构件，应尽可能采用竖放，构件竖放时堆场外侧应有挡柱，以防倒下。小零件应放置在构件的空当内，用螺栓或钢丝固定在构件上。

（4）不同类型的钢构件一般不堆放在一起。同一工程的构件应分类堆放在同一地区内，以便于装车发运。

3. 运输

（1）运输一般要求。构件运输时，包装的产品须经产品检验合格，随机文件齐全，漆膜完全干燥。构件发运前必须编制发运清单，清单上必须明确项目名称、构件号、构件数量及吨位，以便收货单位核查，发运时要求随车提供产品合格证和原材料质量证明书等内业资料。同时应做到以下几点。

1）构件在汽车运输中，每一构件之间应填充枕木，并进行临时固定，以免在运输中发生碰撞、松动、倾偏，甚至翻倒而损坏构件。

2）构件在运输过程中可能造成漆膜损伤，为了便于现场进行修补，在构件发运时每 50 t 构件应备有不少于 2L 同一批号的底漆，并配油漆刷子 1～2 把。

3）运输时应专人负责汽车装运，专人押车到构件临时堆场或工地，全面负责装卸质量。

4）连接板应用临时螺栓拧紧在构件本体上与构件一同发运。

（2）构件装运要求。

1）为了防止构件在装运过程中对构件表面油漆造成损伤，应采用柔性吊带，如采用吊索或钢丝绳吊运则必须用橡胶或柔性材料进行包裹后才能吊运构件。

2）使用铲车装运构件时，应对铲车的铲子用木材进行铺垫，以保护构件表面油漆不被铲子损伤。

箱形柱高度较大时，应采用卧放方式装车，其他构件包装参照图 6-18。

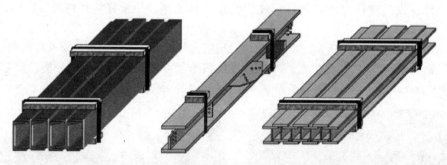

图 6-18　构件包装

（3）运输、保护及卸货与倒运。

1）构件运输。

①装车时，必须有专人监管，清点上车的箱号及打包件号，并办好移交或交接手续。

②车上堆放牢固稳妥，并增加必要的捆扎，以防止滚动碰撞。

③构件按照安装顺序分单元成套供货。

2）运输保护措施。

①运输过程中成品保护措施。

a. 吊运大件时必须有专人负责，使用合适的工具，严格遵守吊运规则，以防止构件在吊运过程中发生振动、撞击、变形、坠落或其他损坏。

b. 装载构件时，必须有专人监管，清点上车的箱包及打包号，车上堆放牢固稳妥，并增加必要的捆扎，防止构件松动遗失。

c. 在运输过程中，保持平稳，采用车辆装运超长、超宽、超高构件时，必须由经过培训的驾驶员、押运人员负责，并在车辆上设置标记。

d. 严禁野蛮装卸，装卸人员装卸构件前，要熟悉构件的质量、外形尺寸，并检查吊码、锁具的情况，防止意外。

②构件保护措施。

a. 构件进场应堆放整齐，防止变形和损坏，堆放时应放在稳定的枕木上，并根据构件的编号和安装顺序来分类。

b. 构件堆场应做好排水，防止积水对钢结构构件的腐蚀。

c. 构件在工厂涂装底漆，防腐底漆的保护是成品保护的重点，应避免尖锐的物体碰撞、摩擦。

3)构件卸货与倒运。卸货点布置在构件安装位置以便于构件的拼装与吊装。

🔺 工作结果检查

根据参观报告内容的全面性和完整性，加工流程的合理性等，对工作结果进行检查。

任务二　　焊接 H 型钢数字化加工

🌟 工作任务

随着工业 4.0、工业制造 2025、机器换人、工业化生产概念的应运而生，以智能制造为主导的先进制造业极大地降低了生产成本，机器人将取代人成为生产制造的主体。钢结构以其良好的可加工性能，以及与 BIM 技术的有机结合，推动了钢结构逐渐向智能化、数字化、信息化迈进。

某门式刚架结构工业厂房(附图 1)，跨度为 30 m，檐高为 6 m，其钢柱(GZ)截面为 H750 mm×300 mm×8 mm×14 mm，钢梁 1(GL1)截面为 H(850～400)mm×250 mm×8 mm×14 mm，钢梁 2(GL2)截面为 H(400～750)mm×250 mm×8 mm×14 mm。请根据附图 1 制作焊接 H 型钢。

🔩 任务思考

(1)焊接 H 型钢的制作流程是什么？

_____

_____

(2)焊接 H 型钢的生产需要哪些设备？

_____

_____

(3)焊接 H 型钢制作完成后需要检验哪些指标？

_____

_____

生产线准备

焊接 H 型钢生产线由智能下料系统、组立系统、自动化焊接系统、矫正系统、智能喷涂系统等组成。

焊接 H 型钢生产工艺流程如图 6-19 所示。

图 6-19　焊接 H 型钢生产工艺流程

焊接 H 型钢生产工艺

1. 钢板智能下料

下料前首先检查钢板有无锈蚀，若有锈蚀则需要先除锈后再下料。焊接 H 型钢的智能下料线包含积放式辊道、表面处理单元、切割下料单元。通过积放式辊道将整张板料输送到表面处理单元，通过钢丝刷辊将板材表面浮锈去除干净，钢丝刷辊上、下间隙可通过程序控制自动调节，以适应不同板厚的表面处理；表面处理后，板材进入切割下料单元，该单元通过 CAM 软件对 CAD 图形或三维模型进行处理，实现不同形状和板厚的自动切割。全自动多头直条切割机可以自动排间距、自动切割、自动喷码，实现集成控制下的无人作业。全自动等离子/火焰切割机可以自动寻边、自动切割、自动喷码，切割精度达±0.5 mm。

用于制作焊接 H 型钢的翼缘板、腹板、连接板、加劲板等板件的钢板采用全自动等离子多头数控切割机下料(图 6-20)。

图 6-20　全自动等离子多头数控切割机下料

2. H 型钢组立

H 型钢可采用 H 型钢组立机进行组立(图 6-21)。组立前，应调整组立机组对轮的左、右间隙尺寸，送入翼缘板与腹板。前组对轮左右夹紧，校对腹板在翼缘板中心线位置是否准确，无误后开始机械组对，装配点焊固定。

组立时，以一端为基准对齐，之后随工件的移动，随时用钢板尺检查两侧距离是否均匀一致。装配组立应严密，H型钢组立时翼缘腹板中心线对齐，偏差≤1.0 mm。点焊时，必须压紧上轮，点焊长度为30～50 mm，间距为400～500 mm。翼缘和腹板对接焊缝交叉点错开200 mm以上。

H型钢组立后检查是否符合图纸和设计要求。H型钢主焊缝焊接前，必须在焊缝两端焊接引、熄弧板，引、熄弧板板厚同构件厚，长度为100 mm，宽度为80 mm，引、熄弧板与构件端头之间应贴严，防止焊接时烧穿，影响构件端头的焊接质量，合格后方可转入下道工序。

图 6-21　焊接 H 型钢组立

也可以使用 H 型钢自动组焊一体机，其可以自动对中，无须点焊固定，将钢材直接送入埋弧焊机进行焊接即可(图 6-22)。

图 6-22　H 型钢自动组焊一体机

3. H 型钢焊接

钢结构全自动焊接主要通过 Tekla 钢结构设计软件与焊接机器人的无缝衔接，利用 Tekla 模型自动计算焊缝信息，自动识别、定位焊缝，自动完成机器人的轨迹规划和编程。整个过程无须过多的人工干预，无须进行任何编程，真正实现钢结构生产的智能化和自动化。

H 型钢组立检查合格后进入机器人焊接中心，焊接 H 型钢的焊接采用 CO_2 气体保护焊打底 1～2 遍，埋弧焊盖面。

(1)悬臂式 CO_2 机器人打底焊。悬臂式 CO_2 机器人打底焊效率可提升 3 倍，质量超越一级焊缝，可降低人工焊接成本。

H型钢腹板与翼板连接的长焊缝用悬臂式 CO_2 机器人气体保护焊打底焊接，系统依据H型钢构件及坡口信息建立了对应的焊接数据库（包括多层多道焊接），通过视觉处理模块采集构件实际焊缝坡口截面和焊接轨迹信息，调用匹配焊接工艺参数，生成焊接轨迹及焊接工艺参数的机器人工作程序，机器人自动执行焊接等工作任务，见表6-19。

表6-19　悬臂式 CO_2 机器人设备主要参数

适用工件宽度尺寸	300～1 500 mm
适用工件高度尺寸	300～1 500 mm
适用工件长度尺寸	4 000～15 000 mm
最大臂展半径	1.45 m
重复定位精度	0.05 mm
激光2D检测传感器型号	SJ300 HF
参考距离	300 mm
焊缝定位精度	±0.5 mm
机器人专用焊机型号	Artsen CM500 R Ⅱ
输出电压/电流	12～45 V，30～400 A
自动清枪装置清枪时间	4～5 s
剪丝功能	最大可剪直径1.6 mm的钢焊丝

注意事项如下。

1）焊接前须焊接引、熄弧板，引、熄弧板要与母材材质相同或相等，长度应大于35 mm，以防止产生弧坑裂纹。

2）焊接工作开始之前，用钢丝刷和砂轮机打磨清除焊缝附近至少20 mm范围内的氧化物、铁锈、漆皮、油污等其他有害杂质。

3） CO_2 气体保护焊进行打底，打底厚度不小于10 mm，以便承受收缩变形引起的拉应力。打底焊完成后将焊缝打磨干净，去除焊渣、飞溅等杂物。

（2）埋弧焊盖面。焊接H型钢打底焊后采用悬臂式双丝埋弧焊焊机（图6-23）进行盖面焊。悬臂式双丝埋弧焊焊机参数见表6-20。

图6-23　悬臂式双丝埋弧焊焊机

表 6-20　悬臂式双丝埋弧焊焊机参数

规格型号	DGXMHB15
加工能力	300 mm×300 mm～1 500 mm×1 500 mm
设备性能	该设备采用激光跟踪，不仅提高了跟踪精度，还大大提高了生产设备的自动化程度
	具备可拓展的焊接工艺数据库，可以根据自身需要建立自己的焊接工艺参数数据库，可在需要时直接调用、调整
	配备多组检测装置，可以对设备的运行数据、电量消耗、气体消耗、焊丝消耗、焊剂消耗、焊缝长度等参数进行采集，并将相关数据上传到 MES，以便于对设备状态进行实时监控和管理
	配备自动剪丝系统，确保埋弧开始焊接时可以顺利起弧，保证生产稳定

（3）H 型钢梁加劲板工业机器人焊接（图 6-24）。H 型钢梁加劲板工业机器人焊接可实现对项目、工件、焊接线信息、焊接顺序等信息的操作。其特点如下：输入工件尺寸参数，即可生成焊接程序；生成工件三维模型，方便离线验证程序；可根据图纸预先编程，缩短编程时间。

图 6-24　H 型钢梁加劲板焊接

H 型钢焊缝完全冷却后，进行超声波探伤（UT）检验，应 100％合格。检查应在焊接 24 h 后进行，应用气割割除引弧板和引出板，严禁使用锤击打掉的办法。割除后引弧板和引出板遗留根部痕迹，应用角磨机修平。

4. H 型钢矫正

焊接 H 型钢在 H 型钢矫正机上进行翼缘、腹板及挠度矫正。

H 型钢焊接对称角变形是在焊接过程中产生的一种常见的焊接缺陷，对于 H 型钢的角变形采用矫正机进行矫正，注意矫正时应避免一次矫正到位，以逐步加压往复多次矫正为宜，矫正后应进行检查（图 6-25）。

5. H 型钢钻孔

H 型钢腹板上的螺栓孔采用数控钻床定位钻孔，以保证螺栓孔位置、尺寸的准确性（图 6-26）。

图 6-25　H 型钢矫正

图 6-26　H 型钢钻孔

6. 除锈

钢结构零部件一般放在喷砂房（又称为喷丸房、打砂房）中除锈，除锈适用于一些大型工件表面清理，增加工件与涂层之间的附着力等（图 6-27）。

喷砂或抛丸能提高油漆在钢材表面的附着力，也能在一定程度上减小板材焊接应力；设备通过抛头集中高速喷射弹丸，对工件表面进行打击与摩擦，使工件表面氧化皮和污物掉落，能最大限度地增加工件油漆的附着力；掉落的弹丸通过螺旋输送器运送到除尘设备内，使设备更环保；抛丸后，辊道将工件送入自动喷漆房进行油漆的涂装。

图 6-27　除锈

7. 智能涂装

焊接 H 型钢抛丸除锈质量检验合格后，利用辊道将工件送入自动喷漆房，悬挂输送装置将工件吊起并运输前进；同时，不同角度的油漆喷枪开始喷涂，自动化涂装设备效率比传统喷漆快 10 倍以上，对于拐角、空隙、凹凸不平等手工操作难以涂刷的位置，自动喷漆机能轻易喷涂，使用自动喷漆机能保证喷涂表面平整、光滑、无痕等；喷涂完成后进入恒温烘干室和冷却室将油漆烘干，工件冷却后输出成品。自动喷漆房同时配备了喷雾和废气处理系统，解决了传统涂装的环境污染问题。

钢结构自动喷漆生产线的优点如下。

（1）设备在密封舱内喷漆，集中进行废气处理，达到极佳的环保效果，创造良好的工作环境（经过滤后的漆渣含量小于 1 mg/m³，而要求为 3 mg/m³）。

（2）生产效率高，物料上、下表面同时喷涂，一次完成。

（3）相对于传统的人工喷漆，大大提高了单位面积生产能力。

（4）具有优良的喷漆质量，可控制涂料厚度。

（5）涂料消耗极低，可进行完美的喷漆工艺控制。

（6）大量减少人工费用，高度自动化控制可大大减少人力需求。

（7）设备配置干燥装置，大大减少环境温度对喷漆工艺的影响。

（8）通过远程监测和服务平台提供快速技术支撑。

8. 粘贴二维码

（1）构件二维码标签中记录了构件信息，包括所属项目编号、所属项目名称、构件编号、构件流水号、构件名称、主截面、外形尺寸、构件单重等信息。

（2）打包二维码标签中记录了包的信息，包括所属项目编号，所属项目名称，包中的构件编号、构件流水号、构件名称、主截面、外形尺寸、构件单重等信息。

（3）二维码信息的读取无须专业的设备，手机就可以扫描。

（4）实现了构件从入库、打包、发运、码头签收、现场安装的追溯。

（5）构件清单数量、入库数量、打包数量、出厂数量、到码头数量、到现场数量的对比及构件所属状态一目了然。

打印和粘贴二维码如图 6-28 所示。

图 6-28　打印和粘贴二维码

工作结果检查

焊接 H 型钢质量检查

焊接 H 型钢翼缘板和腹板的气割下料公差、拼装 H 型钢的焊缝质量均应符合设计要求和国家规范的相关规定。焊接 H 型钢的外形尺寸允许偏差见表 6-21。

表 6-21　焊接 H 型钢的外形尺寸允许偏差　　　　　　　　　　　　　　　　　　mm

项目		允许偏差	图例
截面高度（h）	$h<500$	±2.0	
	$500≤h≤1\ 000$	±3.0	
	$h>1\ 000$	±4.0	
截面宽度（b）		±3.0	

项目		允许偏差	图例
腹板中心偏移		2.0	
翼缘板垂直度(Δ)		$b/100$ 且不大于3.0	
弯曲矢高		$L/1\ 000$ 且不大于5.0	
扭曲		$h/250$ 且不大于5.0	
腹板局部平面度 (f)	$t<6$	4.0	
	$6<t<14$	3.0	
	$t\geqslant14$	2.0	

注：L 为 H 型钢长度，t 为腹板的厚度

任务三　箱形截面数字化加工

工作任务

　　箱形截面形状和普通箱子截面相似，通常由盖板、腹板、隔板和底板组成(图6-29)。由于截面形状呈矩形，所以具有良好的抗弯和抗扭特性，结构在施工和使用过程中稳定性良好，箱形截面的顶板和底板是结构提供抗弯能力的主要部位，箱梁腹板主要承受结构的弯曲剪应力，以及扭转剪应力引起的主拉应力。因此，箱形截面广泛地应用于钢结构梁、柱中。箱形截面的加工质量会直接影响工程的安全，因此，构件加工时要树立"质量第一、追求卓越、尽善尽美"的理念，同时也要树立规则意识。加工过程要严格按照规范、标准实施，确保生产出质量合格的箱形截面产品。

图 6-29　箱形截面的组成

某办公楼钢框架结构（附图2），柱采用箱形截面，其截面分别为□500 mm×500 mm×20 mm×20 mm、□400 mm×400 mm×16 mm×16 mm、□300 mm×300 mm×16 mm×16 mm。请根据附图2制作箱形截面钢柱。

注：箱形截面的表示方法为□截面高×截面宽×腹板厚×翼缘厚。

任务思考

(1)箱形截面是由哪些板件组成的？

_____

_____

(2)箱形截面的制作流程是什么？

_____

_____

(3)箱形截面的生产需要哪些设备？

_____

_____

(4)箱形截面制作好需要检验哪些指标？

_____

_____

工作准备

箱形截面生产前的准备工作

视频：箱形截面
数字化生产

1. 生产线准备

箱形梁、柱生产线由隔板组立工位、箱形梁（柱）组立U形工位、手工隔板焊接工位、箱形梁（柱）盖板组立工位、CO_2机器人打底焊接工位、双丝双弧埋弧焊接工位、悬臂式熔丝电渣焊机、检验和修补工位、数控端面铣工位组成。

2. 材料准备

采购钢材时，钢材应严格按照设计文件的要求，并有合格的质量证明书，为了防止层状撕裂，厚板应采用Z向性能钢板，衬板应选用与主材相同的材质，工程中所用箱形柱材料的原则以定长、定宽订货，其宽度方向应满足3~4块料，两侧共有20 mm余量即可。长度方向一般以不拼接为宜，且不得有过多的余料，可定为50 mm，以避免浪费。

工作流程

箱形截面生产工艺流程如图6-30所示。

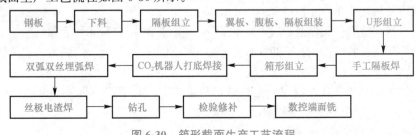

图6-30　箱形截面生产工艺流程

箱形截面生产工艺

一、钢板对接

材料可采用定长进料，进料时原则上考虑箱形柱的翼板、腹板不拼接，但尺度超长或不得已时，凡长度要拼接的翼腹板料，必须先采用埋弧自动焊对接（图6-31），并经无损探伤合格（图6-32），矫平拼缝后，方可下料。钢板坡口及对接如图6-33所示，加工坡口形式参见图3-12。

图6-31　钢板采用埋弧自动焊对接

图6-32　钢板对接探伤检测

图6-33　钢板坡口及拼接

钢板对接时注意以下事项。

（1）焊缝应能避开柱节点位置，宜在节点区隔板上、下500 mm以外。

（2）翼腹板的拼接缝必须互相错开200 mm以上。

（3）所有拼接焊缝为一级焊缝，应100％探伤，超声波探伤（UT）Ⅰ级合格。

（4）对于每张钢板的排板，若下四块板时，尽量中间两块为翼板，两侧各一块为腹板，两侧最外边应保证各10 mm以上的割去量。

（5）对于柱翼腹板的下料，应用数控直条切割机切割。对于每一直条的两边，必须同时切割，且应一次切好，以免造成弯曲和切割缺口等。

二、翼板、腹板的下料

1. 多头数控切割机的参数和功能

箱形截面的直板条可采用多头数控切割机下料(图 6-34),下料时根据截面大小和连接焊缝的长度,考虑预留焊接收缩余量和加工余量。多头数控切割机技术参数见表 6-22。

视频:箱形截面翼板、腹板下料

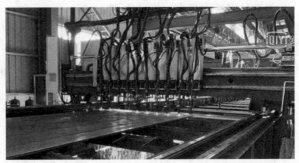

图 6-34　多头数控切割机下料

表 6-22　多头数控切割机技术参数

切割速度/(mm · min^{-1})	50~750
有效切割长度/mm	12 000
切割宽度/mm	200~800
质量/t	约 4
功率/kW	80
X 轴重复精度/mm	±0.2
Y 轴重复精度/mm	±0.1

多头数控切割机的功能如下。

(1)切割方案自动调用功能。10~30 mm 板材切割选用等离子切割方案更优;30~50 mm 切割选用火焰切割方案更优,系统可根据导入模型板材厚度,自动选择更优切割方案,确保切割效率更高,能耗最少。

(2)割炬自动调节功能。在实际生产过程中,切割产品规格众多,系统根据切割尺寸自动调节任意两个割炬的间距,能快速、安全地实现不同规格产品的交叉生产。

(3)自动套料功能。自动套料系统可实现图形割缝自动补偿,进行间隙检查,确保零件间隙的最小化,板材利用率提高约 5%。在实际生产过程中,切割异形板材较多,不同形状的工件,在人工套料时会存在图形干涉或间隙过大的问题,造成不必要的浪费。

(4)切割轨迹跟踪及自动补偿指标。对切割的轨迹进行跟踪,当发现切割轨迹发生偏离时,可以进行自动修正,确保切割外形尺寸精度要求,提高产品合格率。

(5)灵活配置功能。该设备切割用火焰割枪和等离子割枪,均可通过控制系统单独控制切割和运动,可根据实际生产需求调整割枪工作,合理利用,节约能耗。

2. 下料

下料时，除保证几何尺寸外，还要保证切割的垂直度，不应有缺棱和崩坑；对于每块翼腹板长度，应酌放余量（包括加工余量、焊缝收缩余量等），一般可为50～100 mm；数控切割的气割缝宽度：当板厚$\delta \leqslant 32$ mm时，为2 mm；当$\delta > 32$ mm时，为3 mm；排板时，应考虑留出割缝量；考虑到焊接后宽度方向的收缩，箱形柱腹板、翼板的下料宽度取正公差，不得取负公差。

3. 隔板（包括柱端封板，工艺隔板）的下料

箱形柱隔板数量多，形状规则，其尺寸、形状的精度直接影响箱形柱的质量，因此，下料时，必须保证每块隔板的尺寸、形状符合要求。可采用数控切割机自动套料功能切割单块隔板。隔板的长、宽尺寸，下料时可按0～+1 mm公差执行。隔板的四角应方正，因此，两对角线长度的误差应控制在0～+1.5 mm内。隔板实际尺寸如图6-35所示。

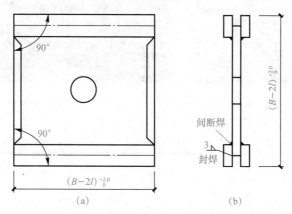

图6-35　隔板实际尺寸

(a)隔板尺寸；(b)隔板实例

三、U形柱的组装、焊接

1. 内隔板定位

将一块翼缘板上胎架，从下端坡口处（包含预留现场对接的间隙）开始划线，按每个隔板收缩0.5 mm、主焊缝收缩3 mm均匀分摊到每个间距，然后划隔板组装线的位置，隔板中心线延长到两侧并在两侧的翼板厚度方向中心打上样冲点（图6-36）。

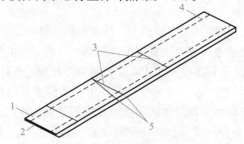

图6-36　箱形柱隔板定位线

1—下翼缘板；2—下端坡口处；3—电渣焊隔板定位线；

4—腹板定位线；5—打样冲点

2. 隔板组立

将一翼板①吊至组立机上，作为翼板进行组立。以柱端板侧为基准，划出3～5 mm作为端面加工量，然后作为端面基准线。以端面基准线为基准，划出内隔板②（包括工艺隔板或支撑）的纵向、横向位置（图6-37）。将隔板按已划好的定位线安装在下翼缘板上，并点焊固定，为了提高柱子的刚性及抗扭能力，在部分焊透的区域每1.5 mm处设置一块工艺隔板，工艺隔板与4大片采用间断焊接。

将电渣焊孔中心的纵向位置线引出至翼板边缘，做上标记A。

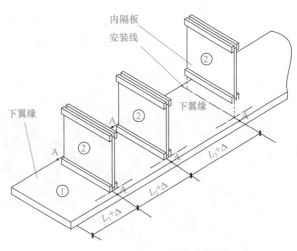

图6-37 组装下翼板和内隔板

用直角尺检查测量，使各内隔板与下翼板垂直，隔板两侧的垫板均应点固并应紧贴翼板面。若间隙＞0.5 mm，则应进行手工焊补。

3. U形组立

以柱端板侧为基准，将二腹板吊至内隔板两侧，两腹板的坡口面均朝外（图6-38）。

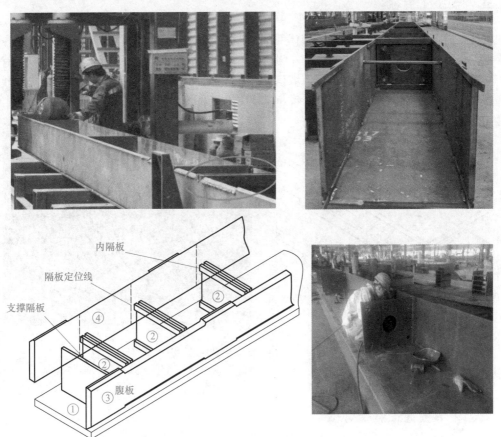

图6-38 U形组立

利用组立机的定位夹具从基准端开始，将两腹板从一端至另一端贴紧隔板衬条边缘，并用手工焊将腹板③、④与内隔板组的垫板、衬板点固，且要使间隙<0.5 mm，焊条同前。

隔板焊接如图 6-39 所示。

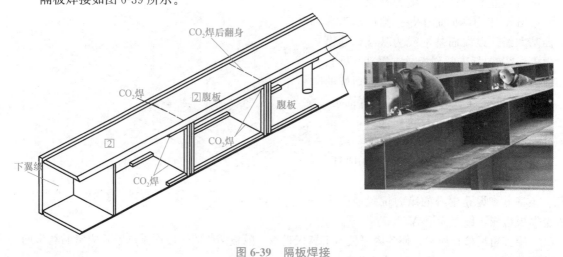

图 6-39　隔板焊接

四、安装上翼板

将坡口内点焊固定，在组装好的箱体两端加设引、熄弧板，然后焊接箱形构件自身 4 条纵向焊缝，焊接前须在焊缝范围内和焊缝外侧面处单边 30 mm 范围内清除氧化皮、铁锈、油污等（图 6-40）。先用气体保护焊焊接全焊透坡口处，当焊透部分的焊缝与部分焊透的根部齐平时再纵向埋弧自动焊，主角焊缝同向对称焊接，以减少扭曲变形。

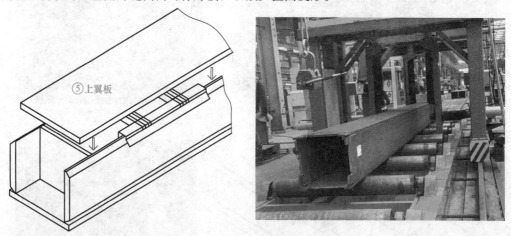

图 6-40　安装上翼板

五、箱形截面主焊缝焊接

箱形截面主焊缝焊接采用 CO_2 机器人打底焊接，然后采用埋弧焊盖面。

1. CO_2 机器人打底焊接（箱形截面主焊缝焊接）

CO_2 机器人打底焊接参数见表 6-23。

表 6-23　CO_2 机器人打底焊接参数

规格型号	DGXRD2-650
加工能力/$(mm \cdot min^{-1})$	焊接速度为 250～600
最高空行速度/$(m \cdot min^{-1})$	13
重复定位精度/mm	±0.05
焊缝跟踪精度/mm	±0.5

(1)采用气体保护焊接方式，由多组机器人根据 CNC 编程生成的加工程序，配以激光焊缝检测跟踪装置，快速完成箱形构件的打底焊接，可全自动完成整条焊缝的焊接，并可自动避开电渣焊孔，实现了箱形构件批量化自动化生产。

(2)系统配备焊接工艺数据库模块，模块中包含已定义的常用材料规格，可根据自身需求及定义的常用材料规格，建立自己的工艺数据库，并可以根据需要随时进行添加。焊接工艺参数包括不同规格材料的各种焊接数据，如焊接速度、焊接电流、电压控制及摆幅方式等，可方便操作者进行调整。

(3)CO_2 机器人打底焊接工位焊接时采用工件静止，主机分段行走，按要求进行焊接的形式。每条焊缝由单边 V 形全熔透焊缝部分、单边 V 形部分熔透焊缝部分、电渣孔部分三部分交错组成。必须根据上述焊缝的形式进行设计 CO_2 机器人打底焊接，确保焊缝的合格率在 95％以上。

(4)两台 CO_2 机器人打底焊机每班(7/25 h)至少能完成 20 根梁的打底焊接。

(5)焊接时将焊接面朝上，在腹板翼板两端安装引、熄弧板。尺寸为 $\delta \times$ 100 mm×100 mm、$\delta \times$100 mm×200 mm，每端各两块。前两块有坡口，角度同腹板；后两块无坡口，同翼缘。材质、板厚同母材。另一面翻转后再点焊。

视频：悬臂式 CO_2 机器人打底焊

焊接时，两台机器人同时焊接两条焊缝，水平位置焊接。焊接从一端开始，同时、同向、同规范施焊，并不得中断焊接，直至另一端(图 6-41)。其焊接顺序如图 6-42 所示。

(6)四条纵向主焊缝 CO_2 机器人打底焊接后，盖面焊采用埋弧焊(图 6-43)。

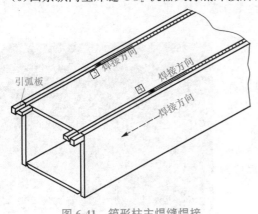

图 6-41　箱形柱主焊缝焊接

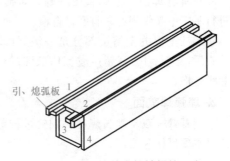

图 6-42　箱形构件主焊缝焊接顺序
（焊接顺序：1－2；3－4）

图 6-43　箱形截面主焊缝机器人焊接

焊接完两条焊缝后，移至锚链翻转机，翻转 180°同上，点焊引入、引出板，从一端开始，同时、同向、同规范焊接另两条焊缝。

当 $\delta \geqslant 30$ mm 时，每一全熔透主角焊缝需要进行两道以上的焊接。这时应采用多层多道焊法，要控制层间温度 $\geqslant 80$ ℃，直至焊接完成(图 6-44)。

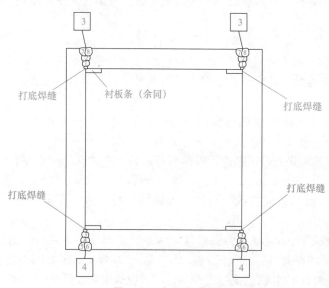

图 6-44　多层多道焊

除净所有焊渣、毛刺、飞溅等，对弧坑、咬边等进行手工电弧焊焊补，打磨，自检。

箱形柱主焊缝全熔透部分是一级焊缝，要求外观检查后，进行 100％超声波探伤(UT)检验，应达到Ⅱ级合格。

2. 埋弧焊盖面

采用悬臂式双丝埋弧焊(图 6-45)进行盖面焊接，具体见本项目任务二。

图 6-45　悬臂式双丝埋弧焊

六、电渣焊焊接

箱形截面主焊缝焊接完成后,采用悬臂式熔丝电渣焊进行翼板和隔板的焊接。

1. 悬臂式熔丝电渣焊机参数、性能

悬臂式熔丝电渣焊机参数见表 6-24。

表 6-24 悬臂式熔丝电渣焊机参数   mm

规格型号		DGXZHB15
加工能力	适用箱形工件宽度尺寸	300~1 500
	适用箱形工件高度尺寸	300~1 500

悬臂式熔丝电渣焊机性能如下。

(1)每个工位配备两套电渣焊系统,可对同一块隔板的两道焊缝进行同步焊接,并可完成隔板倾斜情况的焊接。

(2)采用悬臂梁整体升降,与立柱接触处有垂直导向机构,灵活平稳。

(3)十字滑块机构可在电渣焊接的过程中微调焊枪位置,防止焊偏;自动化程度高、工作可靠、结构简单、操作维修方便。

(4)配备了多组具备通信功能的数字式电量检测装置,可以对设备实时用电量进行精确的统计和数据传输,相关数据可传输至服务器及集控中心,可以对设备状态进行实时监控和管理。

2. 熔丝电渣焊焊接工艺流程

在翼缘板上钻焊接用孔,下料时,在翼缘板上根据内隔板所在的位置进行号孔,用摇臂钻钻孔,焊接方孔可与内隔板同厚,据此翼缘板钻孔比内隔板大 14 mm。熔丝电渣焊焊接工艺流程如图 6-46 所示。

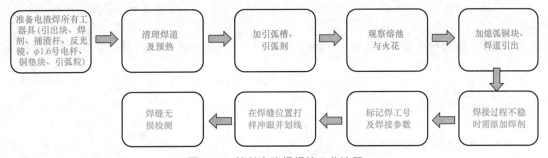

图 6-46 熔丝电渣焊焊接工艺流程

焊接前,检查两腹板面的电渣焊孔,清除所有的割渣、割弃物。检查孔内的清洁度。可用火焰烘烤油、水等污垢,用圆钢使上下贯通,无任何阻碍物。

内隔板与两腹板焊接采用熔嘴电渣焊,并采用两台焊机在对称的两条焊缝处同时施焊,以免焊接变形。

焊接前,把引弧用的铜块放在翼缘板孔的下方,并放入焊剂,管焊条粒穿入焊丝,并将管焊条从焊接间隙中插入装有焊剂的铜块进行引弧、焊接。在翼缘板的孔上方,将两块铜块下方抹上耐火泥,与翼缘板粘紧,作为收弧使用。焊接要求一气呵成,中间不允许熄弧。焊接后,将高出翼缘板的焊接金属切掉,打磨至与翼缘板表面平齐(图 6-47)。

(a)　　　　　　　　　　　　　　(b)

(c)　　　　　　　　　　　　　　(d)

图 6-47　熔丝电渣焊焊接

(a)电渣焊孔；(b)电渣焊接；(c)电渣焊弧帽处理；(d)埋弧焊接

焊接后，将箱形柱移至翻转机上，翻转 90°，用手工气割割去两端的引、熄弧板，切勿伤及母材，将其割平并磨平。

七、矫正

箱形构件主焊缝及隔板电渣焊焊缝焊接时，虽工艺上采用了对称法，同步、同规范地焊接，减小了变形，但有时仍会有上拱、下扰及旁弯等产生。当其值超过允许偏差时，则必须进行矫正。

矫正时可采用冷矫正法（机械法）。一般在油压机上，对柱的弯曲变形的拱部分进行下压，使变形少的部分伸长，从而变形得到矫正。

通常，大量的矫正采用火焰加热法（热矫正法）。火焰一般采用氧化焰，加热温度为 550～600 ℃，不得过高。划出火焰的加热位置及范围。一般加热位置在弯曲的凸起最大处（如隔板处），用火焰使其均匀受热，然后冷却，使变形大的地方产生收缩，从而达到矫正弯曲的目的，一处不足以矫正时，则再对称地选择几处，进行矫正。冷却的方法一般采用空气中自然冷却，Q355 类钢严禁浇水急冷。矫正后，检查柱的垂直度及各面的平面度，使其均符合要求。

视频：箱形截面端面加工

八、箱形构件的端面加工

以构件有端板的一端为基准，进行端面铣削，并预留 3～5 mm 加工余量作为端面的铣削量。铣削干净，端面四周的铣削宽度应一致，并保证符合图纸要求。铣削端面必须与箱形构件的四面垂直。以铣削好的一端为基准，测量并划线，划出应除去的余量。如果余量大于 5 mm 以上，则划线留下 3～5 mm 的加工余量，其余的先采用气割割去，并除净气割渣毛刺。铣削另一端，将其余全部铣去。铣削后柱的长度为柱长加其正公差减去柱端加衬板的外伸量的差值，以确保安装时柱-柱焊接有足够的收缩变形量，然后铣削坡口，两铣削面应保证平行，与柱面垂直。铣削后，应将四周的铣削毛刺除去或磨去，以免割手。

视频：箱形截面
工厂吊运

工作结果检查

箱形截面质量检查

箱形截面质量检查按表 6-25 的规定执行。

表 6-25　箱形截面的允许偏差　　　　　　　　　　　　　　　　mm

项目	允许偏差	检验方法	图例
箱形截面高度(h)	±2.0	钢尺检查	
宽度(b)	±2.0		
垂直度(Δ)	$b/200$，且不大于 3.0		
箱形截面连接处对角线差	3.0	钢尺检查	
箱形柱身板垂直度	$h(b)/150$，且不大于 5.0	直角尺和钢尺检查	

中国制造

焊枪为笔，汗水为墨——30 岁的罗贤利用 12 年的时间，从一名中职生成长为全国电焊领域享受国务院政府特殊津贴的顶级专家。罗贤通过自己的勤奋努力，秉承肯钻研、踏实肯干的精神，成长为国防海军装备生产最前线的"90 后焊接大师"。2018 年，罗贤经过半年的努力，1 800 多次更换不同的材料，尝试不同的工艺，攻克了异种钢焊接工艺工法，填补了我国船舶行业的空白。罗贤不忘初心，以极强的责任心和勇于担当的精神，以精益求精、追求卓越的工匠精神，兢兢业业地工作，全身心投入每个国家重点工程的建造任务，践行了爱岗敬业的社会主义核心价值观，是大国工匠精神的优秀传承者。

正因为有罗贤这样的奋斗者，为了实现中国制造强国的梦想不懈地努力，才有我们国家的强盛，我们应该向罗贤学习，发扬他的大国工匠精神，把我国从"制造大国"建设成为"制造强国"。

技能提升

拓展资源：十字型钢的加工制作

学生工作任务单

项目七　钢结构智慧安装

1. 了解钢结构吊装前准备的基本知识。
2. 掌握常见钢结构的吊装方法和校正方法。
3. 掌握常见钢结构施工方案编制的要点。

1. 能够完成钢结构吊装前的准备工作。
2. 能够选定构件的吊点位置并组织吊装。
3. 能够对吊装好的钢构件进行校正。
4. 能够编制钢结构施工方案。

1. 能够组织钢结构的施工，并对施工质量、进度、成本等做出正确的分析、判断和评价。
2. 以钢结构的安装为主线，培养学生在工作过程中严格遵守规范标准，增强遵纪守法意识。

1. 基础的检查与验收。
2. 钢柱的安装和校正。
3. 钢梁的安装和校正。

1. 钢柱的安装和校正。
2. 钢梁的安装和校正。

任务一　单层钢结构厂房的安装

工作任务

随着国家"双碳"政策的出台，建设高品质绿色建筑符合新时代绿色发展理念，钢结构作为绿色、环保、低碳、减排的建筑被广泛应用在工业厂房中。

某工业园区门式刚架单层钢结构厂房，檐高为 6.15 m，跨度为 30 m，柱距为 6 m。其中，刚架柱(GZ)截面为 H750 mm×300 mm×8 mm×14 mm，钢梁 1(GL1)截面为 H(850～400)mm×250 mm×8 mm×14 mm，钢梁 2(GL2)截面为 H(400～750)mm×250 mm×8 mm×14 mm。请根据工程图纸组织该门式刚架结构施工。

提示：刚架梁 H(850～400)mm×250 mm×8 mm×14 mm 表示钢梁为变截面焊接 H 型钢，梁截面高度由 400 mm 变为 850 mm，腹板厚度为 8 mm，翼缘宽度为 250 mm，厚度为 14 mm。

📖 任务思考

(1)门式刚架结构安装前需要做什么准备工作？

_____

(2)门式刚架结构的安装顺序是什么？

_____

(3)本工程吊装方案选择哪一种？选择哪一类起重机械较为合适？

_____

(4)钢柱如何吊装？吊装完成后还需要做什么工作？

_____

(5)钢梁如何吊装？吊装完成后还需要做什么工作？

_____

(6)吊装完成后，如何知道其是否符合国家标准？

_____
_____

☁ 工作准备

钢结构安装的施工准备

一、安装前的准备工作

1. 编制施工组织设计

施工组织设计应包括工程概况、工程量统计表、构件平面布置图、施工机具的选择、施工方法、安装顺序、主要安装技术措施、安装质量标准和安全标准、劳动力计划和材料供应，以及设备使用计划、工程进度计划等。

2. 施工前的检查

制造厂钢构件到现场应提供以下几项。

(1)钢结构施工图、设计变更文件(在施工图中注明变更部位)。

(2)钢材和辅助材料的质量证明书和试验报告。

(3)高强度螺栓摩擦系数的测试资料。

(4)工厂一、二类焊缝检验报告。

(5)钢构件几何尺寸检验报告。

(6)制作中对问题处理的协议文件。

(7)构件发运清单。

施工现场检查内容如下。

(1)钢构件进入施工现场后,还需对运输过程中易产生变形的构件和易损部位进行专门检查,若发现问题应及时通知有关单位,做好签证手续,以便备案,对已变形的构件应予以校正,对有损伤部位要求生产厂修复,并重新检验。

(2)对重要的吊装机械、工具、钢丝绳及其他配件均须进行检验,保证具备可靠的性能,以确保安装的顺利及安全。

(3)要定期到国家标准局指定的检测单位检测、标定测量仪器,以保证测量标准的准确性。

(4)对固定钢结构的钢筋混凝土基座及其锚栓的准确性、强度进行复测。

(5)对钢结构设计图、钢结构加工制作图、基础图等进行自审和会审。

(6)基础验收。

1)基础混凝土强度要达到设计强度的75%以上。

2)基础周围回填完毕,具有较好的密实度,起重机行走不塌陷。

3)基础的轴线、标高、编号等都以设计图标注在基础面上。

4)基础顶面应平整,预留孔应清洁,地脚螺栓应完好;其顶面标高应低于柱底面安装标高40~60 mm。

5)锚栓、地脚螺栓预留孔的允许偏差应符合有关规定。

二、地脚螺栓的埋设

地脚螺栓预埋是钢结构工程的第一项工作,地脚螺栓安装精度直接关系到整个钢结构安装的精度,因此一定要给予足够的重视。钢柱地脚螺栓埋设前应注意检验地脚螺栓的位置、基础轴线、基础标高,具体参见表8-9。

为了保证预埋螺栓的埋设精度,可将每一根柱下的所有螺杆用定位板进行固定,在基础短柱钢筋绑扎后将螺栓进行埋设,使其大致就位,在基础短柱钢筋绑扎校正完成后对预埋螺栓进行校正定位,交付验收合格后浇灌混凝土。具体方法如下。

(1)钢柱地脚螺栓采用定位板的具体埋设方法。

1)固定板加工。每个柱脚地脚螺栓加工一个定位钢板,定位钢板加工大小、开孔尺寸同柱脚底板。

2)地脚螺栓加长。为了保证地脚螺栓能有两点固定,把地脚螺栓加长至底板钢筋位置,在厂家完成。

3)安装顺序。钢筋绑扎(注意:钢筋在绑扎过程中放线空出螺杆位置)→地脚螺栓就位→测量调整→下部固定、箍筋固定→定位板固定→地脚螺栓再次校核就位。

4)测量定位校正。在钢板上做定位中线,在现场两个方向架经纬仪对其进行校正完成1个轴上的所有柱子固定后,再统一进行最后校核,保证它们在一条轴线上。

5)测量标高校正。保证螺杆外露部分符合图纸规定。

6)地脚螺栓最终定位。螺栓位置确定后,再次用经纬仪找准轴线无误后,将定位钢板与底板上钢筋点焊固定。混凝土浇筑前将上部螺栓丝扣保护起来。

7)混凝土浇筑。安装完毕后，等待浇筑混凝土，在基础的混凝土浇筑前，认真检查地脚螺栓的位置、地脚螺栓的伸出长度、标高、垂直度及是否固定牢固，固定牢靠后方可进入浇灌工序。注意在混凝土浇灌前，对弯曲变形的地脚螺栓要进行校正，对污染的螺纹要清理干净，对已损伤的螺牙要进行修复，并应将所有埋设好的螺栓予以保护，即螺纹上要涂黄油并包上油纸，外面再装上保护套，在浇灌过程中，要对其进行监控，以便出现移位时可尽快纠正，严禁振捣棒接触螺栓杆，并派去人负责看守。

8)上部钢板去除。混凝土终凝后，用气焊烧掉固定用的钢筋，取出定位板，并对柱范围内混凝土进行凿毛处理。

9)找钢柱底标高。混凝土浇筑后，在底板上弹出轴线，如发现螺栓有超过允许的偏移，按1:6坡度调直螺栓，再将设计要求的柱底标高弹在柱子钢筋上，以此作为无收缩混凝土标高。

(2)地脚螺栓复测。在钢柱吊装前，必须对已完成施工的预埋螺栓的轴线间距进行认真核查、验收。对不符合《钢结构工程施工质量验收标准》(GB 50205—2020)者，要提请有关方会同解决；对弯曲变形的地脚螺栓要进行校正；对已损伤的丝扣用板牙进行修理，并对所有的螺栓予以保护。

🏠 工作流程

钢结构的安装必须按照施工组织设计进行，安装过程中必须保证结构的稳定性和不导致永久性变形。门式刚架结构安装工艺流程如图7-1所示。

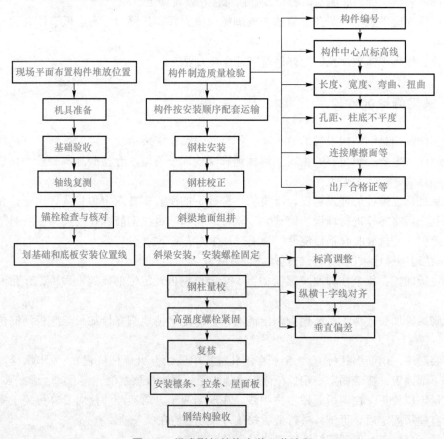

图7-1 门式刚架结构安装工艺流程

一、结构吊装方案的确定

(一)结构吊装方法的选择

单层工业厂房的结构吊装方法有分件吊装法、综合吊装法两种方法。在分件吊装法(也称为大流水法)中，起重机每开行一次，仅吊装一种或两种构件。第一次开行，吊完全部柱子，并完成校正和最后固定工作；第二次开行，安装吊车梁、连系梁及柱间支撑等；第三次开行，按节间吊装屋面梁或屋架、天窗架、屋面支撑及屋面板等。分件吊装法(图 7-2)的优点是构件可分批进场，更换吊具少，吊装速度快；其缺点是起重机开行路线长，不能为后续工作及早提供工作面。

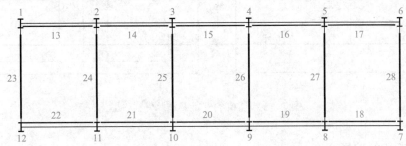

图 7-2 分件吊装的顺序
1～12—钢柱；13～22—吊车梁；23～28—斜梁

综合吊装法(图 7-3)是将多层房屋划分为若干施工层，起重机在每一施工层只开行一次，先吊装一个节间的全部构件，再依次安装其他节间等，待一层全部安装完成后再安装上一层构件。

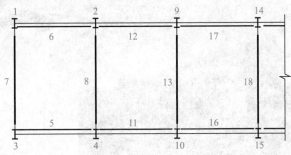

图 7-3 综合吊装的顺序

(二)起重机的开行路线及停机位置

在吊装屋架及屋面梁时，起重机大多沿跨中开行。在吊装柱时，则视跨度大小、构件尺寸、质量及起重机性能，起重机可沿跨中开行或跨边开行；当柱布置在跨外时，起重机一般沿跨外开行，停机位置与跨边开行相似(图 7-4)。

在吊装柱子时，当起重半径 $R \geqslant L/2$[图 7-4(a)]时，起重机沿跨中开行，每个停机位可吊两根柱子；当起重半径 $R < L/2$[图 7-4(b)]时，起重机沿跨边开行，每个停机位可吊一根柱子；当起重半径 $R \geqslant \sqrt{\left(\dfrac{L}{2}\right)^2 + \left(\dfrac{b}{2}\right)^2}$[图 7-4(c)]时，起重机沿跨中开行，每个停机位可吊四根柱子；

当起重半径 $R \geqslant \sqrt{a^2 + \left(\dfrac{b}{2}\right)^2}$ [图 7-4(d)]时，起重机沿跨边开行，每个停机位可吊两根柱子。

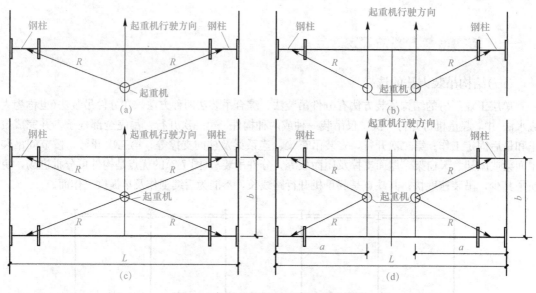

图 7-4　起重机的开行路线及停机位置

(三)起重机的选择

确定好构件的吊装方案和起重机的开行路线及停机位置，根据工程的实际情况选择吊装的起重机。起重机的选择主要从起重机类型、起重机型号、起重机数量三个方面进行选择。

1. 起重机类型

常用的起重机械有履带起重机、汽车起重机、塔式起重机等(图 7-5)。

图 7-5　起重机械
(a)履带起重机；(b)汽车起重机；(c)塔式起重机

(1)履带起重机。履带起重机是以履带及其支承驱动装置为运行部分的自行式起重机，因可负载行走，故工作范围大，在装配式结构特别是大跨度场馆的钢结构施工中广泛应用。一般履带起重机主要由行走装置、回转机构、机身及起重臂等部分组成，习惯上，将取物装置、吊臂、配重和上车回转部分统称为上车，其余部分统称为下车。

履带起重机的地面附着力大、爬坡能力强、转弯半径小(甚至可以在原地转弯)，作业时不需要支腿支承，可以吊载行驶。由于履带面积较大，所以可有效降低对地面的压强，地基经合理处理后，可在松软、泥泞、坎坷不平的场地作业。履带起重机一般起重量较大，行驶速度慢，自重大，对路面有破坏性。

(2)汽车起重机。汽车起重机是一种自行式全回转起重机，起重机构和回转台安装在载重汽车底盘或专用的汽车底盘上。汽车底盘两侧设有四个支腿，以增加起重机的稳定性。汽车式起重机起重范围很大，为8~1 000 t，按起重量的大小分为轻型、中型、重型三种，起重量在20 t以内的为轻型，起重量在50 t及以上的为重型。

汽车式起重机机动性能好，运行速度高，转移迅速，对地面破坏小，可与汽车编队行驶，但不能负荷行驶，工作时必须支腿，对工作场地要求较高；另外，汽车式起重机机身长，行驶时转弯半径较大。

(3)塔式起重机。塔式起重机有行走式、固定式、附着式、内爬式。塔式起重机提升高度高，工作半径大，动作平稳，但起重量一般都不大，转移、安装和拆除都比较麻烦。塔式起重机主要用于高层建筑的安装。

2. 起重机类型的选择

选择起重机时，主要考虑以下几方面的因素。

(1)场地环境。主要根据现场的施工条件，包括道路、邻近建筑物、周边环境等，来确定起重机的类型。

(2)安装对象。根据结构的跨度和待安装对象的高度、半径和构件的重量来确定起重机。

(3)起重性能。根据起重机的主要技术参数确定其类型。

(4)资源情况。根据本企业或本地区现有起重设备状况来选择起重机。

(5)经济效益。根据工期、整体吊装方案等综合考虑经济效益来决定起重机的类型和大小。

一般，吊装工程量较大的单层装配式结构宜选用履带起重机；工程位于市区或工程量较小的装配式结构宜选用汽车起重机；道路遥远或路况不佳的偏僻地区吊装工程则可考虑独脚或人字扒杆或桅杆式起重机等简易起重机。对多层装配式结构，常选用大起重量的履带起重机或塔式起重机；对高层或超高层装配式结构则需选用附着式或内爬式塔式起重机。

对于门式刚架结构而言，起重机选择一般以大跨度斜梁的起重高度(包括索具的高度)为原则。根据结构形式和现场条件，可采用单机或双机吊装。根据工期要求，也可采用多机流水作业。一般情况下，起吊单片大梁长度在25 m以下时可使用单台汽车起重机两点起吊，起吊单片大梁长度在32 m以上时宜同时使用两台起重机四点起吊。

3. 起重机型号的选择

采用自行式起重机吊装时，起重机型号的选择主要是选择起重机的三个参数，即起重量 Q、起升高度 H、工作幅度(回转半径) R，同时起重臂长和角度均需满足结构吊装要求。

(1)起重量。单机吊装起重量按下式计算：

$$Q \geqslant K(G+g) \qquad (7\text{-}1)$$

式中 G——构件最大质量(t)；

g——吊钩、钢丝绳、卡具及其他质量(t)；

K——动力荷载系数，取1.1。

(2)起升高度。起重机的起升高度是指吊车吊钩的升起高度(停机面至吊钩的距离)，以 H 表示，如图7-6所示。

$$H \geqslant h_1+h_2+h_3+h_4 \qquad (7\text{-}2)$$

式中 h_1——安装支座表面高度(m)；

h_2——安装间隙，应不小于0.3 m；

h_3——绑扎点至构件起吊后底面的距离(m)；

h_4——索具高度(绑扎点至吊钩的距离，m)。

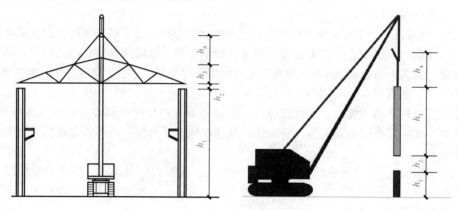

图 7-6　起升高度计算简图

在起重机的起重臂长度为 L，其仰角为 α 的工况下，其吊钩极限起升高度 H' 为

$$H' = L\sin\alpha + C - H_1 \tag{7-3}$$

式中　L——起重臂长度；

α——起重臂仰角；

C——起重臂根铰距地面距离；

H_1——滑轮中心距吊钩底面允许的最小距离。

(3)工作幅度(起重半径)。当起重机的停机位不受限制时，对起重半径没有要求；当起重机的停机位受限制时，需根据起重量、起重高度和起重半径三个参数查阅起重机性能曲线来选择起重机的型号及臂长；当起重机的起重臂需跨过已安装的结构去吊装构件时，为避免起重臂与已安装结构相碰，则须采用数解法或图解法求出起重机的最小臂长及起重半径。起重机的起升高度和工作幅度计算方法简图如图 7-7 所示。

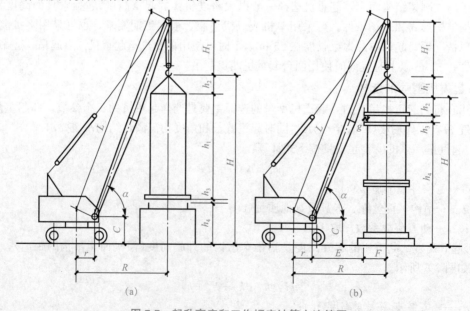

(a)　　　　　　　　　　　　　　　　　(b)

图 7-7　起升高度和工作幅度计算方法简图

工作幅度是指起重机旋转轴至吊钩间的垂距，以 R 表示：

$$R=r+E+F \tag{7-4}$$

式中　r——旋转轴心至起重臂根铰间距离；

　　　F——构件中心至其边缘的距离；

　　　E——起重臂根铰至构件边缘的距离；

$$E=g+(H-C)\cot\alpha \tag{7-5}$$

　　　g——起重臂与构件边缘之间应留有的距离，视具体情况而定，一般应为 0.5 m 左右；

　　　H——吊装时地面距离构件顶端的距离；

　　　C——起重臂根铰距地面的距离；

　　　α——起重臂仰角。

4. 起重机数量

起重机数量计算见下式：

$$N=\frac{1}{T\cdot C\cdot K}\sum\frac{Q_i}{S_i} \tag{7-6}$$

式中　T——工期；

　　　C——班制；

　　　K——时间利用系数（0.8～0.9）；

　　　Q_i——工程量；

　　　S_i——产量定额。

5. 吊具的选择

(1)卡环。卡环是吊索与构件联系用的工具。施工现场卡环的容许荷载估算基于卡环横销直径换算的近似公式：

$$[Q]=40d_1^2 \tag{7-7}$$

式中　$[Q]$——容许荷载（N）；

　　　d_1——横销直径（mm）。

(2)钢丝绳。结构吊装中常采用六股钢丝绳，每股由 19 根/37 根/61 根直径为 0.4～3.0 mm 的高强度钢丝组成。表示方法通常为 6×19+1、6×37+1、6×61+1；前两种使用较多，6×19 钢丝绳多用作缆风绳和吊索；6×37 钢丝绳多用于穿滑车组和吊索。常用的钢丝绳直径为 6.2～65 mm，其抗拉强度分别为 1 400 N/mm²、1 550 N/mm²、1 700 N/mm²、1 850 N/mm²、2 000 N/mm²。

钢丝绳强度可按下式进行校核：

$$[P]\leqslant\frac{\alpha P}{K} \tag{7-8}$$

式中　$[P]$——钢丝绳的允许最大拉力（kN）；

　　　P——钢丝绳的钢丝破坏拉力总和（kN）；

　　　α——钢丝绳破断拉力换算系数（表 7-1）；

　　　K——钢丝绳安全系数（表 7-2）。

表 7-1　钢丝绳破断拉力换算系数 α

钢丝绳结构	换算系数
6×19	0.85
6×37	0.82
6×61	0.80

表 7-2　钢丝绳安全系数 K

用途	安全系数	用途	安全系数
作缆风绳	3.5	作吊索、无弯曲时	6～7
用于机动起重设备	5～6	作捆绑吊索	8～10

[例1]　有一根直径为 20 mm、截面积为 151.24 mm² 、公称抗拉强度为 1 550 N/mm² 的 6×19 全新钢丝绳作吊索，计算它的允许最大拉力。

解：钢丝绳的钢丝破坏拉力 $P=151.24×1\ 550=234(kN)$。

查表 7-1 得 $α=0.85$，查表 7-2 得 $K=6$。

$$[P]≤\frac{αP}{K}=\frac{0.85×234}{6}=33.15\ (kN)$$

使用钢丝绳进行吊装作业时，钢丝绳不可避免会有冲击作用。与静荷载相比，冲击作用较大，重物对钢丝绳的拉力会被不同程度的放大。冲击荷载可按下式进行计算：

$$F_s=Q\left(1+\sqrt{1+\frac{2EAh}{QL}}\right) \tag{7-9}$$

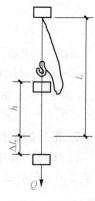

式中　F_s——冲击荷载(N)；

　　　Q——静荷载(N)；

　　　E——钢丝绳弹性模量(N/mm²)；

　　　A——钢丝绳截面面积(mm²)；

　　　h——落下高度(mm)；

　　　L——钢丝绳的悬挂长度(mm)。

[例2]　如图 7-8 所示，采用一根直径为 17.5 mm 的 6×37 钢丝绳进行吊装作业，钢丝总截面面积 $A=111.53$ mm²，钢丝绳的弹性模量 $E=7.84×10^4$ N/mm²，吊装重量(即静荷载)$Q=20.5$ kN，悬挂长度 $L=5$ m，落下距离 $h=250$ mm，试求其冲击荷载。

图 7-8　冲击荷载计算简图

$$F_s=Q\left(1+\sqrt{1+\frac{2EAh}{QL}}\right)=2.05×10^4\left(1+\sqrt{1+\frac{2×7.84×10^4×111.53×250}{2.05×10^4×5\ 000}}\right)$$
$$=156\ (kN)$$

[例3]　如图 7-9 所示，某工程吊装 H 型钢梁，长度为 24 m，质量为 12.0 t，吊索采用 4 点绑扎，吊索质量按 0.1 t 考虑，吊索与钢梁的夹角为 $α=35°$，$β=60°$。请问，在该工程中如何选择钢丝绳。

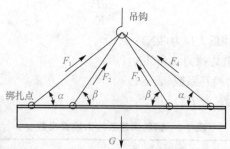

图 7-9　H 型钢梁的吊装

分析：钢丝绳的实际受力根据吊点位置、钢丝绳数量以及钢丝绳与构件的夹角等因素进行计算。在实际工程中，选择钢丝绳即确定钢丝绳的直径和抗拉强度，可初步估选钢丝绳，然后对所选的钢丝绳进行验算，若符合要求，则钢丝绳安全，否则重新选择。具体步骤如下。

(1)初步估选钢丝绳。钢丝绳初步选用 6×37，$\phi 30$ mm，公称抗拉强度为 1 700 N/mm²，破断拉力 $\geqslant 580.5$ kN，安全系数取 10。查表 7-1 得钢丝绳破断拉力换算系数 $\alpha = 0.82$，查表 7-2 得钢丝绳安全系数 $K = 10$。

钢丝绳允许最大拉力为

$$[P] \leqslant \frac{\alpha P}{K} = \frac{0.82 \times 580.5}{10} = 47.6 \ (\text{kN})$$

(2)计算所估选钢丝绳的允许最大拉力 $[P]$。钢丝绳承受的拉力如下：

钢梁重 $G = 12.0 \times 10 = 120(\text{kN})$，吊索重 $g = 0.1 \times 10 = 1(\text{kN})$

钢丝绳的实际拉力为 F_1，F_2，F_3，F_4，因为 F_1 和 F_2 是一根钢丝绳，所以 $F_1 = F_2$，而且因为钢梁是对称吊装，所以 $F_1 = F_2 = F_3 = F_4$，列力的平衡方程

$$F_1 \times \sin\alpha + F_2 \times \sin\alpha + F_4 \times \sin\alpha + F_3 \times \sin\beta = G + g$$

设　　　　　　　　　　　　$F = F_1 = F_2 = F_3 = F_4$

即

$$2F\sin\alpha + 2F\sin\beta = G + g$$

$$F = \frac{G + g}{2\sin\alpha + 2\sin\beta} = \frac{120 + 10}{2\sin 35° + 2\sin 60°} = 42.0(\text{kN})$$

(3)计算钢丝绳承受的拉力 F，若 $F < [P]$，所选钢丝绳安全，否则重新选择钢丝绳。$F = 42.0$ kN $< P = 47.6$ kN，故所选钢丝绳安全。

注意： 钢丝绳使用 4 个月左右应进行保养，保养用油膏配方可为干黄油 90%、牛油或石油沥青 10%。绑扎边缘锐利的构件时，应使用半圆钢管或麻袋、木板等物予以保护，以防发生事故。在使用中，如发现绳股间有大量的油挤出，表明此时钢丝绳的荷载已相当大，这时必须勤加检查，以防发生事故。

二、主要钢构件的吊装

钢结构的吊装程序必须保证结构形成稳定的空间体系，并不导致结构永久变形。一般宜先从靠近山墙有柱间支撑的两端刚架开始。在刚架安装完毕后应将其间的檩条、支撑、隅撑等全部安装好，并检查其垂直度。以这两榀刚架为起点，向房屋的另一端顺序安装。刚架安装宜先立柱子，将在地面组装好的斜梁吊装就位，并与柱连接。

(一)钢柱的吊装

在柱吊装前，先对基础定位轴线、标高及地脚螺栓位置做全面的复核，发现问题时应及时整改，以保证吊装位置的准确，尤其是螺孔位置的准确性一定要有保证，同时确定钢柱的吊点，并做相应的准备。

钢柱、钢梁堆放平面位置，确定在相应的柱脚基础旁边，卸车时即按对应位置布置，以避免二次搬运。

视频：钢柱吊装

吊装钢柱时，在吊装前检查构件标号及总体尺寸，以防止误吊；检查螺栓丝扣，检查好各种工具，特别是钢丝绳的粗细必须保证绝对安全。

1. 钢柱吊点的选择

钢柱吊点位置及吊点的数量须根据钢柱的形状、断面、长度、质量、吊机的起重性能等具体情况确定。一般钢柱弹性和刚性都很好，吊点采用一点起吊，吊耳放置在柱顶处，柱身垂直且易于对线校正。由于吊点通过柱的重心位置，受到起重臂的长度限制，所以吊点也可设置在

柱的1/3处。吊点斜吊时，由于钢柱倾斜，所以对线校正比较困难。对于长细钢柱，为了防止钢柱变形，可采用二点或三点起吊。

如果不采用焊接吊耳，而直接在钢柱本身用钢丝绳绑扎，则要注意两点：第一，在钢柱四角做包角(用半圆钢管内夹角钢)以防止钢丝绳刻断；第二，在绑扎点处，为了防止工字钢局部挤压破坏，可加一加强肋板；吊装格构柱时，绑扎点处加支撑杆。

2. 起吊方法

一般柱的吊装方法有单机旋转回直法和双机抬吊法。

(1)单机旋转回直法。其特点是起吊时将柱回转成直立状态，起吊时应在柱脚下面放置垫木，以防止与地面发生摩擦，不可拖拉。吊点一般设置在柱顶，对于钢柱宜利用临时固定连接板上螺栓孔作为吊点。柱起吊后，通过吊钩起升、变幅及吊臂的回转，逐步将柱扶直，柱停止晃动后再继续提升。这种方法适用于质量较小的柱，如轻钢厂房柱等(图7-10)。

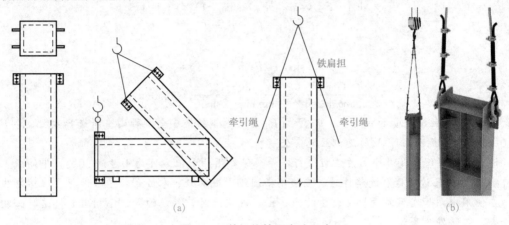

图 7-10　单机旋转回直法示意

(2)双机抬吊法。其特点是采用两台起重机将柱起吊、悬空，柱底部不着地。起吊时，双机同时将柱水平吊起，距离地面一定高度后暂停，然后主机提升吊钩，副机停止上升，面向内侧旋转或适当开行，使柱逐渐由水平转向垂直安装状态(图7-11)。这种方法一般适用于大型、重型柱，如广州国际金融中心(西塔)的重型钢柱就采用了双机抬吊法。

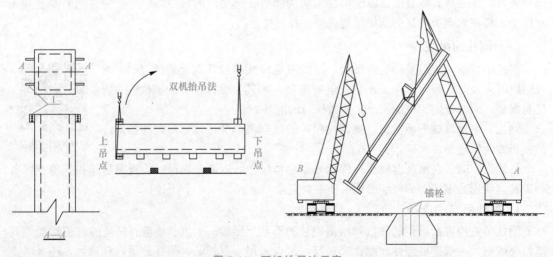

图 7-11　双机抬吊法示意

双机或多机抬吊注意事项：尽量选用同类型起重机；根据起重机能力，对起吊点进行荷载分配；各起重机的荷载不宜超过其相应起重能力的 80%；在操作过程中，起重机要相互配合，动作协调，听从指挥。

3. 钢柱吊装

吊装钢柱时宜先将基础清理干净，并调整基础标高，然后进行吊装。柱子吊装层次包括基础放线、绑扎、校正、固定等。

（1）基础放线。安装前，用木工墨斗放好基础平面的纵横轴向基准线作为柱底板安装定位线。

（2）根据现场实际条件选择液压汽车式起重机进行吊装。吊装时，要将安装的柱子按位置、方向放到吊装（起重半径）位置。

（3）柱子起吊时，从柱底板向上 500～1 000 mm 处划一水平线，以便安装固定前后复查平面标高基准。

根据柱子的种类和高度确定绑扎点，首先将钢丝绳的一端固定在钢柱上，另一端固定在吊钩上，并在柱子上部将麻绳绑扎好，作为牵制溜绳以调整方向。吊装准备工作就绪后，首先进行试吊，吊起一端高度为 100～200 mm 时停吊，检查索具牢固及起重机稳定板位于安装基础时，可指挥起重机缓慢起吊，当柱底距离基础位置 40～100 mm 时，调整柱底与基础基准线达到准确位置，指挥起重机就位，拧紧全部螺栓螺母，并采用经纬仪和线坠结合初调好的钢柱，安装缆风绳，防止侧倒，达到安全方可摘除吊钩。继续按此法吊装其余所有柱子。

4. 钢柱校正

钢柱的校正工作一般包括平面位置校正、标高校正、垂直度校正。钢柱的平面位置在吊装就位时，属于一次对位，一般不需要再次校正。

（1）纵横十字线的对准（平面位置校正）。在钢柱吊装前，用经纬仪在基础上将纵横十字线划出，同时，在钢柱柱身的四个面标出钢柱的中心线。

在吊装钢柱时，在起重机不脱钩的情况下，慢慢下落钢柱，使钢柱三个面的中心线与基础上划出的纵横十字线对准，尽量做到线线相交，由于柱底板螺栓孔与预埋螺栓有一定的偏差，所以一般设计时考虑柱底板螺孔稍大，如果在设计考虑的范围内仍然调整不到位，可对柱底板进行绞刀扩孔，同时，上面加盖板并焊接固定。

（2）柱基标高调整。根据钢柱的实际长度、柱底的平整度、钢柱牛腿顶部及柱顶距柱底部的距离，工程重点是保证牛腿顶部标高值，以决定基础标高的调整数值。

具体做法如下：在钢柱吊装前，在柱底板下的地脚螺栓上加一个调整螺母（图 7-12），用水准仪将螺母上表面的标高调整到与柱底板标高齐平，安装钢柱后，根据钢柱牛腿面的标高或柱顶部与设计标高的差值，利用柱底板下的螺母来调整钢柱的标高，调整完毕无误后，柱底板下面的空隙用高强度微膨胀无收缩砂浆（或细石混凝土）二次灌浆填实。使用这种方法时，需要对地脚螺栓的强度和刚度进行计算。

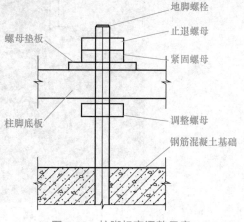

图 7-12 柱脚标高调整示意

也可不采用调节螺母调整标高，此时可在柱底板下加垫铁来调整钢柱的标高，垫铁一般需要从基础顶面垫到钢柱底板下表面，然后用经纬仪进行柱子垂直度的校正。

（3）柱身垂直度的校正。柱底就位和柱底标高校正完成后，即可用经纬仪检查垂直度（图7-13）。其方法是在柱身相互垂直的两个方向用经纬仪照准钢柱柱顶处侧面中心点，然后比较该中心点的投影点与柱底处该点所对应柱侧面中心点的差值，即钢柱此方向垂直度的偏差值。钢柱垂直度经校正后偏差值 $\delta \leqslant H/1\,000$ 且绝对偏差 $\leqslant \pm 5$ mm。若垂直度不满足要求，可通过调整钢柱底板下面的调整螺母来校正钢柱的垂直度，校正完毕后，将柱底上面的两个螺母拧上，松开缆风绳不受力，柱身呈自由状态，再进行复校调整，调整无误后将螺母拧紧（调整螺母时，要保证其中一颗螺母不动）。

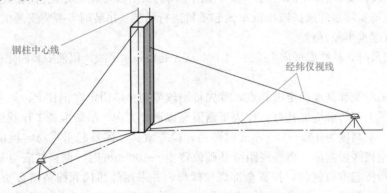

图 7-13　钢柱垂直校正测量示意

(二)钢梁的吊装

门式刚架的斜梁一般跨度较大，侧向刚度较小，为了防止吊装过程中产生扭曲变形，当跨度较大时采用平衡梁四点吊装（图7-14），吊点在中心两边对称设置，吊点与钢梁采用起重钳夹紧钢梁上翼缘两侧。若钢梁跨度较小可采用两点起吊（图7-15）。

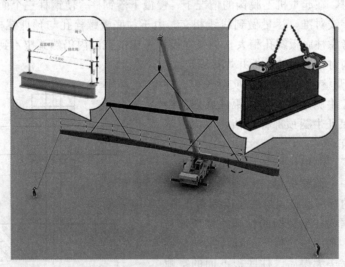

图 7-14　平衡梁四点吊装钢梁

两侧钢柱安装好后，开始安装该片主梁。由于运输的关系，大梁的每段尺寸一般控制在12 m以内，因此在吊装主梁前，一般需要在地上拼接好大梁，安装好高强度螺栓。拼装完成后在钢梁上安装好可拆式安全绳，并在梁两端各设置一条晃绳，由两人牵引，控制钢梁在空中的角度，以便钢梁就位。吊装钢梁时，首先将钢丝绳固定在钢梁上，起重机起吊1 m左右，同样检查钢丝绳固定位置是否合适，若不合适，则卸吊，并移动起吊位置，直至合适。起吊安装钢梁至钢柱上，连接好高强度螺栓，并在大梁上拉缆风绳，以防止钢梁倾覆。起重机送钩，这样一榀刚架吊装完毕。

钢梁吊装就位后，先进行安装位置的复测，用临时螺栓进行固定，同时注意当单榀钢梁吊装就位后，在起重机摘钩前，应立即将钢梁两侧用缆风绳固定。

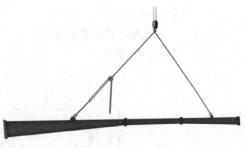

图 7-15　钢梁两点起吊

当相邻第二榀钢梁吊装好后，及时将两钢梁之间的系杆、水平支撑及屋面檩条等构件安装完成，并进行测量校正，合格后进行高强度螺栓永久固定，以此作为稳定体系。

三、完成和调节第一内开间

采用综合法吊装时，第一内开间的正确位置至关重要，当此开间被正确校正和设置支撑后，其余构件会在很大程度上自动调整和校直，在第一内开间结构完成后，将所有檩条、墙梁、屋檐支梁安装在装好的支撑开间，在进行下一步骤前将整个开间调正、校直并张紧支撑。在最后检测建筑调整状况时，如有必要可再做适当调整。

调整主体结构时用经纬仪从柱子的两条轴线观测，在翼缘板内侧通过经纬仪直接看出任何不垂直的地方，用调整对角斜撑的方法来调整柱的垂直度，所有的测量应从翼缘的中线开始，第一区间调整完成后，进行其余区间钢梁吊装。吊装时刚架隅撑建议用螺栓固定在横梁上（不拧紧），随刚架梁同时吊起。注意当天吊装完成的刚架必须用檩条连成整体，并有可靠的支撑，否则遇到大风天气时，可能第二天早上会看到一堆倒塌的扭曲钢的构件。

注意： 钢结构吊装前，应将构件表面的污杂物清除干净，否则吊装完成后清除将很困难，并影响工程美观；钢结构的吊装必须由起重工统一指挥。

四、高强度螺栓的安装

高强度螺栓连接受力性能好，耐疲劳，抗震性能好，连接刚度大，施工简单，被广泛地应用于建筑钢结构的连接中。门式刚架结构梁与梁拼接、梁与柱连接一般均为摩擦型高强度螺栓连接。因此，构件吊装到位、校正合格后应及时进行高强度螺栓的紧固。

(一)高强度螺栓安装前的准备工作

(1)应按设计文件和施工图的要求编制工艺规程和安装施工组织设计。

(2)进行安装和质量检查的钢尺，均应具有相同的精度，并应定期送计量部门检定。大六角头高强度螺栓施工所用的扭矩扳手，使用前必须校正，其扭矩误差不得大于±5%，合格后方准使用。校正用的扭矩扳手，其扭矩误差不得大于±3%。

(3)高强度螺栓长度的选用。高强度螺栓紧固后，以丝扣露出2～3扣为宜，一个工程的高强度螺栓，首先按直径分类，统计出钢板束厚度，根据钢板束厚度，按下式选择所需长度(图7-16)：

$$l = l' + \Delta l \tag{7-10}$$

式中　l'——连接板层总厚度；

　　　Δl——附加长度，$\Delta l = m + ns + 3p$，见表7-3；

　　　m——高强度螺母公称厚度；

n——垫圈个数；

s——高强度垫圈公称厚度；

p——螺纹的螺距。

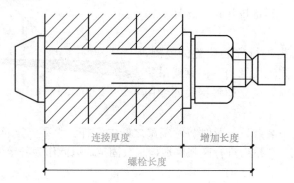

连接厚度　　　增加长度

螺栓长度

图 7-16　高强度螺栓的长度

表 7-3　高强度螺栓附加长度 Δl 　　　　　　　　　　　　　　　　mm

螺栓公称直径	M12	M16	M20	M22	M24	M27	M30
高强度螺母公称厚度	12.0	16.0	20.0	22.0	24.0	27.0	30.0
高强度垫圈公称厚度	3.00	4.00	4.00	5.00	5.00	5.00	5.00
螺纹的螺距	1.75	2.00	2.50	2.50	3.00	3.00	3.50
大六角头高强度螺栓附加长度	23.0	30.0	35.5	39.5	43.0	46.0	50.5
扭剪型高强度螺栓附加长度	—	26.0	31.5	34.5	38.0	41.0	45.5
注：高强度螺栓长度的选择，一般方法是按连接板厚度加上附加长度（Δl），并取 5 mm 的整倍数							

(4)高强度螺栓进场时必须有合格证，施工前应对大六角头螺栓的扭矩系数、扭剪型螺栓的紧固轴力和摩擦面抗滑移系数进行复验，合格后方允许施工。

(二)高强度螺栓的安装要求

(1)对高强度螺栓连接，应在其结构构件校正完毕后，对高强度螺栓连接件进行校正，消除连接件的变形、错位和错孔。

对每个连接接头，应先用临时螺栓或冲钉定位，为了防止损伤螺纹引起扭矩系数的变化，严禁将高强度螺栓作为临时螺栓使用。同时，每个连接接头所采用的临时螺栓或冲钉的数量应根据安装时该接头可能承受的荷载计算确定，并应符合下列规定。

1)不得少于安装总数的 1/3。

2)不得少于两个临时螺栓。

3)冲钉穿入数量不宜多于临时螺栓的 30%。

组装时先用穿杆对准孔位，在适当位置插入临时螺栓，用扳手拧紧。

(2)高强度螺栓的穿入，应在结构构件中心位置调整好后进行，其穿入方向应以施工方便为准，并力求一致。扭剪型高强度螺栓连接副组装时，螺母带圆台面的一侧应朝向垫圈有倒角的一侧。对于大六角头高强度螺栓连接副组装时，螺栓头下垫圈有倒角的一侧应朝向螺栓头(图 7-17)。

圆台面

图 7-17　高强度螺栓的紧固

(3)高强度螺栓安装时应能自由穿入，严禁强行穿入(如用锤敲打)。如不能自由穿入，则对该孔应用铰刀进行修整，修整后孔的最大直径应小于1.2倍螺栓直径，且修孔数量不应超过该节点螺栓数量的25%。修孔时，为了防止铁屑落入板叠缝，应将四周螺栓全部拧紧，板叠密贴后再进行铰孔。严禁使用气割扩孔。

(4)安装高强度螺栓时，构件的摩擦面应保持干燥，不得在雨中作业。

注意：经处理后的高强度螺栓连接处摩擦面应采取保护措施，防止沾染脏物和油污。严禁在高强度螺栓连接处摩擦面上做标记；在安装过程中，不得使用螺纹损伤及沾染脏物的高强度螺栓连接副，不得使用高强度螺栓兼作临时螺栓。

(三)高强度螺栓施工

1. 大六角头高强度螺栓的施工

(1)大六角头高强度螺栓连接副扭矩的确定。大六角头高强度螺栓在拧紧螺栓时，大六角头高强度螺栓施工终拧扭矩由下式计算确定：

$$T_c = kP_c d \tag{7-11}$$

式中 d——大六角头高强度螺栓公称直径(mm)；

k——大六角头高强度螺栓连接副的扭矩系数平均值，该值由试验测得；

P_c——大六角头高强度螺栓施工预拉力(kN)，按表7-4取值；

T_c——施工终拧扭矩(N·m)。

表 7-4 大六角头高强度螺栓施工预拉力　　　　　　　　　　　　　　kN

螺栓性能等级	螺栓公称直径						
	M12	M16	M20	M22	M24	M27	M30
8.8S	50	90	140	165	195	255	310
10.9S	60	110	170	210	250	320	390

大六角头高强度螺栓连接副的扭矩系数 k 是衡量大六角头高强度螺栓质量的主要指标。因此，大六角头高强度螺栓连接副必须按批保证扭矩系数供货。

扭矩系数 k 与下列因素有关：螺母和垫圈之间接触面的平均半径及摩擦系数；螺纹形式、螺距及螺纹接触间的摩擦系数；螺栓与螺母中螺纹的表面处理及损伤情况等。

(2)扭矩法施工。确定好大六角头高强度螺栓连接副的扭矩系数之后，应根据设计预拉力值确定螺栓的紧固轴力(预拉力)P，一般考虑螺栓的10%作为施工预拉力损失(即螺栓施工预拉力 P 按1.1倍的设计预拉力取值)。

扭矩法施工时，先采用普通扳手对螺栓进行初拧，使连接接触面密贴，即使螺栓"吃上劲"，对复杂的、螺栓多的连接接头，中间还需进行复拧，然后采用定扭矩电动扳手终拧，终拧的扭矩值按式(7-11)确定。

初拧、复拧及终拧的次序一般为从中间向两边或四周对称进行，初拧和终拧的螺栓都使用不同颜色的油漆做标记，以避免漏拧、超拧等安全隐患，同时方便质检人员检查紧固质量。

(3)转角法施工。

1)初拧：采用定扭矩扳手，从螺栓群中心顺序向外拧紧螺栓。初拧可以采用敲击法检查，即用小锤逐个敲击检查，防止螺栓漏拧[图7-18(a)]。

2)划线：初拧后对螺栓螺帽、垫片和构件用白色记号笔逐个进行划线[图7-18(b)]。

3)终拧：用专用扳手使螺母旋转一个额定角度[图7-18(c)]，螺栓的紧固顺序同初拧。

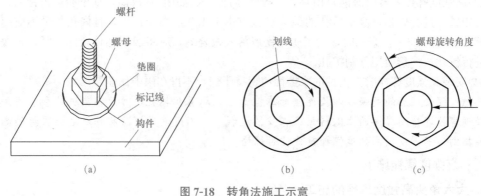

图 7-18　转角法施工示意

(a)初拧；(b)划线；(c)终拧

4)终拧检查：对终拧后的螺栓逐个检查其螺母的旋转角度是否符合要求，可用量角器检查螺栓与螺母划线的相对转角(表 7-5)。

表 7-5　初拧(复拧)后大六角头高强度螺栓连接副的终拧转角

螺栓长度 L 范围	螺母转角	连接状态
$L \leqslant 4d$	1/3 圈(120°)	
$4d < L \leqslant 8d$ 或 200 mm 及以下	1/2 圈(180°)	连接形式为一层芯板加两层盖板
$8d < L \leqslant 12d$ 或 200 mm 以上	2/3 圈(240°)	
注：螺母的转角为螺母与螺栓杆之间的相对转角；当螺栓长度 L 超过螺栓公称直径 d 的 12 倍时，螺母的终拧角度应由试验确定		

5)做标记：对终拧完的螺栓用不同颜色笔作出明显的标记，以防止螺栓漏拧和超拧，并供质检人员检查。

终拧使用的工具有电动扳手、电动定转角扳手及手动扳手等。一般的扳手控制螺母转角大小的方法是将转角角度刻划在套筒上，这样，在套筒套在螺母上后，用笔将套筒上的角度起始位置划在钢板上，开机后待套筒角度终点线与钢板上的标记重合后，终拧完毕，这时套筒旋转角度即螺母旋转角度。当采用定扭角扳手时，螺母的转角由扳手控制，达到规定角度后，扳手自动停机。为了保证终拧转角的准确性，施拧时应注意防止螺栓与螺母共转的情况发生，为此螺栓一边有人配合卡着螺头最为安全。

2. 扭剪型高强度螺栓施工

(1)扭剪型高强度螺栓的工作原理。扭剪型高强度螺栓和大六角头高强度螺栓在材料、性能等级及紧固后连接的工作性能等方面都是相同的，不同的是外形和紧固方法。扭剪型高强度螺栓是一种自标量型(扭矩系数)的螺栓，其紧固方法基于扭矩法原理，施工扭矩是由螺栓尾部梅花头的切口直径来确定的。

图 7-19 所示为扭剪型高强度螺栓紧固过程示意。扭剪型高强度螺栓紧固采用电动扳手，扳手的扳头有内、外两个套筒，外套筒套在螺母上，内套筒套在梅花卡头上。在紧固过程中，梅花头承受紧固螺母所产生的反扭矩，此扭矩与外套筒施加在螺母上的扭矩大小相等，方向相反，螺栓尾部梅花头切口处承受该纯扭矩作用。当施加于螺母的扭矩值增加到梅花头切口扭断力矩

时，切口断裂，梅花头掉下，紧固完毕。因此，施加螺母的最大扭矩即梅花头切口的扭断力矩。

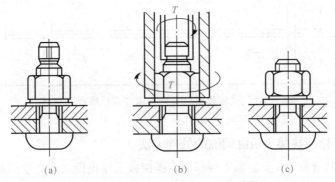

图 7-19　扭剪型高强度螺栓紧固过程示意
(a)紧固前；(b)紧固中；(c)紧固后

扭剪型高强度螺栓梅花头被拧掉标志着螺栓终拧结束，质检人员只需检查梅花头是否被拧掉就可以了。应将被拧掉的梅花头收集在专用的容器中，禁止随便丢弃，特别防止高空坠落伤人事故发生。同时，施工时应注意拿稳扳手，特别是高空作业。

扭剪型高强度螺栓紧固可分为初拧、复拧和终拧进行，初拧的目的是消除接头螺栓群间相互影响及消除连接板间的间隙。初拧扭矩、复拧扭矩值为 $0.065 \times P_c \times d$（$0.13 \times P_c \times d$ 的 50%），或按表 7-6 确定，初拧或复拧后的扭剪型高强度螺栓用颜色在螺母上标记，并用专用扳手进行终拧，直至拧掉螺栓尾部的梅花卡头。初拧、复拧、终拧宜在一天内完成。

对于超大型接头还要进行复拧。扭剪型高强度螺栓连接副的初拧扭矩可适当加大，一般初拧螺栓轴力可控制为终拧轴力值的 $50\% \sim 80\%$。

表 7-6　扭剪型高强度螺栓初拧(复拧)扭矩值　　　　　　　　N·m

螺栓公称直径	M16	M20	M22	M24	M27	M30
初拧扭矩	115	220	300	390	560	760

对于个别不能用专用扳手进行终拧的扭剪型高强度螺栓，应按大六角头高强度螺栓的紧固方法进行终拧(扭矩系数可取 0.13)。

(2)扭剪型高强度螺栓的施工过程。

1)先将扳手内的套筒套在螺栓梅花头上，然后轻轻扳动扳手，将外套筒套在螺母上。待完成本项操作后，晃动扳手，确认内、外套筒是否套好，调整套筒与连接板垂直。

2)打开扳手开关，外套筒旋转至螺栓在断裂切口处断开。

3)切口断裂后，关闭扳手开关，将外套筒从螺母上卸下。此时注意要拿稳扳手，特别是高空作业。

4)启动扳手的顶杆开关，将套筒内拧断的螺栓梅花头顶出。应将梅花头收集在专用容器内，禁止随便丢弃，特别要防止高空坠落伤人事故发生。

(四)连接节点高强度螺栓紧固顺序

高强度螺栓初拧、复拧、终拧时，连接处的螺栓应按一定顺序施拧。施拧顺序如下：由螺栓群的中央顺序向外拧紧(即先中间，后两边、对角，顺时针方向依次、分阶段紧固)，或从接头刚度大的部位向约束小的方向拧紧(图 7-20)。

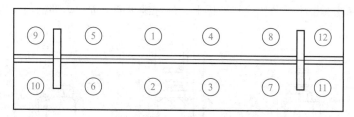

图 7-20　门式刚架梁柱节点高强度螺栓的紧固顺序

(五)高强度螺栓连接接头板缝间隙的处理方法

因板厚公差、制造偏差及安装偏差等原因，连接接头摩擦面之间产生间隙。当摩擦面之间有间隙时，有间隙一侧的螺栓紧固力就有一部分以剪力形式通过拼接板传向较厚一侧，结构使有间隙一侧的摩擦面间的正压力减小，摩擦承载力降低，或者说有间隙的摩擦面的抗滑移系数减小，在实际工程中，高强度螺栓连接接头板缝间隙应按表 7-7 的规定进行处理。

表 7-7　高强度螺栓连接接头板缝间隙处理

项目	示意图	处理方法
1		$t<1.0$ mm 时不做处理
2	磨斜面	$t=1.0\sim3.0$ mm 时将板厚一侧磨成 1∶10 的缓坡，使间隙小于 1.0 mm
3	垫板	$t>3.0$ mm 时加垫板，垫板厚度不小于 3 mm，最多不超过 3 层，垫板材质和摩擦面处理方法应与构件相同

(六)高强度螺栓紧固质量检验

大六角头高强度螺栓连接副在终拧完毕 1～48 h 内完成终拧扭矩检验。检验时，首先对所有螺栓进行终拧标记检查，同时，最好用小锤对节点的每个螺栓逐一进行敲击，根据声音的不同找出漏拧或欠拧的螺栓，以便重新拧紧。对扭剪型高强度螺栓连接副，终拧是以拧掉螺栓尾部梅花头为合格，可用肉眼全数检查。尾部梅花头未被拧掉者应按扭矩法或转角法检验。

大六角头高强度螺栓的终拧检验比较复杂，分为扭矩法检验和转角法检验两种。原则上检验方法与施工方法应相同。

1. 扭矩法检验(图 7-21)

在螺尾端头和螺母相对位置划线，将螺母退回 60°左右，再用扭矩扳手重新拧紧，使两线重合，此时测得的扭矩值应在 $(0.9\sim1.1)T$ 范围内(T 是高强度螺栓检查扭矩，$T=KPd$，K 为高强度螺栓连接副的扭矩系数，P 为高强度螺栓预拉力设计值，d 为高强度螺栓公称直径)，否则判定为不合格。

如发现不符合要求的，应再扩大一倍检查，如仍有不合格的，欠拧的、漏拧的应该重新补拧，超拧的应予更换螺栓。

图 7-21　扭矩法检验

2. 转角法检验

(1)普查初拧后在螺母与螺尾端头相对位置所划的终拧起始线和终止线所夹的角度应达到规定值。

(2)在螺栓端头和螺母相对位置划线,然后完全拧松螺母,再按规定的初拧扭矩和终拧角度重新拧紧螺栓,测量终止线与原终止线画线间的夹角,观察与原划线是否重合。终拧转角偏差在±30°内为合格。

高强度螺栓连接副终拧后应检验螺栓丝扣外露长度,以螺栓丝扣外露2~3扣为宜,其中允许有10%的螺栓丝扣外露1扣或4扣,对同一节点,螺栓丝扣外露应力求一致,以便于检查。

(七)高强度螺栓的储存和保管

(1)高强度螺栓连接副应按批配套出厂,并附有质量保证书,同批内配套使用。

(2)高强度螺栓连接副应按包装箱上注明批号、规格分类保管,在室内存放、堆放时应有防生锈、潮湿及沾染脏物等措施。

(3)使用前应进行外观检查,表面油膜正常、无污物的方可使用。

(4)使用开包时应核对螺栓的直径、长度。

(5)在使用过程中不得淋雨,不得接触泥土、油污等脏物。

(6)安装使用前严禁随意开箱。

注意: 高强度螺栓的保管时间不应超过6个月,当保管时间超过6个月后使用时,必须按要求进行扭矩系数或紧固轴力试验,检验合格后方可使用。

五、支撑、檩条安装

(一)支撑安装

1. 屋面支撑安装

屋面支撑有圆钢支撑和角钢支撑。安装圆钢支撑时,首先保持所有撑杆处于松弛状态,利用放松或拧紧撑杆的螺帽或松紧撑杆上的套筒螺母,来调整钢结构的支柱垂直。当钢柱达到垂直状态时锁紧撑杆,再从屋檐到屋脊,以脊点为标准点并调整屋顶撑杆以保持屋面梁垂直,直到所有构件垂直方正后锁紧支撑。角钢支撑的安装一般按设计图纸采用螺栓连接。

2. 柱间支撑安装

柱间支撑一般在钢柱安装完毕后,再安装柱间支撑。

(二)檩条安装

1. 屋面檩条安装

刚架安装完毕,将檩条从建筑的一端安装至另一端。为了有助于整个结构的刚度,将结构斜撑安装在规定位置,所有用于连接的檩条和屋面梁的螺栓不用拧紧,以便于最后调整。

为了便于施工,将每跨间所需的檩条成捆运至对应梁和柱的位置。

(1)注意事项。

1)屋面檩条安装应在刚性系杆、水平支撑、柱间支撑安装完毕,且钢结构主体调校完毕后进行。

2)檩托一般在加工工厂中事先焊接在钢梁上,同列檩托的焊接位置应在一条直线上,且与钢梁保持垂直。

3)对于坡度小于1:12.5的屋面,安装檩条时应注意消除由钢梁挠度而造成的屋面不平直现象。

4)檩条间拉条对檩条起稳定作用,安装时拉条每端在檩条两面的螺母均要旋紧,以便将檩条调直。

5)檩条间距按施工图纸要求布置，其误差值不大于±5.0 mm，檩条弯曲矢高不大于$L/750$且小于12.0 mm。用钢尺和拉线检查。

（2）安装。在安装屋面板和保温层以前，要确保檩条垂直，至少应在柱距一半处放一排临时撑木。必要时增加几排撑木以便使檩条保持平直，在安装下一节间时，将撑木移至下一节间。

2. 墙面檩条安装

（1）整平。安装前对檩条支承面进行检测和整平，对檩条逐根复查其平整度，将安装的檩条间高差控制在±5 mm范围内。

（2）弹线。檩条支承点应按设计要求的支承点位置固定，为此支承点应用线划出，经檩条安装定位，按檩条布置图验收。

（3）固定。选择起重机或人工安装檩条，然后把檩条与主刚架结构上的檩托用螺栓固定，固定前再次调整位置，使偏差≤±5 mm。

（4）验收：檩条间距按施工图纸要求布置，其误差值不大于±5.0 mm，檩条弯曲矢高不大于$L/750$且小于10.0 mm（用钢尺和拉线检查）。

安装檩条后由项目技术责任人通知质量员或监理工程师验收，确认合格后转入下道工序。

吊装钢结构前，预先在地面将生命线安装到每榀拼装好的钢梁上面（图7-22）。吊装时同钢梁一起吊上去，吊装完成后再接通每个轴线上的所有生命线，以便于施工行走。

生命线直到该榀钢梁上檩条安装完毕后方可拆除，移至其他部位继续使用。除每榀钢梁在安装时需拉设生命线外，还应在平行屋脊方向拉设1～3道纵向生命线，以方便施工人员在钢梁间穿越通行（图7-23）。

另外，在屋面板施工时，需拉设H形可滑动的生命线配合施工。

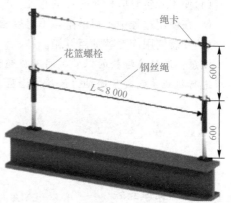

图7-22　立杆式双道安全绳

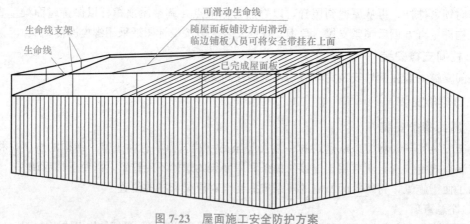

图7-23　屋面施工安全防护方案

六、维护系统的安装

（一）墙面板的安装

单独安装墙面板时必须由上往下安装，铺板可以从建筑物的任意一端开始，考虑到季节大风的影响，施工时应该沿逆风方向开始铺设（图7-24），安装墙面板时需要决定其正确的使用方向。通常将墙面板设计在其前沿设有一个支撑肋，以保证下一张墙面板重叠时能够正确定位，第一块墙面板安装时必须垂直，墙面板与墙面板的搭接不能过松，也不能过紧。同时，应当注意调整檩条的平直度，这样才能保证以后的窗户框能够平直。

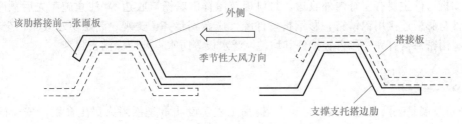

图7-24 墙面板铺设

安装时应注意水平和垂直方向的操作偏差，保证横平竖直，同时，安装上部墙面板时对其底部墙檩采用方木在其下撑垫并复核之。

安装外墙板前先安装墙面系统的上口泛水、窗门侧泛水及与砖墙交接处收边，墙面板安装好后再安装下口泛水包边及阴、阳包角板等。

密封：全部固定完毕后，板材搭接处用擦布清理干净，涂满密封膏，用密封膏枪打完一段后再轻擦使之均匀。

清理检修：每天退场前应清理废钉、杂物等金属垃圾，以防止氧化生锈。工程全部完工后应全面清理杂物，检查已做好的地方是否按要求做好，如不符合要求马上进行翻修。

自攻螺钉紧固时必须对准，每天施工结束前，清除板面的铁屑以免产生锈斑。自攻螺钉紧固时不可过紧也不可过松。将紧固件拧紧直至垫圈牢牢定位，但不要过分拧紧紧固件（图7-25）。

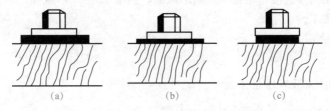

图7-25 螺钉的拧紧

(a)正确拧紧度(注意到稍有一圈密封圈)；(b)太紧(密封圈挤压得太薄，远离紧固件头太远)；(c)太松(密封圈未被压紧到位)

(二)屋面板安装

安装屋面板的危险性相当大，必须制订相应的计划并采取足够的安全措施，要确保在安装开始之前抹干屋面板并保持清洁。在可以安全行走之前屋面板必须完全连接到檩条上，且每侧均与其他屋面板连接，决不能在部分连接或未连接的屋面板上行走，不得踩在屋面板的肋边上；应踩在屋面板边的皱褶处，踩在离未固定屋面板边缘15 cm范围内。

安装屋面板时，安装顺序应考虑有利于本地区的主导风向而从厂房一端开始逐跨铺设。一般可先靠山墙边安装第一块屋面板，当第一块屋面板固定就位时，在屋面檐口拉一根连续的准线，这根线和第一块屋面板将成为引导基准，便于后续屋面板的快速安装和校正，然后对每一屋面区域在安装期间要定期检测，方法是测量已固定好的屋面板宽度。在屋脊线处(或板顶部)

和檐口（或板底部）各测量一次，以保证不出现移动和扇形，保证屋面板的平行和垂直度。在某些阶段，如安装至一半时，还应测量从已固定的压型钢板底部至屋面的两边或完成线的距离，以保证所固定的钢板与完成线平行。若需调整，则可以在以后安装和固定每一块屋面板时很轻微地作扇形调整，直到压型钢板达到平直度。

屋面折弯件主要有屋脊内外收边、封口板及屋脊山墙檐口收边等（注意施工先后顺序），彩板折弯件与彩板连接用铝铆钉，彩钢折弯件配件应做到整齐、美观、满足防水效果，全部固定完毕后，用密封膏打完一段再轻擦使其均匀，泛水板等防水点处应涂满密封膏。

🔺 工作结果检查

"质量发展是兴国之道、强国之策"，提高工程建设质量是保障人民生命财产安全的需要，也是实现质量强国的需要。在工程实施过程中一定要树立精益求精的大国工匠精神，要严谨认真，做好工程的每个细节，对工程的每个环节都要认真进行检查，确保工程保质保量。同时，施工时要严格执行国家规范，要树立敬畏法律、尊重国家法律法规的法律意识。

钢结构安装完成的质量检验，主要是对照国家标准逐条进行验收。

(1)钢柱安装质量检查参考表 8-11。

(2)钢梁安装质量检查参考表 8-12。

任务二　　多高层钢结构的安装

✴ 工作任务

某四层钢框架结构办公楼，钢柱采用箱形截面，钢梁采用 H 形截面，请根据工程图纸组织该框架结构办公楼施工。

🕹 任务思考

(1)钢框架结构的安装顺序是什么？

_____

(2)钢柱如何吊装？吊装完成后还需要做什么工作？

_____

(3)钢梁如何吊装？吊装完成后还需要做什么工作？

_____

(4)本工程钢梁和钢柱高强度螺栓的紧固顺序是什么？

_____

(5)起重机吊装时，"十不吊、八严禁"指的是什么？

_____

一、钢结构安装前的准备工作

1. 编制钢结构安装的施工组织设计

对于复杂、异形结构应进行施工过程模拟，分析并采取相应安全技术措施，并应注意以下事项。

(1)电焊工应具备安全作业证和技能上岗证。

(2)对安装用的工具、机具定期进行检验，保证合格。

(3)安装前，应对构件的外形尺寸、螺栓孔直径及位置、连接件位置及角度、焊缝、栓钉焊、高强度螺栓接头抗滑移面加工质量、构件表面的涂层等进行检查，在符合设计文件及规范的要求后方可进行安装。

(4)地脚螺栓应精确定位。当地脚螺栓和钢筋相互干扰时，应遵循先施工地脚螺栓，后穿插钢筋的原则，并做好成品保护。螺栓螺纹应采取保护措施(当底板孔超过允许偏差时，底板可适当扩孔，扩大值不应超过 20 mm，且应在工厂完成)。

(5)构件成品出厂时，应将每个构件的质量检查记录及产品合格证交安装单位。

(6)对柱、梁、支撑等主要构件，应在出厂前进行检查验收，检查合格后方可出厂。

端部进行现场焊接的梁、柱构件，其长度应按下列方法检查：柱的长度应增加柱端焊接产生的收缩变形值和荷载使柱产生的压缩变形值；梁的长度应增加梁接头焊接产生的收缩变形值。

2. 进场构件的质量检查、验收

验收目的就是对可能存在缺陷的构件在地面进行处理，不使其进入吊装工序。

构件应按施工区段的安装顺序，分批配套进场。构件运抵现场后，由现场专职质检员先组织验收，构件质量的检查要点如下。

(1)构件按现场吊装的需要分批进场。每批进场构件的编号及数量应提前通知制作厂。

(2)构件验收分两步进行。第一步进行厂内验收，由项目部责任工程师陪同建设单位及监理单位检验合格后装车外运。构件运抵现场后，再由现场专职质量员组织验收，验收合格后报监理验收。验收内容包括以下几项。

1)实物检查：构件外观尺寸、构件的挠曲变形、焊缝外观质量、有摩擦面抗滑移系数要求的表面喷砂质量、构件数量、栓钉数量及位置、孔径大小及位置、构件截面尺等。

在检查构件外形尺寸、构件上的节点板、螺栓孔等位置时，应以构件的中心线为基准进行检查，不得以构件的棱边、侧面为基准线进行检查，否则可能导致误差。

各种构件加工的外形尺寸的允许偏差见表 6-21、表 6-25。

2)资料检查：原材料材质证明、出厂合格证、栓钉焊接检验报告、焊接工艺评定报告、焊缝外观质量与无损检测报告、摩擦面抗滑移系数试验报告等。

(3)对于构件存在的问题应在工厂修正，进行修正后方可运至现场施工。对于运输等原因出现的问题，工厂应在现场设立紧急维修小组，在最短的时间里将问题解决，确保施工工期。

(4)构件到场时，相应的质量保证书和运货清单等资料要齐全，验收人员根据运货清单检查所到构件的数量、规格及编号是否相符，经核对无误，并对构件质量检查合格后，方可确认签字，并做好检查记录。

(5)如果发现构件数量、规格及编号有问题，应及时在回单上注明，以便于制作厂更换或补齐构件。

(6)对于制作超过规范要求和运输中受到损伤的构件，应送回制作厂进行返修，对于轻微的损伤，则可以在现场进行修复。

二、钢柱地脚螺栓的埋设

1. 埋设流程

预埋件进场→按图纸尺寸进行测量放线→安装定位套板→复测标高、轴线→安装地脚螺栓→复检、验收→混凝土浇筑→混凝土浇筑完毕后复检。

2. 预埋件安装控制

为了保证预埋件的埋设精度，待底板钢筋绑扎完毕后再与基础主筋固定，进行定位与稳固。

利用土建施工测量控制网和在混凝土柱模板上弹设的定位墨线标识，作为对地脚螺栓埋设的测量控制基准。在锚栓定位板上精确弹放出轴线控制标识，并选上定位板四个角作为标高控制点。

分以下四步对地脚螺栓进行测量控制。

(1)用经纬仪、水准仪和线锤先对定位套板进行安装定位测量。

(2)待地脚螺栓就位好固定前进行测量，主要测量轴线位置、锚栓对角线和地脚螺栓顶部标高。

(3)待底板主筋绑扎完毕，将定位好的地脚螺栓与底板钢筋进行固定，在浇筑混凝土前对地脚螺栓进行测量校核。

(4)混凝土浇筑完成后再对地脚螺栓的埋设位置进行复测，并在混凝土面弹出定位墨线。

待底板主筋绑扎完毕，将定位好的地脚螺栓与底板钢筋进行固定，然后在浇混凝土前对地脚螺栓进行测量校核，最后在浇筑完混凝土后进行地脚螺栓的埋设位置的复测，并在混凝土面弹出定位墨线。

安装钢柱前，仍利用已有的测量控制网，对地脚螺栓进行轴线和标高复核，然后测量基础混凝土顶面标高，在埋件顶板范围内，利用埋件四角锚杆上的四个调节螺控制埋件的水平标高。

3. 锚栓埋设精度要求

锚栓埋设精度要求参见表8-9。

4. 安装注意要点

地脚螺栓安装注意要点见表7-8。

表 7-8 　地脚螺栓安装注意要点

序号	内容	注意要点
1	预埋件运输、进场	预埋件运输时要轻装轻放，防止变形。进场后按同型号、规格堆放，并注意保护。预埋件验收应符合设计及规范要求，验收合格后用塑料胶纸包好螺纹，防止损伤、生锈
2	核对图纸、测量放线	锚栓预埋前，施工人员应认真审图，对于每组预埋锚栓的形状尺寸、轴线位置、标高等均应做到心中有数。用经纬仪测放定位轴线，用标准钢尺复核间距，用水准仪测放标高，在模板上做好放线标记
3	安装固定锚栓	在柱基础钢筋、模板安装完，经监理工程师验收通过后，开始锚栓的预埋工作。按照已测放好的定位轴线和标高将锚栓的上下定位套板点焊在主筋上，安装好锚栓后，锚栓之间用钢筋点焊牢固

序号	内容	注意要点
4	复检、验收	锚栓预埋完毕后，复检各组锚栓之间的相对位置，确认无误后报监理公司验收。同时对锚栓丝杆抹上黄油，并包裹处理，防止污染和损坏锚栓螺纹
5	混凝土浇筑	验收合格后，将工作面移交土建单位浇筑混凝土，钢结构施工员跟踪观察。混凝土浇筑过程中应注意成品保护，避免振动泵碰到预埋锚栓
6	混凝土浇筑完毕后复检	混凝土浇筑完毕终凝前，对预埋锚栓进行复检，发现不符合设计规范的应及时进行校正；混凝土终凝后，再对预埋锚栓进行复测，并做好测量记录

工作流程

钢结构的安装工艺流程如图 7-26 所示。

图 7-26　钢结构的安装工艺流程图

工作步骤

一、构件的安装及焊接顺序确定

1. 划分安装流水区段

多高层钢结构安装前需根据建筑物平面形状、结构形式、安装机械数量、工期、现场施工条件等划分安装流水区段。

2. 确定构件安装顺序

在一般构件安装平面上，应从中间向四周扩展，在竖向应由下向上逐渐安装。

（1）平面流水段的划分应考虑钢结构在安装过程中的对称性和整体稳定性。其安装顺序由中央向四周扩展，以利于焊接误差的减少和消除。对称结构采用全方位对称方案安装。

（2）竖向流水段的划分以一节钢柱（各节所含层数不一）为单元。每个单元的安装顺序为钢柱→主梁→柱间支撑，以安装成框架为原则；其次是安装次梁、楼板及非结构构件。塔式起重机的提升、顶升与锚固均应满足组成框架的需要。安装钢结构前，应根据安装流水段和构件安装顺序，编制构件安装顺序表。表中应注明每一构件的节点型号、连接件的规格数量、高强度螺栓规格数量、栓焊数量及焊接量、焊接形式等。构件从成品检验、运输、现场核对、安装、校正到安装后的质量检查，应统一使用该安装顺序表。

3. 构件安装顺序

在平面，考虑钢结构安装的整体稳定性和对称性，安装顺序一般由中央向四周扩展，先从中间的一个节间开始，以一个节间的柱网为一个吊装单位，先吊装柱，后吊装梁，然后向四周扩展。

4. 构件焊接顺序

梁柱现场连接节点焊接顺序：应从建筑平面中心向四周扩展，采取结构对称、节点对称和全方位对称焊接(图 7-27)。

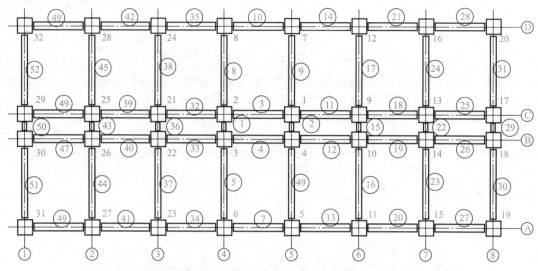

图 7-27 平面上钢柱、主梁安装及现场焊接顺序图

1、2、3……—钢柱安装顺序及现场焊接顺序；①、②、③……—钢梁安装顺序

柱与柱的焊接：应由两名焊工在两相对面等温、等速对称施焊(图 7-28)。一节柱的竖向焊接顺序：先焊接顶部梁柱节点，再焊接底部梁柱节点，最后焊接中间部分梁柱节点。梁和柱接头的焊接：一般先焊接梁的上翼缘板，再焊接下翼缘板。梁的两端的焊接：先焊接一端，待其冷却至常温后再焊另一端，不宜对一根梁的两端同时进行施焊。

图 7-28 两名焊工在两相对面等温、等速对称施焊

二、钢柱安装

(一)钢柱安装流程

钢柱安装流程如图 7-29 所示。

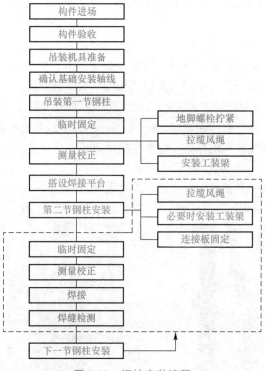

图 7-29　钢柱安装流程

(二)钢柱的安装

1. 钢柱吊装准备

(1)轴线引测：柱的定位轴线应从地面控制线引测，不得从下层柱的定位轴线引测，以避免累积误差。

(2)吊装前应清除柱身上的油污、泥土等杂物及连接面上的浮锈。吊装前，下节钢柱顶面和本节钢柱底面的渣土和浮锈要清除干净，以保证上下节钢柱对接焊接时焊道内的清洁。

(3)在柱身上测放出十字中心线，并在上、下端适当部位用白色或红色油漆标出中心标记，以便就位对中和校正钢柱垂直偏差用。

(4)吊装前需将吊索具、防坠器、缆风绳、爬梯、溜绳等固定在钢柱的相应位置上(图 7-30)，固定要牢靠。

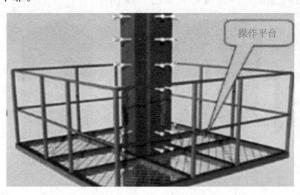

图 7-30　钢柱吊装

(5)准备好紧固柱脚螺母的扳手(规格根据螺栓的大小确定)及加力杆、柱底板下的调整垫铁等。

2. 钢柱分节

钢柱考虑运输能力结合工程实际可以 2 层或 3 层为一节，分段位置可在楼层梁顶标高以上 1.2～1.3 m，每节柱子单独吊装。钢梁、支撑等构件一般不宜分段。

3. 钢柱安装

(1)第一节钢柱安装(首层钢柱安装)。第一节钢柱吊装前，必须基础复测合格，基础复测的内容包括对钢柱网定位轴线和基础标高、地脚螺栓伸出长度和直径等进行复测，做好测量记录。其允许偏差见表 8-11。

钢柱吊装一般可采用一点正吊，吊点设置在柱顶处(直接用临时连接板，连接板至少 4 块)，柱身垂直，吊点通过柱形心的位置，这样易于起吊、对线、校正(图 7-31)。

图 7-31 钢柱吊装示意

(2)柱-柱接头的连接。首节钢骨柱采用柱脚下的地脚螺栓连接固定。

对于第二节钢柱的连接，工形截面钢柱与首节钢骨柱接头通过高强度螺栓进行连接；箱形截面钢柱与首节钢骨柱接头通过高强度螺栓或普通螺栓，用连接板将上、下柱上的耳板临时连接固定，然后采用等强的对接焊缝进行连接，其连接形式如图 7-32 所示。

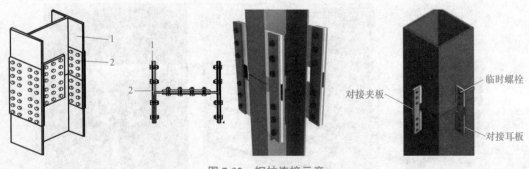

图 7-32 钢柱连接示意

1—H 型钢；2—连接板

对接焊缝(坡口焊)连接应先做好准备(包括焊条烘焙,坡口检查,射电弧引入,引出板和钢垫板设置,点焊固定,焊缝破溃、周边的防锈漆和杂物清除,焊接口预热)。柱与柱的对接焊缝采用两人同时对称焊接,柱与梁的焊接也应在柱的两侧对称的同时焊接,以减小焊接残余应力(图7-33)。

图 7-33 焊接钢柱端口

焊接时若遇雨天应搭设防雨棚(图7-34)。

图 7-34 焊接钢柱端口时搭设防雨棚

若工程施工周期长,为了防止异物进入需于钢柱端口设置防护措施罩,并用绳子固定。若冬期施工,气候寒冷,则应对焊缝进行保温(图7-35)。

彩条

保温棉围护范围:600～1 000 mm

图 7-35 钢柱上口防异物进入及保温措施

4. 起吊方法

钢柱的吊装一般可采用单机起吊，对于超重或特殊构件可采用双机抬吊。吊装时钢柱必须垂直，以避免同其他已吊好的构件碰撞。

采用单机回转法起吊。起吊前，钢柱应横放在垫木上（图 7-36），在柱底板位置垫好木板或木方，起吊时，不得使柱的底端在地面上有拖拉现象。起吊钢柱时必须边起钩、边转臂使钢柱垂直离地。注意：将等高爬梯和挂篮等挂设在钢柱预定位置并绑扎牢固，起吊就位后临时固定地脚螺栓，校正垂直度，必须待地脚螺栓固定后才能松开吊索。

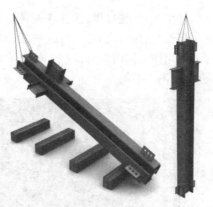

图 7-36　钢柱起吊及吊装

当钢柱吊到就位上方 200 mm 时，停机稳定，对准螺栓孔和十字线后，缓慢下落，下落中应避免磕碰地脚螺栓丝扣，当柱底板刚与基础调节螺母或垫板接触后应停止下落，检查钢柱四边中心线与基础十字轴线的对准情况（四边要兼顾），如有不符，应立即进行调整（调整时，需三人操作，一人移动钢柱，一人协助稳固，另一人进行检测）。经调整，使钢柱的就位偏差在 3 mm 以内后再下落钢柱，使之落实。收紧四个方向的缆风绳，拧紧临时连接板的螺栓或地脚螺栓的锁紧螺母。如受环境条件限制，不能拉设缆风绳，可在相应方向上以硬支撑的方式进行临时固定和校正。

首节钢柱吊装就位后随即调整钢柱的标高、定位轴线偏移、垂直度，达到要求后紧固调整螺母，使其与柱底接触紧密，再复测记录，然后向监理报验，合格后与土建单位办理交接手续进行二次灌浆（图 7-37）。二次灌浆时要设专人复测柱子垂直度及定位轴线偏移情况，如有问题必须及时进行处理。

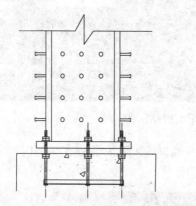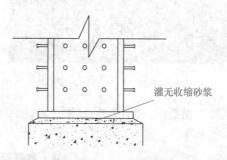

灌无收缩砂浆

图 7-37　首层钢柱就位

第二节以上钢柱安装（首层以上钢柱吊装）（图 7-38）：钢柱在吊装前应在柱头位置划出钢柱柱顶安装中心标记线，以便上层钢柱安装就位使用。如果钢柱为变截面对接，应划出上层钢柱在本层钢柱上的就位线。同时，将临时连接板绑扎在钢柱上，与钢柱同时起吊。

钢柱吊到就位上方 200 mm 时，应停机稳定，对准下段钢柱截面后，缓慢下落，使钢柱四边中心线与下段钢柱基本对齐，采用连接板和普通螺栓临时固定。

图 7-38　第二节以上钢柱安装

(三)钢柱校正

钢柱校正包括柱基标高调整、柱底轴线调整、柱身垂直度校正。

1. 柱基标高调整

放下钢柱后,利用柱底板下的调节螺母或标高调整块控制钢柱的标高和垂直度偏差(因有些钢柱过重,螺栓和螺母无法承受其质量,故柱底下需加设标高调整块),精度可控制在±1 mm以内,柱底板下预留的空隙,可以利用高强度、微膨胀、无收缩砂浆填实,当使用螺母作为调整柱底板标高时,应对地脚螺栓的强度和刚度进行验算(图7-39)。

图7-39 钢柱脚

调整时,先在柱身上标定标高基准点,然后以水准仪测定其偏差值。利用在柱脚底板下设置的调整螺母来调整柱的标高和垂直偏差(图7-40)。钢柱吊装前可通过水准仪先将调整螺母上表面的标高调整到与柱底板标高齐平。放上钢柱后,利用底板下的螺母控制柱子的标高。柱底板下预留的50 mm空隙用高一级细石混凝土浇灌密实,使用振捣棒振实,同时为了保证密实度,在柱底板上开四个直径50 mm的透气孔,但整个开孔截面损失不得超过地脚板面积的25%。

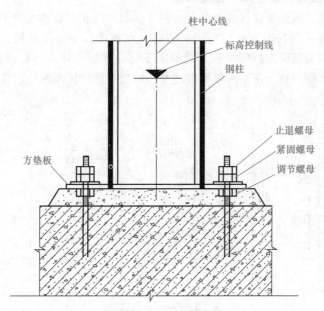

图7-40 钢柱标高的调整

2. 第一节柱底轴线调整(位移调整)

标高调整好后,在起重机不松钩的情况下,将钢柱四边中心线与基础的十字轴线对齐缓慢降落至设计标高位置,四边要兼顾,纵横十字线对正。位移偏差要控制在3 mm以内。

3. 第一节柱身垂直度校正

采用缆风绳校正，用两台呈 90°的经纬仪找垂直(图 7-41)。在校正过程中，不断微调柱底板下螺母，直到校正完毕，将底板上面的两个螺母拧上，松开缆风绳(不受力)，柱身呈自由状态，再用经纬仪复核，如有微小偏差，再重复上述过程，直至无误，将地脚螺栓上的螺母拧紧。地脚螺栓的螺母一般用双螺母，也可在螺母拧紧后将螺母与螺杆焊实。

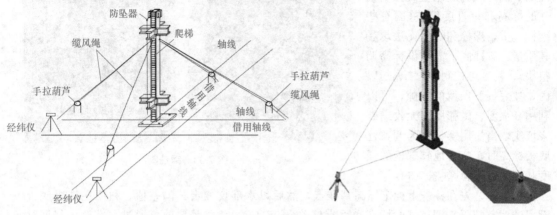

图 7-41　钢柱的临时固定和校正

校正时应先校正偏差大的，后校正偏差小的。如两个方向偏差相近，则先校正小面，后校正大面。

4. 柱顶标高调整和其他框架柱标高调整

柱顶标高调整和其他框架柱标高调整有两种方法，即按相对标高安装和按设计标高安装，一般按相对标高安装。钢柱吊装就位后，采用高强度螺栓固定连接耳板，但不能拧得太紧，通过起重机起吊，用撬棍微调柱间间隙。量取上下柱柱顶预先标定的标高值，待其符合要求后打入钢楔，点焊限制钢柱下落。考虑到焊缝及压缩变形，将标高偏差调整控制在 4 mm 以内(图 7-42)。

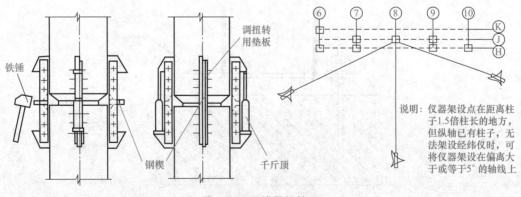

图 7-42　无缆风绳校正

5. 第二节钢柱轴线调整

为了使上、下柱不出现错口，尽量做到上、下柱中心线重合(上、下柱十字线重合)。如有偏差，则在柱连接耳板的不同侧面夹入垫板(垫板厚度为 0.5～1 mm)，拧紧螺栓(图 7-43)。钢柱中心线(十字线)偏差每次调整在 3 mm 以内，如偏差过大应分 2～3 次调整。

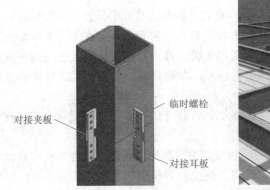

对接夹板

临时螺栓

对接耳板

图 7-43　钢柱拼接示意

（通过钢楔块和千斤顶进行钢柱的微调，使四边中心线对齐。）

每一节钢柱的定位轴线绝对不允许使用下一节柱钢柱的定位轴线，应从地面控制线引至高空，以保证每节钢柱安装正确无误，以避免产生过大的积累误差。

6. 第二节钢柱垂直度校正

钢柱垂直度校正的重点是对钢柱尺寸预检，对影响钢柱垂直的因素可预先控制。

下层钢柱的柱顶垂直度偏差就是上节钢柱的底部轴线、位移量、焊接变形、日照影响、垂直度校正及弹性变形等的综合。可考虑预留垂直度偏差值消除部分误差。预留值大于下节柱积累偏差值时，只预留累计偏差值；反之则预留可预留值，其方向与偏差方向相反。

（1）经验值测定。当梁与柱一般焊缝收缩值小于 2 mm 时，柱与柱焊缝收缩值一般为 3.5 mm。厚钢板焊缝的横向收缩值可按下式计算：

$$S = K \cdot A/T \tag{7-12}$$

式中　S——焊缝的横向收缩值（mm）；

　　　A——焊缝横截面面积（mm）；

　　　T——焊缝厚度，包括熔深（mm）；

　　　K——常数，一般取 0.1。

（2）日照温度影响。其偏差变化与柱的长细比、温度差成正比，与钢柱截面形式、钢板厚度都有直接关系。较明显的观测差发生在上午 9—10 时和下午 2—3 时，应控制好观测时间，减少温度影响。

7. 钢柱标高调整

每安装一节钢柱后，对柱顶进行一次标高实测，标高误差超过 6 mm 时，需要进行调整，多用低碳钢板垫到规定要求。如误差过大（大于 20 mm）不宜一次调整，可先调整一部分，待下一次再调整，否则一次调整过大会影响支撑的安装和钢梁表面标高。中间框架柱的标高宜稍大些，因为钢框架安装工期长，结构自重不断增大，中间柱承受的结构荷载较大，基础沉降也大。

（四）标准柱安装

为了确保钢结构整体安装质量精度，在每层都要选择一个标准框架结构体（或剪力筒），依次向外发展安装。

所谓标准柱即能控制框架平面轮廓的少数柱子，一般是选择平面转角柱为标准柱，正方形框架取 4 根转角柱；长方形框架当长边与短边之比大于 2 时取 6 根柱，多边形框架则取转角柱为标准柱。标准柱的垂直度校正采用两台经纬仪对钢柱及钢梁的安装跟踪观测。钢柱垂直度校正可分为以下两步。

（1）采用无缆风绳校正。在钢柱偏斜方向的一侧打入钢楔或顶升千斤顶。调整标高时利用塔式起重机吊钩的起落、撬棍的拨动调节上柱与下柱间隙直至符合要求，在上、下耳板间隙中打入钢楔。扭转的调整是在上、下耳板的不同侧面加垫板，再夹紧连接板即可达到校正扭转偏差的目的。钢柱的倾斜度是通过千斤顶与钢楔进行校正，在钢柱偏斜的同侧锤击铁楔或微微顶升千斤顶，便可将倾斜度校正至规范要求(图 7-44)。

注意：临时连接耳板的螺栓孔应比螺栓直径大 4 mm，利用螺栓孔扩大足够余量来调节钢柱制作误差为−1～+5 mm。

（2）安装标准框架体的梁，先安装上层梁，再安装中下层梁。安装过程会对柱的垂直度有影响，可采用钢丝绳缆索(只适宜跨内柱)、千斤顶、钢楔和手拉葫芦进行，其他框架依标准框架体向四周发展，其做法与上同。

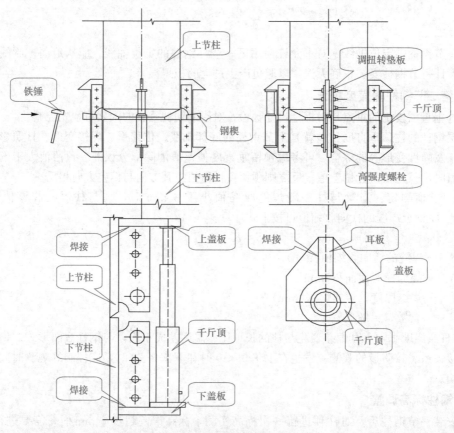

图 7-44　无缆风绳校正方法

三、钢梁安装

钢梁安装紧随钢柱其后，当钢柱构成一个单元后，随后安装该单元的框架梁，与柱连接组成空间刚度单元，经校正紧固符合要求后，依次向四周扩展。

(一)钢梁吊装前准备

（1）吊装前，必须对钢梁定位轴线，标高，钢梁的编号、长度、截面尺寸、螺孔直径及位置，节点板表面质量，高强度螺栓连接处的摩擦面质量等进行全面复核，符合设计施工图和规范规定后才能进行安装。

（2）用钢丝刷清除摩擦面上的浮锈，保证连接面上平整，无毛刺、飞边、油污、水、泥土等杂物。

（3）梁端节点采用栓-焊连接，应将腹板的连接板用螺栓连接在梁的腹板相应的位置处，并与梁齐平，不能伸出梁端。

（4）节点连接用的螺栓，按所需数量装入帆布包，挂在梁端节点处，一个节点用一个帆布包。

（5）在梁上装溜绳、扶手绳（待钢梁与柱连接后，将扶手绳固定在梁两端的钢柱上），以保证施工人员安全（图7-45）。

图7-45　钢梁吊装

（二）钢梁吊点确定

在水平吊装长形构件（图7-46）的过程中，当只有一个吊点时，吊点位置拟在距离起吊端 $0.3l$（l 为构件长度）处；当有两个吊点时，吊点分别与杆件两端的距离为 $0.2l$ 处；当有三个吊点时，其中两端的两个吊点位置与端部的距离为 $0.13l$，而中间的一个吊点位置则在杆件的中心。

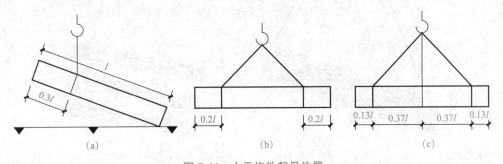

图7-46　水平构件起吊位置

（a）单吊点起吊位置；（b）双吊点起吊位置；（c）三吊点起吊位置

（1）起吊箱形构件，杆件的中心和重心基本一致时，吊耳对称布置在距离杆件端头1/3跨的位置。

(2)杆件的中心与重心差别较大，即构件存在偏心时，先估计构件的重心位置，采用低位试吊的方法来逐步找到重心，确定吊点的绑扎位置。也可用几何方法计算出构件的重心，以重心为圆心画圆，圆半径大小根据构件尺寸确定，吊耳对称设置在圆周上。偏心构件一般对称设置四个吊耳。

(3)拖拉构件时，应顺长度方向拖拉，吊点应在重心的前端，横拉时，两个吊点应在与重心等距离的两端。

为了确保安全，钢梁在工厂制作时，在距梁端(0.21～0.3)l(梁长)的位置(具体取决于梁的跨度)，焊好两个临时吊耳，供装卸和吊装用(图 7-47)。吊索角度选用 45°～60°。钢梁节点连接用的螺栓，按所需数量装入帆布包，挂在梁端节点处，一个节点用一个帆布包(图 7-48)。

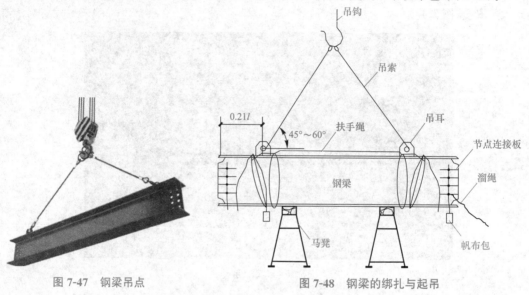

图 7-47 钢梁吊点

图 7-48 钢梁的绑扎与起吊

为了提高吊装速度，对质量较轻的次梁和其他小梁，多利用多头吊索一次吊装多根钢梁，分别就位，每次吊装的钢梁质量不能超过塔式起重机的吊装能力，但每根钢梁的间距大于 2 m(图 7-49)。

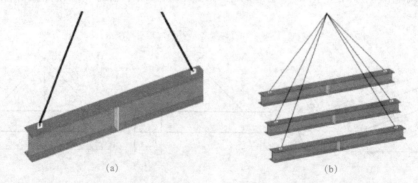

图 7-49 钢梁吊装

(a)钢梁吊装；(b)钢梁串吊

(三)钢梁的起吊、就位与固定

钢梁吊装就位时必须用普通螺栓进行临时连接，并在起重机或塔式起重机的起重性能内对钢梁进行串吊。钢梁的连接形式有栓接和栓焊连接。安装钢梁时可先将腹板的连接板用临时螺栓进行临时固定，待调校完毕后，更换为高强度螺栓并按设计和规范要求进行高强度螺栓的初拧、终拧及钢梁焊接，要注意在初拧的同时调整好柱子的垂直偏差和梁两端焊接坡口的间隙。

(四)钢梁校正

钢梁的校正主要是标高、中心线的校正。对标高及中心线要反复校正至符合要求。钢梁校正完毕，用普通螺栓临时固定，再进行柱校正。对梁、柱校正完毕后即紧固连接高强度螺栓，焊接柱节点和梁节点，并对焊缝进行超声波检验。

(1)梁的安装顺序：一节柱一般有 2、3 或 4 层，原则上竖向构件由上向下逐件安装。由于梁上部和周边都处于自由状态，易于安装且保证质量，所以一般在钢结构实际操作中，同一列柱的钢梁从中间跨开始对称地向两端扩展安装，同一跨钢梁，先安装上层钢梁，再安装下层钢梁，最后安装中间层钢梁。

(2)在安装柱与柱之间的主梁时，会把柱与柱之间的开挡撑开或缩小，因此必须跟踪校正，预留偏差值。

(3)柱与柱节点和梁与柱节点的焊接以互相协调为好。一般可以先焊接一节柱的顶层梁，再从下向上焊接各层梁与柱节点。

(4)次梁根据实际施工情况一层一层安装完成。

四、构件间的连接

1. 节点焊接

高层钢结构框架的焊接施工顺序总的原则是结构对称、节点对称、全方位对称。

(1)柱与梁的焊接顺序。先焊接顶部梁柱节点，再焊接底部梁柱节点，最后焊接中间部分的梁柱节点，以便框架稳固和便于施工。

(2)钢柱常采用坡口焊连接。主梁与钢柱的连接一般上、下翼缘用坡口焊连接，而腹板用高强度螺栓连接。次梁与主梁连接基本上是在腹板处用高强度螺栓连接，少量在上、下翼缘处用坡口焊连接。

(3)柱-梁上对称的两根梁在一般情况下应同时施焊，而一根梁的两端不得同时焊接，要先焊接梁的一端，待焊缝冷却至常温后，再焊接另一端。

(4)柱-柱节点焊接时，柱的两个对称翼缘应有两名焊工同时施焊。进行钢柱现场焊接时，必须由焊接技术水平较高的焊工施焊，现场焊缝为对接焊缝，质量等级为一级。

2. 高强度螺栓连接施工

一般高强度螺栓连接的紧固顺序为先主要构件，后次要构件。

工字形构件的紧固顺序为上翼缘→下翼缘→腹板。

同一节柱上各梁柱节点的紧固顺序为上部的梁柱节点→下部的梁柱节点→柱子中部的梁柱节点。

视频：高强度螺栓连接常见的缺陷

每一节点安设高强度螺栓的顺序为摩擦面处理→安装连接板检查(对孔、扩孔)→临时螺栓连接→高强度螺栓紧固→初拧→终拧。

(1)高强度螺栓的安装顺序。高强度螺栓初拧、复拧、终拧时，连接处的螺栓应按一定顺序施拧。施拧顺序为由螺栓群的中央顺序向外拧紧，以及从接头刚度大的部位向约束小的方向拧紧。

1)一般接头应从接头中心顺序向两端进行(图 7-50)。

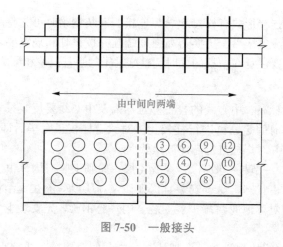

图 7-50　一般接头

2）箱形接头应按 A→B→C→D 的顺序进行（图 7-51）。

3）工字梁接头栓群按①～⑥的顺序进行（图 7-52）。

4）工字形柱对接螺栓紧固顺序为先翼缘后腹板。

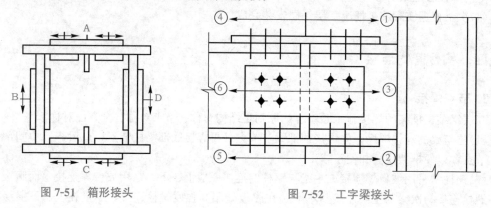

图 7-51　箱形接头　　　　　　　　　图 7-52　工字梁接头

（2）梁、柱、支撑等构件栓焊混用的连接接头（图 7-53）施工顺序。宜在高强度螺栓初拧后进行翼缘的焊接，然后进行高强度螺栓终拧。

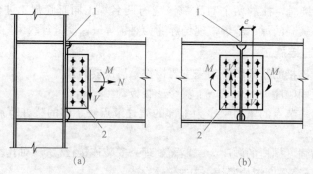

图 7-53　栓焊混用连接接头

（a）梁柱栓焊节点；（b）梁栓焊拼接接头

1—梁翼缘熔透焊；2—梁腹板高强度螺栓连接

注意：当采用先终拧螺栓再进行翼缘焊接的施工顺序时，腹板拼接高强度螺栓宜采取补拧措施或增加螺栓数量的10%。

为了减少高空作业，保证质量，并加快吊装进度，可以将梁柱在地面组装成排架后进行整体吊装。当一节钢框架吊装完毕，即需要对已吊装的柱、梁进行误差检查和校正。校正方法参见单层钢结构安装工程梁柱的校正(图7-54)。

图7-54　钢排架吊装

五、安全保证措施

钢结构工程施工应以"安全第一，预防为主"为原则，全面落实《建设工程安全生产管理条例》，确保工程安全、设备安全、施工人员安全。项目安全管理严格遵守国家安全标准、规范及省市地方政府的有关规定。

钢结构工程施工中应该执行的有关安全标准、规范(但不限于)见表7-9。

表7-9　钢结构工程施工中应该执行的有关安全标准、规范

序号	名称	编号
1	《建筑施工安全检查标准》	(JGJ 59—2011)
2	《建筑施工高处作业安全技术规范》	(JGJ 80—2016)
3	《施工现场临时用电安全技术规范》	(JGJ 46—2005)
4	《建筑机械使用安全技术规程》	(JGJ 33—2012)
5	《建设工程施工现场供用电安全规范》	(GB 50194—2014)

(一)现场生产安全常识

(1)进入施工现场时必须戴好安全帽，扣好帽带，正确使用个人劳动保护用品，严禁穿"三鞋"(高跟鞋、硬底鞋、拖鞋)上岗作业或赤脚作业。

(2)遵守劳动纪律，服从领导和安全检查人员的指挥，工作时思想集中，坚守岗位，未经许可不得从事非本工种作业，严禁酒后上班。

(3)进行2 m以上高处作业、悬空作业时，若无任何安全防护措施，则必须系好安全带，扣好保险钩(安全带要高挂低用)。

(4)施工现场的各种设施、"四口、五临边"防护、安全标志、警示牌、安全操作规程牌等，未经同意，任何人不得任意拆除或挪动。

（5）现场电源、开关、插座、电线和各种机械设备，非操作人员严禁使用，使用手持电动工具时应穿戴好防护用具，电源线要架空，严禁随地拖拉（如手持电动切割机）。

（二）现场安全防护措施

1. 附着式爬梯

在钢结构的安装中，为了方便操作人员上下，一般需设钢爬梯，在吊装前通过夹具将其固定到钢柱上，随钢柱吊装，此类扶梯主要供钢柱吊装时解钩及钢梁安装时使用，扶梯应根据钢柱的不同规格设计成几种型号，在现场制作，通过夹具绑扎到钢柱上，这种扶梯应验收合格后方可使用（图7-55）。

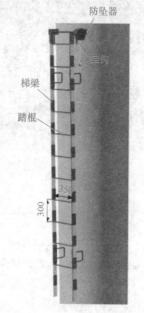

图 7-55　爬梯实际使用效果

2. 操作平台

操作平台的主要作用是在钢柱焊接时为操作人员提供作业平台。操作平台通过夹具固定到钢柱上。操作平台根据钢柱的规格制作，在钢柱上的位置位于焊缝下方 1 200 mm 处（图7-56）。

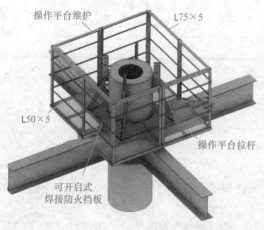

图 7-56　操作平台示意

3. 扶手绳

在钢结构安装过程中，往往在还没有形成安全通道时，操作人员就必须在钢梁上行走，为了保证在钢梁上行走安全，在钢柱之间拉设安全绳，即扶手绳。扶手绳一般设置在主梁上方 1 400～1 800 mm 处，绳端一般可绑扎在钢柱上，如果无处可绑扎，则通过专用夹具固定到钢梁的翼缘上（图7-57）。操作人员要戴好安全帽、系好安全带。

图 7-57　扶手绳示意

4. 吊篮

在钢结构安装的过程中，有一些特殊位置无法搭设操作平台，进行高强度螺栓安装、焊接等作业时需借助简易吊篮。对于钢梁焊接和高强度螺栓施工的操作平台采用吊篮（图7-58），吊篮选用圆钢筋（直径需经计算确定）制作而成（吊篮限重 70 kg）。

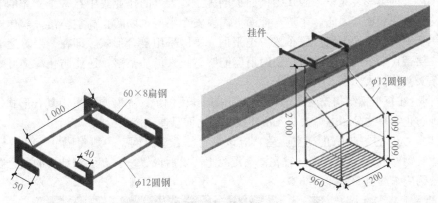

图 7-58　吊篮构造图

进行高空焊接操作时，下方应挂设接火盆，并且挂设吊篮以方便工人作业（图7-59）。

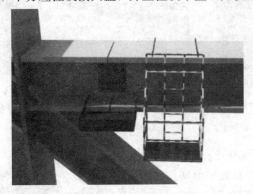

图 7-59　吊篮施工防护示意

5. 护栏

护栏一般设置在每个安装节的顶层，用于作业面外边缘的围护及大型洞口边缘围护。护栏采用夹具固定在钢结构翼缘上，上挂密目安全网，每节安装完成后可拆除周转使用（图7-60）。

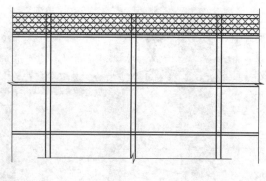
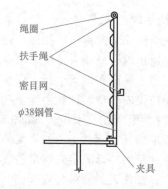

绳圈
扶手绳
密目网
ϕ38钢管
夹具

图 7-60　护栏示意

6. 安全走道

钢梁上应设置安全走道,以便于操作人员安全行走、搬运材料(图 7-61)。

7. 安全网

(1)平网。钢结构的安装不同于一般土建施工,钢结构的每个安装节一般包含二层楼体构件单元,待钢柱、钢梁安装完毕才能开始楼面板的施工,大量的作业集中在一个立体的空间框架上进行,交叉作业频繁,因此,在整个楼面上需设安全平网,以防止高空坠落,兼作安全隔离屏障。在一个安装节点的中间楼层布置一道平网。平网采用复合形式,即在一层普通大眼安全网上覆盖一层密目安全网,这样的安全网不但能够防止人员的坠落,还能防止高强度螺栓梅花头及电焊条头坠落伤人。

(2)立网。在每个钢结构安装节的外围全部采用挂网围护。立网同样采用复合形式,这样做可以有效地防止零星物品、电焊火花飞出建筑物外,而且便于搭设拆除。

(3)挑网。为了进一步防止高空坠落,应该设置复合型挑网。一般每隔 9~12 层设一道挑网,挑出建筑物外沿 3~4 m,挑网宜在楼面混凝土浇筑后设置。在高层钢结构的安全防护中所使用的安全网应采用阻燃型(图 7-62)。

图 7-61　安全走道使用效果

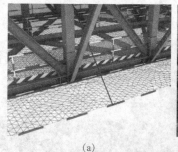

(a)　　　　　　　　　　　(b)

图 7-62　安全网
(a)平网设置示意;(b)挑网设置示意

(4)安全网挂钩和安全绳挂环。考虑现场施工安全,在钢梁下翼缘采用 ϕ12 钢筋设置安全网挂钩,钢骨柱两侧用 ϕ12 钢筋设置安全绳挂环(图 7-63)。

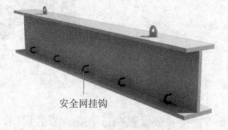

安全网挂钩

图 7-63　安全网挂钩和安全绳挂环

(三)钢结构施工安全保证

1. 钢结构测量安全操作要求

(1)对于钢构件校正用的丝杆、千斤顶、缆风绳、锚固件等辅助工具,在校正施力前,必须对其工作正常性和辅助耳板焊接牢固性进行安全检查。

（2）校正时，禁止人员站在工具受力方向，应站于两侧。

（3）在丝杆、千斤顶或缆风绳施力过程中，应逐步加载，禁止用力过快，并随时观察工具的受力情况，避免超过校正工具额定荷载而发生安全事故。

2. 钢构件吊装安全保障要求

（1）现场施工应为起重吊装作业提供足够的工作场地，清除或避开起重臂起落及回转半径内的障碍物。起重吊装的指挥人员必须持证上岗，作业时应与操作人员密切配合，执行规定的指挥信号。操作人员应按照指挥人员的信号进行作业，当信号不清或错误时，操作人员可拒绝执行。

（2）起重操作人员应按规定的起重性能作业，不得超载。起重机作业时，起重臂和重物下方严禁有人停留、工作或通过，吊装区域严禁无关人员进入。重物吊运时，严禁从人员上方通过。严禁用起重机载运人员。严禁使用起重机进行斜拉、斜吊和起吊地下埋设或凝固在地面上的重物以及其他不明重量的物体。

（3）起重机起吊重物应绑扎平稳、牢固，不得在重物上再堆放或悬挂零星物件，易散落物件应使用吊笼栅栏固定后方可起吊。起吊重物时应先将重物吊离地面 200～500 mm，检查起重机的稳定性、制动器的可靠性、重物的平稳性、绑扎的牢固性，确认无误后方可继续起吊，易晃动的重物应拴拉绳。

（4）起吊重物时严禁长时间将重物悬挂在空中，作业中遇突发故障时，应采取措施将重物降落到安全地方，并关闭发动机或切断电源后进行检修。

（5）起重吊装作业工作结束或下班停机以及操作人员临时离开操作室时，都必须取下启动钥匙，锁好车门，以防止他人乱动出现意外。

（6）起重机使用的钢丝绳，应有钢丝绳制造厂签发的产品技术性能和质量的证明文件。当无证明文件时，必须经过试验合格后方可使用。

（7）起重机的吊钩和吊环严禁补焊。当出现下列的情况之一时应更换：表面有裂纹、破口；危险断面及钩颈有永久变形；挂绳处断面磨损超过高度 10%；吊钩衬套磨损超过原厚度 50%；心轴（销子）磨损超过直径 3%～5%。

（8）起重机落钩要使用慢速挡，充分落钩至钢丝绳不受力后才能解钩。

（9）当风速达到 10 m/s 时，宜停止吊装作业。当风速达到 15 m/s 时，不得进行吊装作业。

（10）严格执行起重作业"十不吊、八严禁"规范要求。

1）十不吊：指挥信号不明或违章指挥不吊；超载或质量不明不吊；起重机超跨度或未按规定打支腿不吊；工件捆绑不牢或捆扎后不稳不吊；吊物上面有人或吊钩直接挂在重物上不吊；钢丝绳严重磨损或出现断股及安全装置不灵不吊；构件埋在地下或冻住不吊；光线阴暗视线不清或遇六级以上强风、大雨、大雾等恶劣天气时不吊；棱角物件无防护措施、长 6 m 以上或宽大物件无牵引绳不吊；斜拉工件不吊。

2）八严禁：严禁站在起吊区域内或从吊起的货物底下钻过；严禁站在死角或敞车边上；严禁站在起吊物件上；严禁用手校正吊高半米以上的物件；严禁用手脚伸入已吊起的货物下方直接取垫衬物；严禁在重物下降时快速重放；严禁在用起重机拉动车辆和撞击物；严禁在路基松软的场地吊装。

3. 钢结构焊接安全操作要求

（1）焊接施工前，应执行动火审批制度，明确焊接作业的时间、地点、内容、消防安全措施和责任人。

（2）施工现场应按焊接区域分派看火人员，各施焊点及看火点应配置灭火器等消防器材。

(3)电焊作业现场周围 10 m 范围内不得堆放易燃易爆物品。焊接作业点应清除危险易燃物品，并具备有效的接火措施，在焊接过程中不得出现明显的焊渣飞溅及滴落。

(4)施焊点搭设防风棚应使用不燃材料。防风棚应保证空气流通。雨季焊接措施如下：在焊接前搭设临时焊接防雨棚(图 7-64)，防止在焊接过程中雨水直接飘落在炽热的焊缝上，影响焊接质量。

(5)电焊机的外壳必须接地良好，应安装防触电安全装置，应采取防雨、防砸措施。焊机应采用绝缘物垫起，垫起高度不得小于 20 cm，应按要求配备消防器材。

(6)工作结束后，应立即切断焊机电源，并应检查操作地点，确认无起火危险后方可离开。

4. 临时用电安全措施

(1)施工现场配电必须设置保护接零系统，实行三相五线制，杜绝疏漏。所有接零接地处必须保证可靠的电气连接。保护线 PE 必须采用绿/黄双色线。严格与相线、工作零线区别，严禁混用。

图 7-64　临时焊接防雨棚

(2)用电设备与开关箱间距不大于 3 m，与配电箱间距不大于 30 m，开关箱漏电保护器的额定漏电动作电流应选用 30 mA，额定漏电动作时间应小于 0.1 s，水泵及特别潮湿场所，漏电动作电流应选用 15 mA。

(3)所有配电箱门应配锁，配电箱和开关箱应由现场电工专人管理。

(4)所有配电箱、开关箱应每天检查一次，维修人员必须是专业电工，检查维修时必须按规定穿戴绝缘鞋、手套，必须使用电工绝缘工具。

(5)每日作业前应安排专业电工对用电线路巡查，并如实填写电工巡查记录表确保用电安全。

5. 高处作业安全保证措施

凡在坠落高度基准面 2 m 以上(含 2 m)有可能坠落的高处进行的作业称为高处作业。

(1)高处作业分级。

1)作业高度在 2 m 至 5 m 时，称为一级高处作业。

2)作业高度在 5 m 以上至 15 m 时，称为二级高处作业。

3)作业高度在 15 m 至 30 m 时，称为三级高处作业。

4)作业高度在 30 m 以上时，称为特级高处作业。

(2)特殊高处作业类别。

1)在阵风风力为 6 级(风速 10.8 m/s)及以上的情况下进行的强风高处作业。

2)在高温或低温环境下进行的异温高处作业。

3)在降雪时进行的雪天高处作业。

4)在降雨时进行的雨天高处作业。

5)在室外完全采用人工照明进行的夜间高处作业。

6)在接近或接触带电体条件下进行的带电高处作业。

7)在无立足点或无牢靠立足点的条件下进行的悬空高处作业。

(3)高处作业安全要求与防护。必须遵守高空作业安全规定中"三个必有""六个不准""十不登高"的基本安全管理规定。

1)"三个必有"：有洞必有盖；有边必有栏；洞边无盖无栏必有网。

2)"六个不准"：不准往下乱抛物件；不准背向下扶梯；不准穿拖鞋、凉鞋、高跟鞋；不准嬉闹、睡觉；不准身体靠在临时扶手或栏杆上；不准在安全带未挂牢时作业。

3)"十不登高"：患有禁忌证不登高；未经认可或审批的不登高；没戴好安全帽、系好安全带的不登高；脚手板、跳板、梯子不符合安全要求不登高；攀爬脚手架或设备不登高；穿易滑鞋、携带笨重物件不登高；石棉瓦上无垫脚板不登高；高压线旁无隔离措施不登高；酒后不登高；照明不足不登高。

(4)高处作业安全防护措施见表 7-10。

表 7-10　高处作业安全防护措施

措施项	安全措施
高大空间作业施工方案	高大空间作业施工方案由项目技术部组织现场管理部、项目安全部编制，由项目总工程师审核后报监理审核。经各方审核合格后方可施工
人员	从事高空作业的人员，必须通过项目组织的身体检查，身体健康，无患有"心脏病、高血压、精神病、癫痫病"等不适合从事高处、临边作业的情况。 作业人员衣着要灵便，脚下穿防滑鞋。正确佩戴安全帽、安全带。操作时要严格遵守各项安全操作规程和劳动纪律，坚持"不伤害他人、不伤害自己、不被他人伤害"的原则，确保生产安全进行
警示标志	在高大空间作业施工区设立安全警示标志
低区作业人字梯使用	人字梯放置部位要平整、防滑，不得垫高使用。梯子上端要有固定措施，人字梯最佳工作角度为 75°，两脚间第一挡踏步使用 8 号铅丝或钢丝绳连接，踏步上下间距为 300 mm，不得缺档
≤5 m 的空间作业用工具式脚手架操作平台	操作平台应满铺跳板，并且绑扎固定；四周设 1.5 m 高防护栏杆，底部设≥180 mm 高挡脚板，并布置登高扶梯；操作时平台上应不多于 2 人
>5 m 的空间作业用电动升降平台、升降机	(1)施工人员必须按照机械的保养规定，在执行各项检查和保养后方可启动升降平台，工作前应清除施工区域的障碍物。 (2)施工前应根据工作区域的高度及将要进行的工作内容选择合适升降高度及载重量的升降平台(图 1)。升降平台严禁超载。 (3)施工前应设立安全警戒区域，非工作人员不得进入警戒区域，并安排专人进行监护。 (4)升降平台上工作人员应佩戴安全带，升降平台作业时由施工班组负责人进行指挥。发出的指挥信号必须清楚、准确。 (5)升降平台作业前，施工班组负责人应对平台操作人员、参加工作的全体人员进行技术和安全交底，内容应包括工作内容及要求；安全注意事项及危险点；人员分工情况及责任范围；施工班组负责人除要对设备状况和工作人员工作进行检查外，还要负责查看平台的升降是否符合安全技术措施的要求或事先制订的工作方案 <p align="center">图 1　升降平台、升降机</p>

措施项	安全措施
工具检查整理	施工人员高处作业时应配备专用工具包。施工完毕后应仔细检查、整理施工工具及配件，避免物料高处坠落造成人身伤害。 高空作业时工具、配件放在工具包内，严禁放在模板、脚手架上，上下传递工具、配件应用绳索
交叉作业	在高空施工时，尽可能避免垂直立体交叉作业，若必须交叉作业时，应有相应的安全防护措施

工作结果检查

钢结构安装完成的质量检验主要是对照国家标准逐条进行验收。

(1)钢柱安装质量检查参考表 8-11。

(2)钢梁安装质量检查参考表 8-12。

(3)钢结构整体检查参考表 8-13。

(4)主体钢结构总高度检查参考表 8-14。

素质拓展

超级工程——港珠澳大桥彰显中国奋斗精神

连接香港、珠海与澳门，集桥、岛、隧为一体的港珠澳大桥，全长为 55 km，因其超大的建筑规模、空前的施工难度及顶尖的建造技术而闻名世界，是世界上总体跨度最长的跨海大桥。港珠澳大桥由于处在外海，风大浪高，所以是世界建设史上技术最复杂、施工难度最高、工程规模最庞大的桥梁，它的建设创造了很多世界之最，体现了我国综合国力、自主创新能力，以及桥梁建造技术的发展，港珠澳大桥的建设进一步坚定了我们对中国特色社会主义的道路自信、理论自信、制度自信、文化自信。

在港珠澳大桥施工过程中，一线建筑工人在高温、高湿、高盐的环境下舍身忘我，以"每次都是第一次"的初衷，焊牢每一条缝隙，拧紧每一颗螺栓，筑平每一寸混凝土路面，在日复一日、年复一年的劳作中，将大桥平地拔起。正是他们的默默付出，让港珠澳大桥从图纸变成了实体。作为未来的工程从业者，我们在保证工程质量的前提下也要大胆创新，建立新工艺、新方法，这样才能不断推动我国工程技术的进步。我们要以港珠澳大桥的建设者为榜样，不断提升自己的专业能力，为祖国的工程事业贡献自己的一份力量！

技能提升

拓展资源：网架结构的安装

学生工作任务单

项目八　钢结构工程施工阶段质量验收

工作任务

检验批的划分是质量检验工作中不可或缺的环节，合理的检验批划分对于工程质量控制和安全生产具有重要的意义。

某工程设计为3座单体塔楼，塔楼之间通过裙楼连接成一个整体。结构形式均为钢框架结构，结构框架由箱形钢框架柱、箱形钢框架梁、H型钢框架梁组成，楼板均为钢筋桁架楼承板。裙楼一层，三座塔楼分别为A座、B座、C座，其中包括A座18层，B、C座16层。

其主体钢结构工程可按不同楼栋楼层进行检验批划分，每一栋每一层划分为钢结构焊接、紧固件连接、钢零部件加工、钢构件组装及预拼装、单层钢结构安装、多层及高层钢结构安装、钢管结构安装、压型金属板、防腐涂料涂装、防火涂料涂装等项。

检验批和分项工程报验由专业监理工程师组织施工单位技术负责人及建设单位相关人员验收。分部工程由总监理工程师组织建设单位、施工单位、勘察单位、设计单位负责人及质量监督部门进行验收。

请结合工程实际模拟组织该钢结构工程的质量验收。

任务思考

(1)如何进行钢结构工程项目验收？

_____

_____

(2)钢结构工程验收时参加验收的人员有哪些？

_____

_____

(3)钢结构工程验收的具体对象及验收环节、验收工具、验收标准、结论分别是什么？验收发现问题时如何处理？

_____

_____

工作准备

在进行钢结构工程施工质量验收前，需要做好以下准备工作。

(1)确定验收标准。根据国家相关标准和规范确定验收标准。

(2)准备验收记录表。制定钢结构工程施工质量验收记录表，并按照实际情况填写。

(3)验收人员。确定验收人员，并明确各自职责和权利。

(4)验收时间和地点。确定验收时间和地点，并通知相关人员参加。

工作流程

图 8-1 所示为钢结构工程施工质量验收流程。

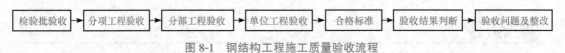

图 8-1 钢结构工程施工质量验收流程

工作步骤

一、建筑工程施工质量验收的划分

(一)划分原则

建筑工程施工质量验收应划分为单位(子单位)工程、分部(子分部)工程、分项工程和检验批。

1. 单位(子单位)工程划分原则

(1)具备独立施工条件并能形成独立使用功能的建筑物或构筑物为一个单位工程。

（2）对于规模较大的单位工程，可将其能形成独立使用功能的部分划分为一个子单位工程。

2. 分部（子分部）工程划分原则

（1）分部工程划分按专业性质、工程部位确定。

（2）当分部工程较大或较复杂时，可按材料种类、施工特点、施工程序、专业系统及类别将分部工程划分为若干个子分部工程。

对某一个建筑工程中的单位工程，钢结构作为主体结构之一时钢结构为子分部工程；当主体结构只有钢结构一种结构时，钢结构为分部工程，大型钢结构工程可划分成若干个子分部工程。

3. 分项工程划分原则

分项工程可按主要工种、材料、施工工艺、设备类别进行划分。

4. 检验批划分原则

检验批可根据施工、质量控制和专业验收的需要，按工程量、楼层、施工段、变形缝进行划分。

检验批是指按同一生产条件或按规定的方式汇总起来供检验用的，由一定数量样本组成的检验体，钢结构分项工程可以划分成一个或若干个检验批进行验收，这有助于及时纠正施工中出现的质量问题，落实"过程管理"，确保工程质量，同时符合施工实际需要，有利于验收工作的操作。

（二）钢结构质量验收的划分及质量标准

1. 钢结构质量验收的划分

钢结构工程施工质量验收在施工单位自检合格的基础上，按照检验批、分项工程、分部工程或子分部工程分别进行验收，钢结构分部（子分部）工程中分项工程的划分，应按现行国家标准《建筑工程施工质量验收统一标准》（GB 50300—2013）的规定执行。钢结构分项工程应由一个或若干个检验批组成，其各分项工程检验批应按规定进行划分，并应经监理（或建设单位）确认。

当钢结构单独作为建筑工程主体结构时，其属于分部工程；当主体结构同时含有钢筋混凝土结构、砌体结构时，钢结构就属于分部工程；大型钢结构工程也可按照空间刚度单元划分为若干个子分部工程。分部或子分部工程由若干个分项工程组成（表8-1）；分项工程由若干个检验批组成（表8-2）。

表8-1　建筑工程分部工程、分项工程的划分

分部工程	子分部工程	分项工程（共11个）
主体结构	钢结构	钢结构焊接、紧固件连接、钢零件及钢部件加工、钢构件组装及预拼装、单层钢结构安装、多层及高层钢结构安装、钢管结构安装、预应力钢索和膜结构、压型金属板、防腐涂料涂装、防火涂料涂装

表8-2　钢结构分项工程检验批的划分

钢结构分项工程	检验批
钢结构	单层钢结构按变形缝划分
	多层及高层钢结构按楼层或施工段划分
	压型金属板工程可按屋面、墙面、楼面等划分
	原材料及成品不属于分项工程，但可以根据工程规模及进料实际情况，合并或分解检验批，进行进场时的验收

2. 质量标准

(1)检验批质量标准。检验批合格质量标准见表 8-3。

表 8-3　检验批合格质量标准

钢结构检验批	合格标准
钢结构	主控项目必须满足《钢结构工程施工质量验收标准》(GB 50205—2020)的质量要求
	一般项目的检验结果应有 80%及以上的检查点(值)满足本标准的要求,且最大值(或最小值)不应超过其允许偏差值的 1.2 倍

注意:质量检查记录、质量证明文件等资料应完整。

(2)分项工程质量标准。分项工程合格质量标准见表 8-4。

表 8-4　分项工程合格质量标准

钢结构分项工程	合格标准
钢结构	分项工程所含的各检验批均应满足《钢结构工程施工质量验收标准》(GB 50205—2020)的质量要求
	分项工程所含的各检验批质量验收记录应完整

注意:分项工程所含的各检验批质量验收记录应完整。

(3)分部工程质量标准。分部工程合格质量标准见表 8-5。

表 8-5　分部工程合格质量标准

钢结构分部工程	合格标准
钢结构	各分部工程质量均应符合合格质量标准
	质量管理资料和文件应完整
	有关安全及功能检验和见证检测结果应符合规范相应合格质量标准的要求
	有关观感质量应符合规范相应合格质量标准的要求

二、钢结构工程质量检查

钢结构工程质量检查主要依据《建筑工程施工质量验收统一标准》(GB 50300—2013)、《钢结构工程施工质量验收标准》(GB 50205—2020)、《钢结构设计标准》(GB 50017—2017)等相关规范标准、设计文件等。

(一)主要检查内容

1. 现场施工单位资质审查

钢结构施工单位应具备相应的钢结构工程施工资质。施工现场应有经项目技术负责人审批的施工组织设计或专项施工方案等技术文件。

2. 质量控制检查资料

质量控制检查资料见表 8-6。

表 8-6　质量控制检查资料

质量控制检查资料	钢材、焊接材料、高强度螺栓连接、防腐涂料等的质量证明书、试验报告、焊条烘焙记录(包括制作和安装)
	钢构件出厂合格证和设计要求作强度试验的构件试验报告；钢构件进场的全数检查记录
	高强度螺栓连接摩擦面抗滑移系数厂家试验报告和安装前复验报告
	高强度螺栓连接预拉力或扭矩系数复验报告(包括制作和安装)
	高强度螺栓连接施工记录
	首次采用的钢材和焊接材料的焊接工艺评定报告
	一、二级焊缝探伤报告(包括制作和安装)
	焊缝检验记录(包括制作和安装)
	构件预拼装检查记录
	涂装检验记录及吊装记录

3. 现场实物检查项目

现场实物检查项目见表 8-7。

表 8-7　现场实物检查项目

检查项目	检查内容
焊接	焊缝外观质量及焊缝缺陷；焊钉焊接的外观质量；焊钉焊接后的弯曲检验
高强度螺栓连接及拼装缝隙检查	连接摩擦面的平整度和清洁度；螺栓穿入方式和方向及外露长度；螺栓终拧质量及拼装缝隙
构件的进场质量检查	钢结构切割面或剪切面质量；钢构件外观质量(变形、涂层、表面缺陷)；零部件顶紧组装面
压型金属板	压型板表面清洁度与平整度；涂层或镀层的缺陷；与主体连接锚固质量(连接件数量、间距等)；纵横搭接质量
钢结构安装	地脚螺栓位置、垫板规格与柱底接触情况；钢构件的中心线及标高基准点等标志；钢结构外观清洁度；安装顶紧面
钢结构涂装	钢材表面除锈质量和基层清洁度；涂层外观质量和涂层厚度(包括防腐和防火涂料)

(二)检查要点

1. 钢结构工程原材料检查

原材料检查包括钢材、焊接材料、紧固件连接材料的检查，具体见项目六任务一进场材料检验。

2. 零件、构件加工质量的检查

零件加工质量检查见项目六任务一相关零件允许偏差的要求；焊接 H 型钢质量检查见表 6-21。

3. 钢结构安装质量的检查

(1)基础和地脚螺栓的检验。

1)主控项目。

钢结构安装前应对建筑物的定位轴线、基础轴线、标高、地脚螺栓的位置和规格等进行检查，并应进行基础检测和办理交接验收。建筑物定位轴线、基础上柱的定位轴线和标高应满足设计要求，当设计无要求时应符合表 8-8 的规定。

表 8-8　建筑物定位轴线、基础上柱的定位轴线和标高的允许偏差　　　　mm

项目	图示	允许偏差	检查方法	检查数量
建筑物定位轴线	$L\pm a$	$L/20\ 000$ 且≤3.0	用经纬仪和钢尺检查	全数检查
基础上柱定位轴线		1.0	用经纬仪和钢尺检查	
基础上柱底标高	基准点	±3.0	用水准仪检查	

基础顶面直接作为柱的支撑面或以基础顶面预埋钢板或支座作为柱的支撑面时,其支撑面、地脚螺栓(锚栓)的允许偏差应符合表 8-9 的规定。

表 8-9　支撑面、地脚螺栓(锚栓)位置的允许偏差　　　　mm

项目		允许偏差	检查数量
支撑面	标高	±3.0	按柱基数抽查 10%,且不应少于 3 个
	水平度	$L/1\ 000$	
地脚螺栓(锚栓)	锚栓中心偏移	5.0	
预留孔中心偏移		10.0	

2)一般项目。地脚螺栓(锚栓)规格、位置及紧固应满足设计要求,地脚螺栓(锚栓)的螺纹应有保护措施。可采取现场观察的方法对全数检查。地脚螺栓(锚栓)尺寸的偏差应符合表 8-10 的规定。

表 8-10　地脚螺栓(锚栓)尺寸的允许偏差　　　　mm

螺栓(锚栓)直径	项目		检查数量
	螺栓(锚栓)外露长度	螺栓(锚栓)螺纹长度	
$d\leqslant 30$	0 $+1.2d$	0 $+1.2d$	按基础数抽查 10%,且不应少于 3 处(可用钢尺现场实测)
$d>30$	0 $+1.0d$	0 $+1.0d$	

(2)钢柱安装的检验。

1)主控项目。钢柱几何尺寸应满足设计要求并符合《钢结构工程施工质量验收标准》(GB 50205—2020)的规定。检查数量按钢柱数抽查 10%,且不应少于 3 个,一般采用拉线、钢尺现场实测或观察。

设计要求顶紧的构件或节点、钢柱现场拼接接头接触面不应少于 70% 密贴，且边缘最大间隙不应大于 0.8 mm。检查数量按节点或接头数抽查 10%，且不应少于 3 个，采用钢尺及 0.3 mm、0.8 mm 厚的塞尺现场实测。

2)一般项目。钢柱等主要构件的中心线及标高基准点等标记应齐全。检查数量按同类构件或钢柱数抽查 10%，且不应少于 3 件，采用观察的方法检查。钢柱安装的允许偏差应符合表 8-11 的规定。检查数量按钢柱数抽查 10%，且不应少于 3 件。

表 8-11　钢柱安装允许偏差　　　　　　　　　　　　　　　　　　　　　mm

项目		允许偏差	图例	检查方法
柱脚底座中心线对定位轴线的偏移		5.0		用吊线和钢尺等实测
柱子定位轴线		1.0		—
柱基准点标高	有吊车梁的柱	+3.0 −5.0		用水准仪等实测
	无吊车梁的柱	+5.0 −8.0		
挠曲矢高		$H/1\,200$ ≤15.0	—	用经纬仪或拉线、钢尺等实测
柱轴线垂直度	单层柱	$H/1\,000$ 且≤25.0		用经纬仪或吊线和钢尺等实测
	多层柱 单节柱	$H/1\,000$，且≤10.0		
	柱全高	35.0		

267

项目	允许偏差	图例	检查方法
钢柱安装偏差	3.0		用钢尺等实测
同一层柱的各柱顶高度差	5.0		用全站仪、水准仪等实测

（3）钢梁安装的检验。

1）主控项目。钢梁的几何尺寸偏差和变形应满足设计要求并符合《钢结构工程施工质量验收标准》（GB 50205—2020）的规定。运输、堆放和吊装等造成的钢构件变形及涂层脱落，应进行矫正和修补。检查数量按钢梁数抽查10%，且不应少于3个，采用拉线、钢尺现场实测或观察进行检查。

2）一般项目。钢梁安装的允许偏差应符合表8-12的规定。检查数量按钢梁数抽查10%，且不应少3个。

表 8-12　钢梁安装的允许偏差 mm

项目	允许偏差	图例	检验方法
同一根梁两端水平度	$L/1\,000$ 且≤10		用水准仪检查
主梁与次梁上表面的高差	±2.0		用直尺和钢尺检查

（4）主体钢结构质量检验。

1）主控项目。主体钢结构整体立面偏移和整体平面弯曲的允许偏差应符合表8-13的规定。检查数量是对主要立面全部检查。对每个所检查的立面，除两列角柱外，还应至少选取一列中间柱。采用经纬仪、全站仪、GPS等测量检验。

表 8-13　钢结构整体立面偏移和整体平面弯曲的允许偏差　　　　　　mm

项目	允许偏差		图例	检查方法
主体结构的整体立面偏移	单层	$H/1\,000$，且≤25.0		用经纬仪、全站仪、GPS等检查
	高度 60 m 以下的多高层	$(H/2\,500+10)$ 且≤30.0		
	高度 60 m 至 100 m 的高层	$(H/2\,500+10)$ 且≤50.0		
	高度 100 m 以上的高层	$(H/2\,500+10)$ 且≤80.0		
主体结构的整体平面弯曲	$L/1\,500$，且≤50.0			

　　2)一般项目。主体钢结构总高度可按相对标高或设计标高进行控制。总高度的允许偏差应符合表 8-14 的规定。检查数量按标准柱列数抽查 10%，且不应少于 4 列，采用全站仪、水准仪和钢尺实测检验。

表 8-14　主体钢结构总高度的允许偏差　　　　　　mm

项目	允许偏差		图例
用相对标高控制安装	$\pm\sum(\Delta_h+\Delta_z+\Delta_w)$		
用设计标高控制安装	单层	$H/1\,000$ 且≤20.0，$-H/1\,000$，且≤-20.0	
	高度 60 m 以下的多高层	$H/1\,000$，且≤30.0，$-H/1\,000$，且≤-30.0	
	高度 60 m 至 100 m 的高层	$H/1\,000$，且≤50.0，$-H/1\,000$，且≤-50.0	
	高度 100 m 以上的高层	$H/1\,000$，且≤100.0，$-H/1\,000$，且≤-100.0	

　　注：Δ_h 为每节柱子长度的制造允许偏差；Δ_z 为每节柱子长度受荷载后的压缩值；Δ_w 为每节柱子接头焊缝的收缩值

　　(5)支撑、檩条、墙架、次结构安装。

　　1)主控项目。支撑、檩条、墙架、次结构等构件应满足设计要求并符合《钢结构工程施工质量验收标准》(GB 50205—2020)的规定。运输、堆放和吊装等造成的钢构件变形及涂层脱落，应进行矫正和修补。检查数量按构件数抽查 10%，且不应少于 3 个，用拉线、钢尺现场实测或观察检验。

　　2)一般项目。墙架、檩条等次要构件安装的允许偏差应符合表 8-15 的规定。检查数量按同类构件数抽查 10%，且不应少于 3 件。

表 8-15　墙架、檩条等次要构件安装的允许偏差　　　　　　　　　　　　　　　mm

项目		允许偏差	检查方法
墙架立柱	中心线对定位轴线的偏移	10.0	用钢尺检查
	垂直度	$H/1\ 000$，且不应大于 10.0	用经纬仪或吊线和钢尺检查
	弯曲矢高	$H/1\ 000$，且不应大于 15.0	用经纬仪或吊线和钢尺检查
抗风柱、桁架的垂直度		$h/250$，且不应大于 15.0	用吊线和钢尺检查
檩条、墙梁的间距		±5.0	用钢尺检查
檩条的弯曲矢高		$L/750$，且不应大于 12.0	用拉线和钢尺检查
墙梁的弯曲矢高		$L/750$，且不应大于 10.0	用拉线和钢尺检查

注：H 为墙架立柱的高度；h 为抗风桁架的高度；L 为檩条或墙梁的高度

三、建筑工程质量验收的程序和组织

(1)检验批应由专业监理工程师组织施工单位项目专业质量检查员、专业工长等进行验收。

(2)分项工程应由专业监理工程师组织施工单位项目专业技术负责人等进行验收。

(3)分部工程应由总监理工程师组织施工单位项目负责人和项目技术负责人等进行验收。

勘察、设计单位项目负责人和施工单位技术、质量部门负责人应参加地基与基础分部工程的验收。设计单位项目负责人和施工单位技术、质量部门负责人应参加主体结构、节能分部工程的验收。

(4)单位工程中的分包工程完工后，分包单位应对所承包的工程项目进行自检，并应按《建筑工程施工质量验收统一标准》(GB 50300—2013)规定的程序进行验收。验收时，总包单位应派人参加。分包单位应将所分包工程的质量控制资料整理完整，并移交给总包单位。

(5)单位工程完工后，施工单位应组织有关人员进行自检。总监理工程师应组织各专业监理工程师对工程质量进行竣工预验收。存在施工质量问题时，应由施工单位整改，整改完毕后，由施工单位向建设单位提交工程竣工报告，申请工程竣工验收。

(6)建设单位收到工程竣工报告后，应由建设单位项目负责人组织监理、施工、设计、勘察等单位项目负责人进行单位工程验收。

四、质量管理资料核查

钢结构分部工程竣工验收时，应提供下列文件和记录：

(1)钢结构工程竣工图纸及相关设计文件。

(2)施工现场质量管理检查记录。

(3)有关安全及功能的检验和见证检测项目检查记录。

(4)有关观感质量检验项目检查记录。

(5)分部工程所含各分项工程质量验收记录。

(6)分项工程所含各检验批质量验收记录。

(7)强制性条文检验项目检查记录及证明文件。

(8)隐蔽工程检验项目检查验收记录。

(9)原材料、成品质量合格证明文件、中文标志及性能检测报告。

(10)不合格项的处理记录及验收记录。

(11)重大质量、技术问题实施方案及验收记录。

(12)其他有关文件和记录。

五、钢结构工程质量不符合要求时的处理

当钢结构工程施工质量不符合规范要求时，应按下列规定进行处理。

1. 可以验收工程

(1)经返工重做或更换构(配)件的检验批，应重新进行验收。

(2)经有资质的检测单位检测鉴定能够达到设计要求的检验批应予以验收。

(3)经有资质的检测单位检测鉴定达不到设计要求，但经原设计单位核算认可能够满足结构安全和使用功能的检验批，可予以验收。

(4)经返修或加固处理的分项、分部工程，虽然改变外形尺寸但仍能满足安全使用要求，可按处理技术方案和协商文件进行验收。

2. 严禁验收工程

通过返修或加固处理仍不能满足安全使用要求的钢结构分部工程，严禁验收。

工作结果检查

对钢结构工程进行验收后，需要进行结果判断，判断标准如下：

(1)合格：符合设计要求和验收标准的，可以判定为合格。

(2)不合格：不符合设计要求和验收标准的，可以判定为不合格。

(3)待整改：存在一定问题，但问题可以通过调整或修复解决的，可以判定为待整改。

钢结构工程施工质量是保证建筑安全和耐久性的重要因素。通过以上验收标准，可以有效地检查钢结构工程施工质量是否符合要求。建议在实际操作中，严格按照国家相关标准和规范进行验收，并加大监理力度，确保钢结构工程施工质量得到有效控制。

素质拓展

科技助力、质量强国

工程建造要以高质量、高效率、高效益发展为目标，这就需要工程技术员从思想上、行动上做质量强国的践行者。在思想上，以党的二十大报告为引领，牢固树立"质量意识、风险意识、责任意识"；在行动上，要严格按照规范标准进行质量验收，不得有任何疏漏，要树立创精品工程的目标，要注重科技创新，在项目建造中率先使用新技术、新工艺、新材料、新设备。要在当前"双碳"目标引领下，将精品工程做成绿色发展的示范工程，切实做到精益求精，保证品质，这就需要同学们在工程中要不断地践行和宣传"工匠精神"，矢志不渝地以保证工程质量为目标，将高质量发展作为建筑从业人员自觉践行的行动。

技能提升

拓展资源：常见不合格项及处理方法

学生工作任务单

附　　录

附图 1

附图 2

型钢表

参 考 文 献

[1] 中华人民共和国住房和城乡建设部.GB 50068—2018 建筑结构可靠性设计统一标准[S].北京：中国建筑工业出版社，2019.

[2] 中华人民共和国住房和城乡建设部.GB 55006—2021 钢结构通用规范[S].北京：中国建筑工业出版社，2021.

[3] 中华人民共和国住房和城乡建设部.GB 50017—2017 钢结构设计标准[S].北京：中国建筑工业出版社，2017.

[4] 国家市场监督管理总局，中国国家标准化管理委员会.GB/T 1591—2018 低合金高强度结构钢[S].北京：中国标准出版社，2018.

[5] 国家市场监督管理总局，中国国家标准化管理委员会.GB/T 700—2006 碳素结构钢[S].北京：中国标准出版社，2007.

[6] 国家市场监督管理总局，中国国家标准化管理委员会.GB/T 17493—2018 热强钢药芯焊丝[S].北京：中国标准出版社，2018.

[7] 国家市场监督管理总局，中国国家标准化管理委员会.GB/T 5293—2018 埋弧焊用非合金钢及细晶粒钢实心焊丝、药芯焊丝和焊丝—焊剂组合分类要求[S].北京：中国标准出版社，2018.

[8] 国家市场监督管理总局，中国国家标准化管理委员会.GB/T 8110—2020 熔化极气体保护电弧焊用非合金钢及细晶粒钢实心焊丝[S].北京：中国标准出版社，2020.

[9] 国家市场监督管理总局，中国国家标准化管理委员会.GB/T 12470—2018 埋弧焊用热强钢实心焊丝、药芯焊丝和焊丝—焊剂组合分类要求[S].北京：中国标准出版社，2018.

[10] 国家市场监督管理总局，中国国家标准化管理委员会.GB/T 5118—2012 热强钢焊条[S].北京：中国标准出版社，2012.

[11] 国家市场监督管理总局，中国国家标准化管理委员会.GB/T 5117—2012 非合金钢及细晶粒钢焊条[S].北京：中国标准出版社，2013.

[12] 国家市场监督管理总局，中国国家标准化管理委员会.GB 14907—2018 钢结构防火涂料[S].北京：中国标准出版社，2018.

[13] 中华人民共和国住房和城乡建设部.GB 51249—2017 建筑钢结构防火技术规范[S].北京：中国计划出版社，2018.

[14] 中国国家标准化管理委员会.GB 324—2008 焊缝符号表示法[S].北京：中国标准出版社，2008.

[15] 中国机械工业联合会.GB/T 1228—2006 钢结构用高强度大六角头螺栓[S].北京：中国标准出版社，2006.

[16] 中华人民共和国住房和城乡建设部.JGJ 82—2011 钢结构高强度螺栓连接技术规程[S].北京：中国建筑工业出版社，2011.

[17] 国家市场监督管理总局，中国国家标准化管理委员会.GB/T 3632—2008 钢结构用扭剪型高强度螺栓连接副[S].北京：中国标准出版社，2008.

[18] 中华人民共和国住房和城乡建设部．GB 51022—2015 门式刚架轻型房屋钢结构技术规范[S]．北京：中国建筑工业出版社，2016．

[19] 中华人民共和国住房和城乡建设部．GB 50205—2020 钢结构工程施工质量验收标准[S]．北京：中国计划出版社，2020．

[20]《建筑施工手册》编委会．建筑施工手册[M]．5 版．北京：中国建筑工业出版社，2012．

[21] 中国钢结构协会．建筑钢结构施工手册[M]．北京：中国计划出版社，2002．

[22] 但泽义．钢结构设计手册[M]．4 版．北京：中国建筑工业出版社，2019．

[23] 沈祖炎．钢结构制作安装手册[M]．2 版．北京：中国建筑工业出版社，2011．

[24] 徐伟．现代钢结构工程施工[M]．北京：中国建筑工业出版社，2006．

[25] 林寿，杨嗣信．钢结构工程[M]．北京：中国建筑工业出版社，2009．

[26] 江正荣，朱国梁．建筑施工工程师手册[M]．4 版．北京：中国建筑工业出版社，2017．

[27]《实用建筑施工手册》编写组．实用建筑施工手册[M]．2 版．北京：中国建筑工业出版社，2005．

[28] 中国建筑工程总公司．钢结构工程施工工艺标准[M]．北京：中国建筑工业出版社，2003．

[29] 邱耀，秦纪平．钢结构基本理论与施工技术[M]．北京：中国水利水电出版社，2011．

[30] 樊长林，周立军．建筑力学与结构[M]．2 版．北京：中国水利水电出版社，2020．

[31] 侯兆新，陈禄如．钢结构工程施工教程[M]．北京：中国计划出版社，2019．

[32] 筑龙网．钢结构工程施工技术案例精选[M]．北京：中国电力出版社，2008．

[33] 北京钢结构行业协会．钢结构工程质量控制图解[M]．北京：中国建筑工业出版社，2020．